MATEMÁTICA

com Aplicações Tecnológicas

Blucher

DIRCEU D'ALKMIN TELLES
Organizador

SEIZEN YAMASHIRO
SUZANA ABREU DE OLIVEIRA SOUZA
Autores

MATEMÁTICA

com Aplicações Tecnológicas

Cálculo II | **Volume 3**

2ª EDIÇÃO

Matemática com aplicações tecnológicas – Volume 3 – Cálculo II, 2ª edição

Editora Edgard Blücher Ltda.

Capa: Alba Mancini – Mexerica Design

1ª edição – 2018

2ª edição – 2020

Sobre a capa:
Com seus 3.776 metros de altura, o Monte Fuji, um dos símbolos mais conhecidos do Japão, tem a forma de um cone vulcânico e apresenta-se frequentemente nevado. Próximo à costa do Pacífico, a oeste de Tóquio, de onde pode ser visto em dias claros, é a mais alta montanha da ilha de Honshu e de todo o arquipélago japonês. Podemos estudar sua altura por meio de máximos e mínimos de funções de duas variáveis e sua topografia por meio do estudo da curva de nível.

Blucher

Rua Pedroso Alvarenga, 1245, 4º andar
04531-012 – São Paulo – SP – Brasil
Tel.: 55 11 3078-5366
contato@blucher.com.br
www.blucher.com.br

Segundo o Novo Acordo Ortográfico, conforme 5. ed. do *Vocabulário Ortográfico da Língua Portuguesa*, Academia Brasileira de Letras, março de 2009.

Dados Internacionais de Catalogação na Publicação (CIP)
Angélica Ilacqua CRB-8/7057

Yamashiro, Seizen ; Souza, Suzana Abreu de Oliveira

Matemática com aplicações tecnológicas : cálculo II – volume 3 / Seizen Yamashiro, Suzana Abreu de Oliveira Souza ; organizado por Dirceu D'Alkmin Telles – 2. ed. – São Paulo : Blucher, 2020.

358 p. : il.

Bibliografia

ISBN 978-85-212-1909-5 (impresso)

ISBN 978-85-212-1910-1 (eletrônico)

I. Título. II. Telles, Dirceu D'Alkmin.

20-0257 CDD 510

Índice para catálogo sistemático:
1. Matemática : problemas, questões, exercícios.

Dedico este trabalho à minha esposa Setu-Co, a meus filhos Maurício e Marisa e a meus irmãos que muito me apoiaram com seu incentivo.

Seizen

Dedico este trabalho a meu esposo Geraldo e a meus filhos David e Nathan, que me incentivaram com seu apoio e confiança.

Suzana

Dedicamos este livro a nossos familiares, irmãos e sobrinhos pelo apoio constante.

AO ESTUDANTE

1. A grande aceitação do primeiro volume da coleção *Matemática com Aplicações Tecnológicas*, *Matemática Básica*, lançado no início de 2014, e do segundo volume, *Cálculo I*, lançado no segundo semestre de 2015, nos motivou a complementar os principais tópicos do cálculo diferencial e integral neste terceiro volume, *Cálculo II*. As noites mal dormidas e os finais de semana que nós, autores, sacrificamos valeram a pena pelo retorno que você, caro estudante, tem expressado. Agora, após dois anos do lançamento do volume 3, percebemos a necessidade de fazer algumas correções e inserir dois novos tópicos nesta nova edição.

2. O cálculo é uma compilação de ideias que oferecem uma forma de ver e de analisar o mundo em que vivemos. Como em todas as disciplinas matemáticas, o cálculo envolve equações e fórmulas, e fizemos questão de colocá-las em toda a coleção. Se o estudante conseguir aprender a usar as fórmulas e a resolver a maioria dos exercícios e problemas desta coleção, dominando as ideias subjacentes a eles, então terá aproveitado a parte mais importante do cálculo.

3. Com as referências bibliográficas colocadas no fim de cada volume, o estudante poderá complementar seu estudo e dar prosseguimento à pesquisa em cursos de mestrado (*stricto sensu* e *lato sensu*), doutorado e pós-doutorado.

4. No fim de cada capítulo, incluímos exercícios resolvidos e exercícios propostos que servirão de roteiro de estudos, recapitulação e fixação dos conteúdos estudados.

5. O estudante poderá fazer download do material de apoio com a resolução dos exercícios propostos no site da editora Blucher: www.blucher.com.br.

INTRODUÇÃO

Seguindo a mesma orientação didática das publicações anteriores (*Matemática Básica*, Volume 1 e *Cálculo I*, Volume 2), este livro-texto, *Cálculo II*, Volume 3 é também voltado especialmente ao estudante da área de exatas, que necessita dos conceitos básicos do estudo de funções de duas ou mais variáveis, um estudo preliminar de equações diferenciais e uma introdução às sequências e séries, seja qual for o curso.

A matemática é uma ferramenta muito útil para as aplicações tecnológicas, em particular o cálculo diferencial e integral, que aumenta consideravelmente o alcance de atuação dos profissionais voltados à tecnologia. Nesse contexto, o estudante deve ter claro que, além de saber os conceitos relativos ao cálculo diferencial e integral, deve também saber empregá-los. Para tanto, ele deve saber "olhar" a realidade física e conseguir expressar o problema em termos matemáticos. Essa tarefa não é fácil, é um exercício contínuo para o qual esperamos que este livro consiga contribuir.

Rico em aplicações e com alguns momentos sobre a história da matemática, o texto procura alcançar e motivar o(a) aluno(a), não só a aprender, mas também a gostar dessa ciência maravilhosa, que se mistura com todas as outras áreas do conhecimento.

Os autores

PREFÁCIO

Os docentes da área de Matemática do Departamento de Ensino Geral da Faculdade de Tecnologia de São Paulo (FATEC-SP), sob a coordenação do Prof. Dirceu D'Alkmin Telles lançam o livro *Cálculo II*, Volume 3 da coleção *Matemática com Aplicações Tecnológicas*, completando com tópicos de funções reais de várias variáveis reais.

Em nome da FATEC-SP, parabenizo os autores Prof. Me. Seizen Yamashiro e a Profa. Dra. Suzana Abreu de Oliveira Souza pela iniciativa, primor e zelo na organização deste trabalho.

A FATEC-SP sente-se orgulhosa pela publicação de mais este volume que certamente servirá como ferramenta segura para os estudantes de cursos superiores de graduação, além de servir como instrumento útil para o prosseguimento de estudos em pós-graduação.

Profa. Dra. Luciana Reyes Pires Kassab

Diretora da FATEC-SP (gestão 2006-2017)

APRESENTAÇÃO

A publicação de *Matemática com Aplicações Tecnológicas*, Volume 3, é mais uma oportunidade para a Fundação de Apoio à Tecnologia (FAT) contribuir para a transferência e a difusão do conhecimento científico e tecnológico e, assim, promover a democratização do conhecimento.

O livro, que abrange cálculo II e suas aplicações, será fundamental para o desenvolvimento acadêmico de alunos e professores dos cursos superiores de tecnologia, engenharia, bacharelado em Matemática e para demais estudiosos da área. No processo de elaboração da obra, os autores tiveram o cuidado de incluir textos, ilustrações e orientações voltados à solução de exercícios, o que a torna uma ferramenta de aprendizado ainda mais completa e eficiente.

Criada em 1987 por um grupo de professores da Faculdade de Tecnologia de São Paulo (FATEC-SP), a Fundação FAT nasceu com o objetivo principal de ser o elo entre o setor produtivo e o ambiente acadêmico. Ações como essa se unem ao conjunto de outras que a entidade oferece, como assessorias especializadas, cursos, treinamentos em diversos níveis, consultorias e concursos. Essas ações são direcionadas tanto a instituições públicas como a privadas e à comunidade em geral.

A FAT tem o prazer de apoiar a edição e a divulgação desta obra, e parabeniza os autores pelo excelente trabalho.

Professor César Silva

Diretor-presidente da Fundação de Apoio à Tecnologia (FAT)

www.fundacaofat.org.br

SOBRE OS AUTORES

SEIZEN YAMASHIRO

É licenciado em Matemática pela Faculdade de Filosofia, Ciências e Letras da Universidade Presbiteriana Mackenzie, 1964; mestre em Matemática pela Pontifícia Universidade Católica de São Paulo (PUC-SP), 1991; professor decano da Academia de Polícia Militar do Barro Branco (APMBB), onde lecionou Matemática e Estatística de 1970 a 2008; professor pleno na Faculdade de Tecnologia de São Paulo (FATEC-SP), onde leciona Cálculo e Estatística desde 1980; professor do curso de reforço para alunos ingressantes na FATEC-SP no início de todos os semestres desde 1997.

SUZANA ABREU DE OLIVEIRA SOUZA

É bacharel em Matemática pela Universidade Federal do Rio de Janeiro (UFRJ), 1986; mestre em Ciências – Matemática Aplicada pela Universidade de São Paulo (USP), 1992; doutora em Ciências – Matemática Aplicada pela USP, 2001; professora na FATEC-SP e no Centro Universitário da Fundação Educacional Inaciana "Padre Sabóia de Medeiros" (FEI); professora do curso de reforço para alunos ingressantes na FATEC-SP no início de todos os semestres desde 1997.

SOBRE O ORGANIZADOR

DIRCEU D'ALKMIN TELLES

É engenheiro, mestre e doutor pela Escola Politécnica da Universidade de São Paulo (EPUSP). Atua como colaborador da Fundação de Apoio à Tecnologia (FAT). É professor do programa de pós-graduação do Centro Estadual de Educação Tecnológica Paula Souza (CEETEPS).

Foi presidente da Associação Brasileira de Irrigação e Drenagem (ABID), professor e diretor da Faculdade de Tecnologia de São Paulo (FATEC-SP), coordenador de irrigação do Departamento de Águas e Energia Elétrica (DAEE) e professor do programa de pós-graduação da EPUSP.

Organizou e escreveu livros e capítulos nas seguintes áreas: reúso da água, agricultura irrigada, aproveitamento de esgotos sanitários em irrigação, elaboração de projetos de irrigação, ciclo ambiental da água e física com aplicação tecnológica.

RENOVADOS AGRADECIMENTOS PELO REITERADO APOIO E PELO INCENTIVO

Ao Prof. Me. Décio Moreira,
diretor da FATEC-SP.

À Profa. Dra. Luciana Reyes Pires Kassab,
ex-diretora da FATEC-SP.

Ao Prof. Dr. Dirceu D'Alkmin Telles,
organizador desta coleção.

Aos colegas da área de matemática.

Aos colegas de todos os departamentos da FATEC-SP, em especial ao Prof. Dr. Francisco Tadeu Degasperi, que nos forneceu exercícios e problemas de aplicação tecnológica que muito enriqueceram nosso trabalho.

CONTEÚDO

1 FUNÇÕES REAIS DE VÁRIAS VARIÁVEIS REAIS: CONCEITOS E LIMITES

1.1 INTRODUÇÃO

Neste capítulo, estudaremos alguns conceitos básicos do cálculo para funções de duas ou mais variáveis. Iniciaremos estudando limites e continuidades de funções de duas ou três variáveis.

No Volume 2, estudamos funções reais de uma variável. Mas, quando vamos fazer modelagem matemática, na maioria das aplicações, precisamos de mais de uma variável para representar as expressões.

Exemplos:

E 1.1 Cálculo da área de um retângulo. Sejam x a largura e y a altura de um retângulo qualquer. A sua área é dada por $x.y$. Então para cada retângulo, a função área é $f(x,y)=x.y$.

E 1.2 Cálculo do perímetro de um retângulo. Sejam x a largura e y a altura de um retângulo qualquer. O seu perímetro é dado por $2x+2y$. Para cada retângulo, temos que, então, a função perímetro é $f(x,y)=2(x+y)$.

1.2 CONCEITO E EXEMPLOS DE FUNÇÕES DE DUAS OU MAIS VARIÁVEIS

Seja D um conjunto no espaço n-dimensional, ou seja, $D\subseteq\mathbb{R}^n$. Os elementos de D são n-uplas ordenadas $P=(x_1,x_2,\ldots,x_n)$ de números reais.

Se a cada ponto P pertencente ao conjunto D associamos um único elemento $w \in \mathbb{R}$, temos uma função $f : D \subseteq \mathbb{R}^n \to \mathbb{R}$, que é denominada função de n variáveis reais independentes $x_1, x_2, \ldots, x_n$. Os números reais $x_1, x_2, \ldots, x_n$ são também denominados variáveis de entrada da função e $w = f(x_1, x_2, \ldots, x_n)$ ou $w = f(P)$ é a variável dependente, também denominada variável de saída.

O conjunto D é chamado de domínio da função e o conjunto dos valores de w assumidos pela função é o conjunto imagem da função.

Exemplos:

E 1.3 Cálculo da área de um triângulo. Sejam x a largura da base e y a altura de um triângulo qualquer. Pela fórmula da geometria,

$$A = \frac{\text{base} \times \text{altura}}{2} = \frac{xy}{2}$$

Então, a função área do triângulo é dada por $f(x,y) = \frac{xy}{2}$. Se o triângulo tem base 3 e altura 4, logo, a área é dada por: $f(3,4) = \frac{3.4}{2} = 6$ unidades de área (u.a.).

E 1.4 Cálculo do volume de uma caixa retangular. Sejam x, y e z os lados de uma caixa retangular qualquer. Pela fórmula da geometria,

$$V = \text{área da base} \times \text{altura}$$

Então, a função volume de uma caixa retangular é dada por $f(x,y,z) = x.y.z$. Se a caixa tem dimensões 3, 4 e 5, seu volume é dado por: $f(3,4,5) = 3.4.5 = 60$ unidades de volume (u.v.).

E 1.5 Cálculo da média aritmética de n números reais $x_1, x_2, \ldots, x_n$.

Pela fórmula estatística,

$$\bar{x} = \frac{x_1 + x_2 + \ldots + x_n}{n}$$

Então, a função média aritmética de n números reais é dada por:

$$f(x_1, x_2, \ldots, x_n) = \frac{x_1 + x_2 + \ldots + x_n}{n}$$

1.3 FUNÇÕES DE DUAS VARIÁVEIS

Uma função real *f* de duas variáveis é uma relação que transforma em um único número real z cada par ordenado (x,y) de números reais pertencentes a certo conjunto

D, denominado domínio da função. Temos, de $z = f(x,y)$, em que x e y são variáveis independentes, z é a variável que depende de x e y, e o conjunto formado pelos valores de z é denominado conjunto imagem da função f.

Observemos que o domínio da função de duas variáveis é uma região do plano $(\mathbb{R}^2)$ e a imagem é um subconjunto do conjunto dos números reais.

1.3.1 DOMÍNIO DE UMA FUNÇÃO DE DUAS VARIÁVEIS

Para determinarmos a região do plano que determina o domínio de uma função de duas variáveis, precisamos analisar as condições de existência da função, lembrando as restrições de domínio das funções de uma variável real, estudadas no Volume 1.

Exemplos:

Determinar a região do plano que define o mais amplo domínio das funções de duas variáveis a seguir:

E 1.6 $f(x,y) = \sqrt{y - 2x}$

Resolução:

Pela condição de existência, o radicando não pode ser negativo, ou seja:

$$y - 2x \geq 0 \rightarrow y \geq 2x$$

Vamos traçar a reta e analisar a região do plano que satisfaz a desigualdade. Como se trata de uma reta, bastam dois pontos para determiná-la:

x	$y = 2x$
0	0
1	2

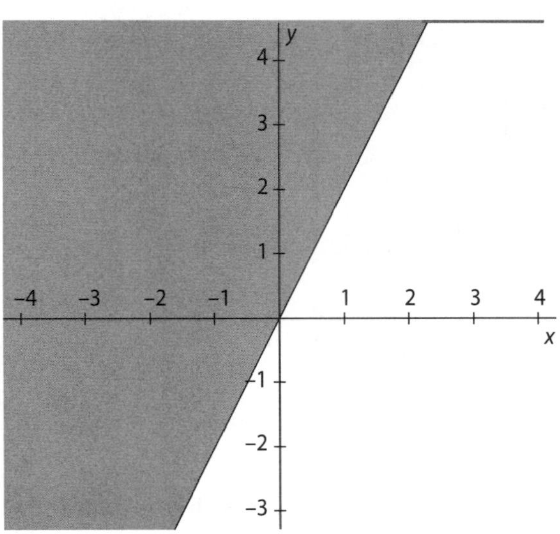

Figura 1.1

A região em que $y = 2x$ está sobre a reta. Basta analisar o ponto que está na região e satisfaz a desigualdade.

Resposta: $D(f) = \{(x,y) \in \mathbb{R}^2 \,/\, y \geq 2x\}$.

E 1.7 $f(x,y) = \ln(1 - x^2 - y^2)$

Resolução:

Pela condição de existência, o logaritmando deve ser positivo, ou seja:

$$1 - x^2 - y^2 > 0 \rightarrow 1 > x^2 + y^2$$

Observando que $x^2 + y^2 = 1$ é a equação da circunferência de centro 0 e raio 1 e que não vale a igualdade, vamos esboçar o gráfico da circunferência tracejado. E, analisando que a região em questão é menor do que o raio, isto indica que o domínio está dentro da circunferência. Portanto:

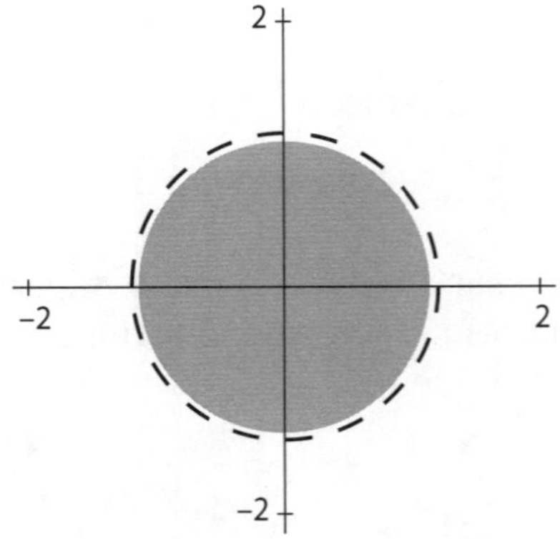

Figura 1.2

Resposta: $D(f) = \{(x,y) \in \mathbb{R}^2 \,/\, x^2 + y^2 < 1\}$.

E 1.8 $f(x,y) = \text{arcsen}(x + y)$

Resolução:

Pela condição de existência, o resultado da função seno está entre –1 e 1, ou seja:

$$-1 \leq x + y \leq 1$$

Vamos analisar separadamente

$$-1 \leq x + y \rightarrow y \geq -1 - x$$

$$x + y \leq 1 \rightarrow y \leq 1 - x$$

x	$y = -1 - x$
0	−1
−1	0

x	$y = 1 - x$
0	1
1	0

Colocando as retas no gráfico e analisando as regiões de acordo com as desigualdades,

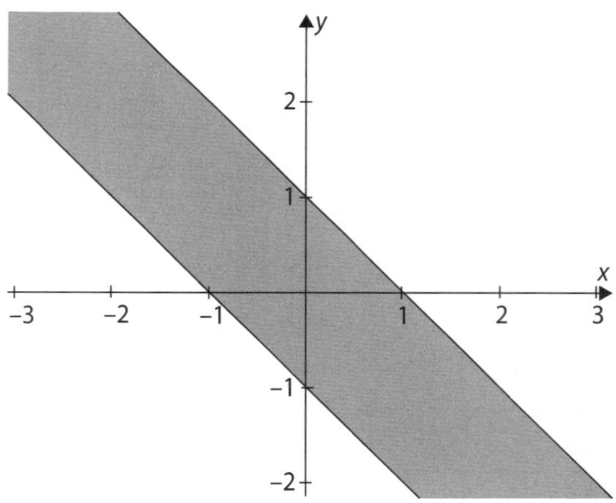

Figura 1.3

Resposta: $D(f) = \{(x,y) \in \mathbb{R}^2 \,/\, -1 \leq x + y \leq 1\}$.

1.3.2 GRÁFICO DE UMA FUNÇÃO DE DUAS VARIÁVEIS

O gráfico de uma função f de duas variáveis é o conjunto de todos os pontos (x,y,z) no espaço cartesiano tridimensional, tal que (x,y) pertence ao domínio D da função. O gráfico da função é uma superfície, cuja projeção perpendicular ao plano xy é D.

A função f transforma o par (x,y) do plano no número $z = f(x,y)$, formando, assim, um ponto no espaço.

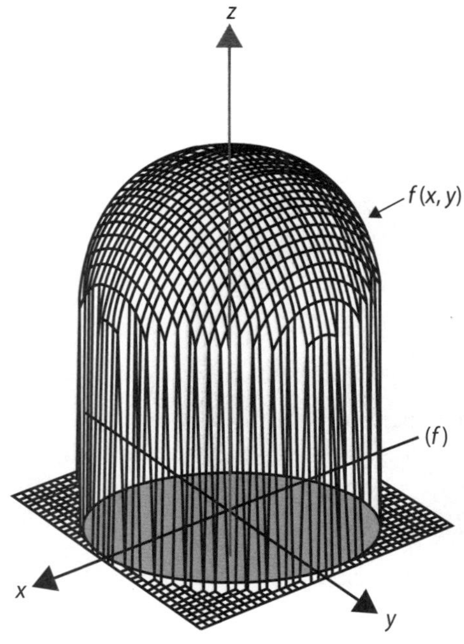

Figura 1.4

1.3.2.1 *Curvas de nível*

Seja $z = f(x,y)$, com $(x,y) \in D(f)$, uma função real de duas variáveis reais. Tomemos $c \in Im(f)$, onde c é um número real fixo, ou seja, uma constante. O conjunto de todos os pontos (x,y), tais que $f(x,y) = c$, denomina-se curva de nível da função *f*, correspondente ao nível $z = c$. Assim, a função *f* é constante sobre cada curva de nível.

Exemplos:

E 1.9 Mapa de um empreendimento contendo curvas de nível que desenhem a topografia da região.

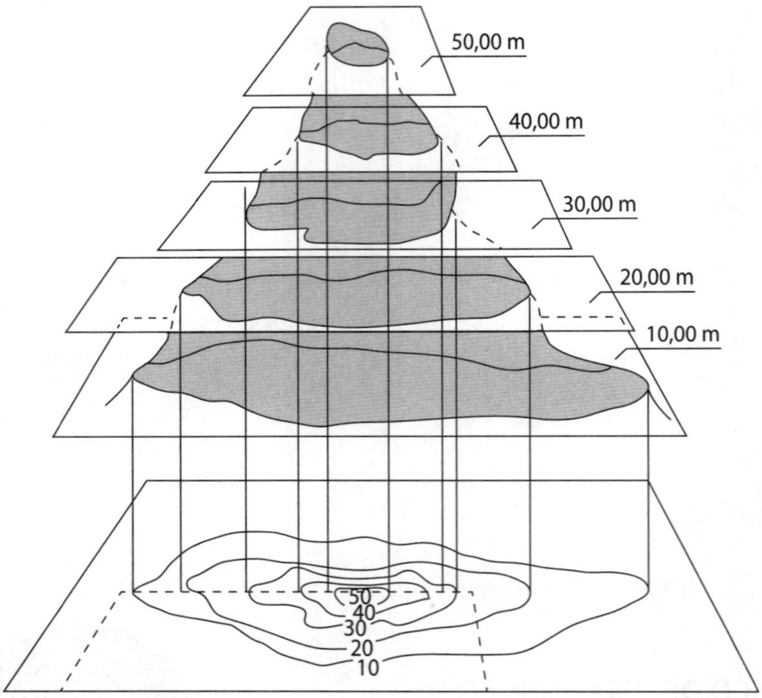

Figura 1.5
Fonte: Lima (2012, p. 93).

E 1.10 Se $T(x,y)$ é a temperatura em um ponto (x,y) sobre uma placa de metal, medida em graus Celsius, no plano xy, então, as curvas de nível T são chamadas de *curvas isotérmicas*, isto é, todos os pontos sobre tal curva têm a mesma temperatura. Suponhamos que uma placa ocupe o primeiro quadrante do plano cartesiano e que $T(x,y) = x.y$. Vamos:

- Esboçar as curvas isotérmicas sobre as quais $T = 1$ e $T = 2$;
- Se um ponto P está na posição $P(1,4)$, determinar a trajetória percorrida por esse ponto e qual a sua temperatura ao longo da trajetória.

Resolução:

Como $T(x,y)=x.y$, para:

$$T=1 \rightarrow 1=x.y \rightarrow y=\frac{1}{x} \text{ (função recíproca)}$$

$$T=2 \rightarrow 2=x.y \rightarrow y=\frac{2}{x}$$

- Para o ponto $P(1,4)$ é a temperatura $T=1.4=4$ constante ao longo da trajetória. A trajetória é dada por $4=x.y \rightarrow y=\frac{4}{x}$.
  Graficamente,

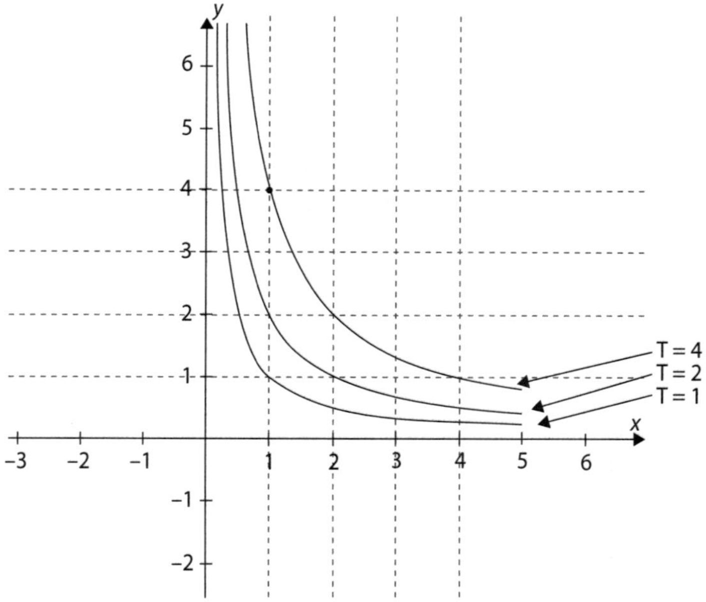

Figura 1.6

Observação

Se $f(x,y)$ é a pressão de um gás de volume x e temperatura y, as curvas $f(x,y)=c$ são chamadas de *isóbaras*.

E 1.11 Se $V(x,y)$ é a voltagem ou potencial sobre um ponto (x,y) no plano xy, então, as curvas de nível V são chamadas de *curvas equipotenciais*. Logo, ao longo de tal curva, a voltagem permanece constante. Se $V(x,y)=x^2+y^2$, esboçar as curvas equipotenciais para $V=1$ e $V=4$.

Resolução:

Se $V(x,y) = c$, então, $x^2 + y^2 = c$. Assim, as curvas de nível para $c > 0$, são as circunferências concêntricas, de centro na origem e raio c. Então, para

$$c = 1 \rightarrow x^2 + y^2 = 1 \rightarrow \text{raio} = 1$$

$$c = 4 \rightarrow x^2 + y^2 = 4 \rightarrow \text{raio} = 2$$

Graficamente,

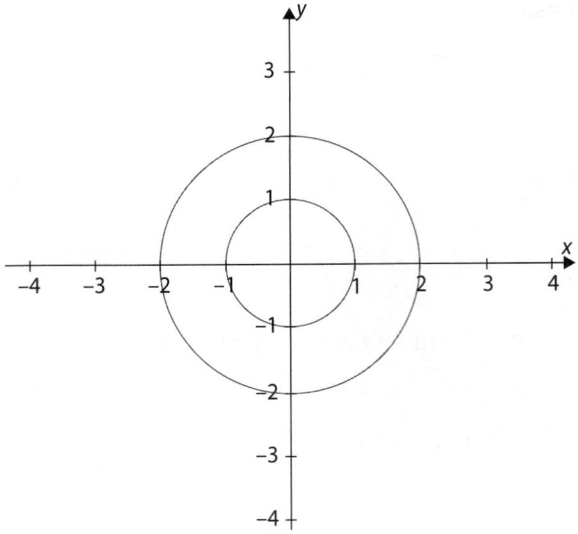

Figura 1.7

E 1.12 Consideremos a função $f(x,y) = y^2 - x^2$. O gráfico desta função é chamado de *paraboloide hiperbólico* e também é denominado *superfície de sela* por causa da sua configuração.

Para esboçar o gráfico desta função, vamos analisar as curvas de nível, curvas em que $y^2 - x^2 = c$, onde c é uma constante e as curvas auxiliares, ou seja, curvas em que $y^2 - c^2 = z$ e $c^2 - x^2 = z$, onde c é uma constante.

Vamos começar pelas curvas de nível. Neste caso, $y^2 - x^2 = c$.

1º) Para $c > 0$, as curvas são hipérboles paralelas ao eixo dos x:

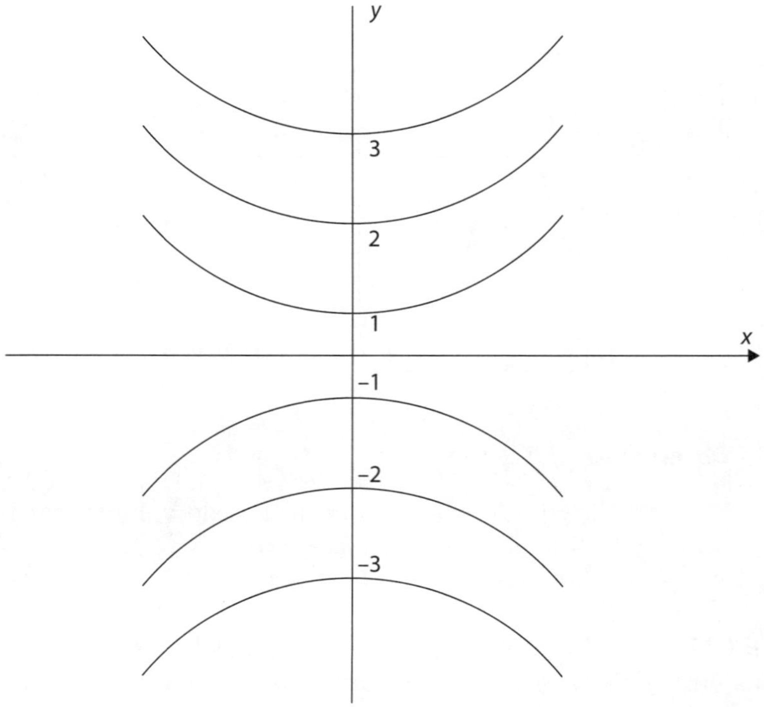

Figura 1.8

2º) Para $c < 0$, as curvas são hipérboles paralelas ao eixo dos y:

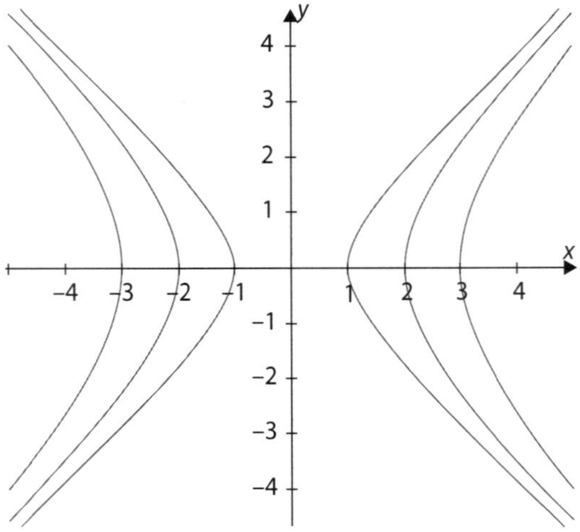

Figura 1.9

3º) Para $c = 0$, temos $y^2 = x^2$, ou seja, as retas $y = x$ e $y = -x$, que são as bissetrizes dos quadrantes ímpares e pares:

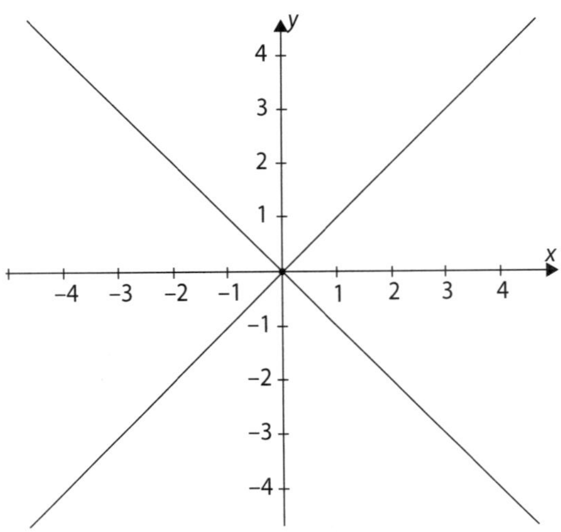

Figura 1.10

Agora vamos fazer $y^2 - c^2 = z$, onde c é uma constante. Neste caso, $z = y^2 - k$, onde $k = c^2 \in \mathbb{R}$. Para cada valor de c, o gráfico é uma parábola de concavidade positiva no plano yz:

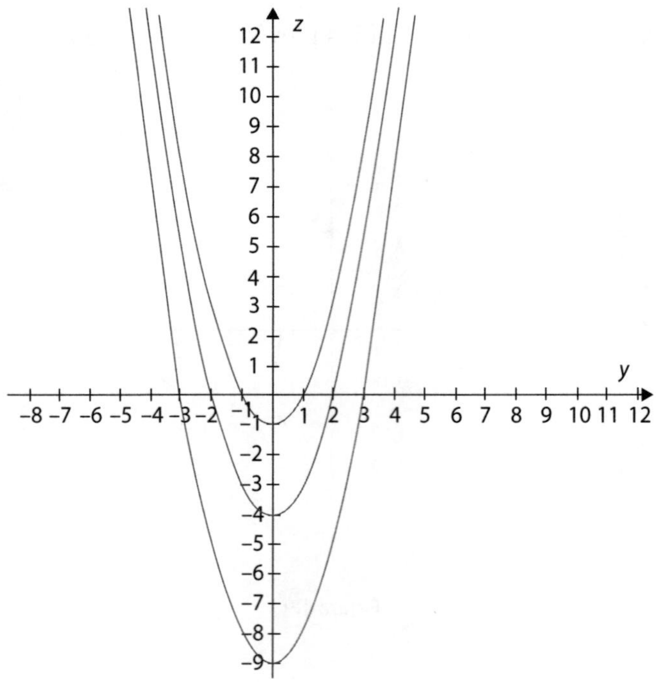

Figura 1.11

Fazendo $c^2 - x^2 = z$, onde c é uma constante. Neste caso, $z = k - x^2$, onde $k = c^2 \in \mathbb{R}$. Para cada valor de c, o gráfico é uma parábola de concavidade negativa no plano xz:

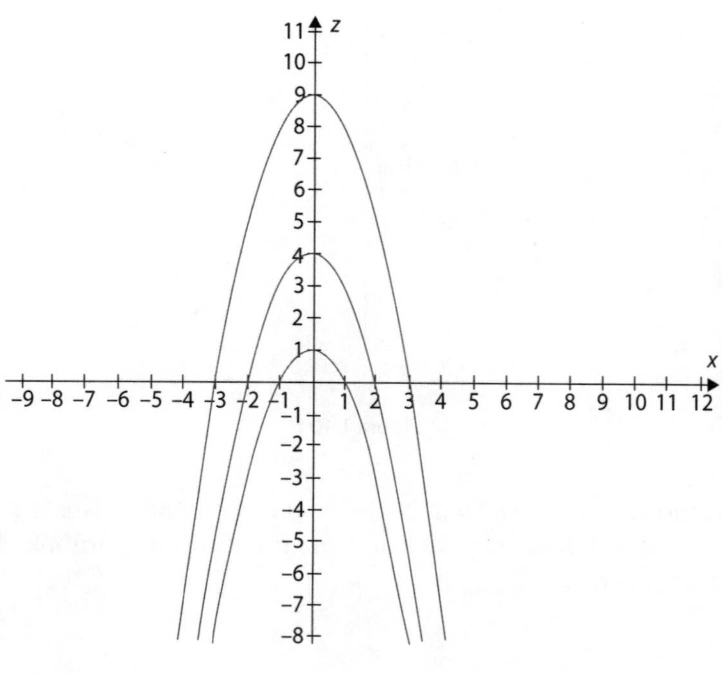

Figura 1.12

Juntando todas as análises no gráfico, temos:

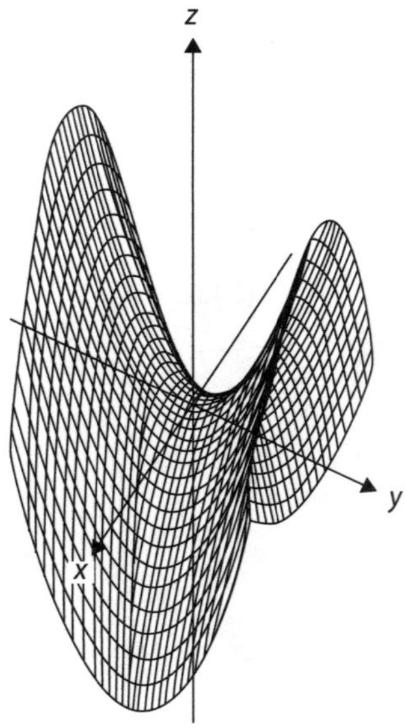

Figura 1.13

E 1.13 Esboçar o gráfico da função $f(x,y)=1-\frac{x}{2}-y$.

Resolução:

O gráfico desta função é um plano, e podemos fazer analogia com a geometria analítica se escrevermos $z=1-\frac{x}{2}-y$.

Para esboçar o gráfico desta função, vamos analisar as interseções com os eixos coordenados:

- Se $x=0$, temos $z=1-y$, que é uma reta que intercepta o eixo y no ponto $y=1$ e o eixo z no ponto $z=1$. Logo, temos $A(0,1,0)$ e $B(0,0,1)$.
- Se $y=0$, temos $z=1-\frac{x}{2}$, que é uma reta que intercepta o eixo x, no ponto $x=2$, e o eixo z, no ponto $z=1$. Logo, temos $C(2,0,0)$ e $B(0,0,1)$.
- Se $z=0$, temos $0=1-\frac{x}{2}-y$, ou, ainda, $y=1-\frac{x}{2}$, que é uma reta que intercepta o eixo y, no ponto $y=1$, e o eixo x, no ponto $x=2$. Logo, temos $A(0,1,0)$ e $C(2,0,0)$.

Portanto, o gráfico de $f(x,y)=1-\frac{x}{2}-y$ está no primeiro octante, e intercepta os eixos coordenados nos pontos $A(0,1,0)$, $B(0,0,1)$ e $C(2,0,0)$.

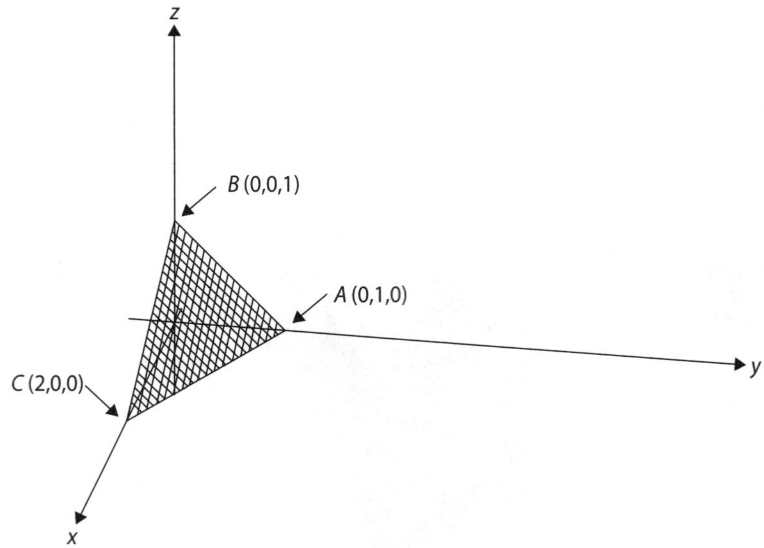

Figura 1.14

Observação

Nem sempre os esboços de gráficos de funções de duas variáveis são fáceis de visualizar apenas com as curvas de nível e as curvas auxiliares. Existem programas gráficos gratuitos na internet, que o leitor pode utilizar para visualizar outros gráficos. Dentre eles, há o programa *Winplot*, que é muito simples de ser usado. No roteiro de exercícios resolvidos e propostos vamos sugerir alguns gráficos a serem feitos com o *Winplot*.

1.3.2.2 Discos no plano e bolas no espaço

Seja $P(x_0, y_0)$ um ponto do plano ($\mathbb{R}^2$) e r um número real positivo. Definimos:

a) Disco aberto de centro em P e raio r

Ao subconjunto de todos os pontos $Q(x,y)$ tais que a distância de P a Q seja menor que r, ou, ainda, $d(P,Q) < r$. Neste caso, representamos o disco aberto como:

$$D(P,r) = \{(x,y) \in \mathbb{R}^2 \,/\, d(P,Q) < r\} \text{ ou } D(P,r) = \left\{(x,y) \in \mathbb{R}^2 \,/\, \sqrt{(x-x_0)^2 + (y-y_0)^2} < r\right\}$$

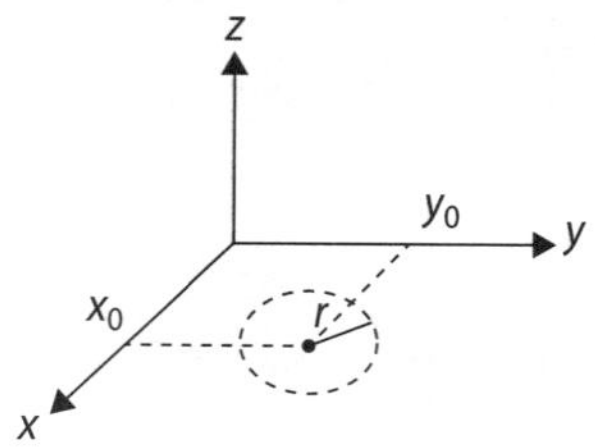

Figura 1.15

b) Disco fechado de centro em P e raio r

Ao subconjunto de todos os pontos $Q(x,y)$ tais que a distância de P a Q seja menor ou igual a r, ou, ainda, $d(P,Q) \leq r$. Neste caso, representamos o disco fechado como:

$$D[P,r] = \{(x,y) \in \mathbb{R}^2 \,/\, d(P,Q) \leq r\} \text{ ou } D[P,r] = \left\{(x,y) \in \mathbb{R}^2 \,/\, \sqrt{(x-x_0)^2 + (y-y_0)^2} \leq r\right\}$$

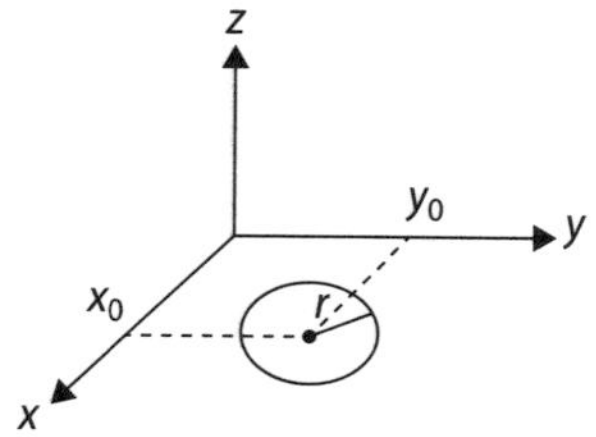

Figura 1.16

Seja $P(x_0,y_0,z_0)$ um ponto do espaço ($\mathbb{R}^3$) e r um número real positivo. Definimos:

c) Bola aberta de centro em P e raio r

Ao subconjunto de todos os pontos $Q(x,y,z)$ tais que a distância de P a Q seja menor que r, ou, ainda, $d(P,Q) < r$. Neste caso, representamos a bola aberta como:

$$B(P,r) = \{(x,y,z) \in \mathbb{R}^3 \,/\, d(P,Q) < r\}$$

ou

$$B(P,r) = \left\{(x,y) \in \mathbb{R}^2 \,/\, \sqrt{(x-x_0)^2 + (y-y_0)^2 + (z-z_0)^2} < r\right\}$$

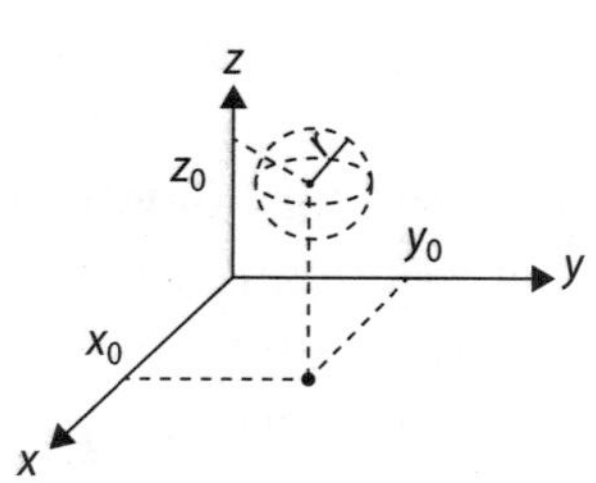

Figura 1.17

d) Bola fechada de centro em P e raio r

Ao subconjunto de todos os pontos $Q(x,y,z)$ tais que a distância de P a Q seja menor ou igual a r, ou, ainda, $d(P,Q) \leq r$. Neste caso, representamos a bola fechada como:

$$B[P,r] = \{(x,y,z) \in \mathbb{R}^3 / d(P,Q) \le r\}$$

ou

$$B[P,r] = \left\{(x,y) \in \mathbb{R}^2 / \sqrt{(x-x_0)^2 + (y-y_0)^2 + (z-z_0)^2} \le r\right\}$$

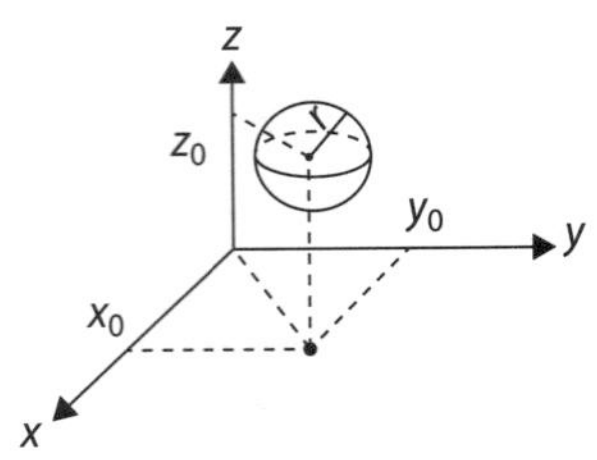

Figura 1.18

Observação

Os conceitos de bolas abertas e fechadas se estendem para o $\mathbb{R}^n$, contudo, não há uma representação gráfica.

1.4 LIMITES PARA FUNÇÕES DE DUAS VARIÁVEIS OU MAIS VARIÁVEIS

Como vimos no caso de função de uma variável, o conceito de limite é utilizado para observar o comportamento da função em certo ponto, ou até mesmo quando esse ponto tende a crescer indefinidamente (infinito). Veja o exemplo a seguir:

E 1.14 Suponha que uma chapa metálica tenha o formato da região D da Figura 1.13 apresentada aqui. A cada ponto $P(x,y)$ da chapa corresponde uma temperatura $f(x,y) = y^2 - x^2$ que é registrada em um termômetro representado pelo eixo z. Quando o ponto $P(x,y)$ se move na chapa, a temperatura pode aumentar, diminuir ou permanecer constante (estes casos são representados pelas curvas de nível). Portanto, o ponto do eixo z que corresponde à temperatura do ponto P se aproxima de um valor L quando P se aproxima de um ponto fixo, conforme a notação:

$$\lim_{(x,y)\to(x_0,y_0)} f(x,y) = L$$

ou, ainda, $f(x,y) \to L$ quando $(x,y) \to (x_0,y_0)$.

Lê-se: O limite de $f(x,y)$, quando (x,y) tende para (x_0,y_0), é igual a L.

Para dar continuidade ao estudo de limites de funções, precisamos introduzir o conceito de ponto de acumulação.

Um ponto P_0 será um ponto de acumulação de um conjunto S de pontos do $\mathbb{R}^n$ se toda bola aberta $B(P_0, r)$ contiver infinitos pontos de S, para qualquer $r > 0$.

Exemplos:

E 1.15 Seja S o conjunto de todos os pontos no $\mathbb{R}^2$ que se encontram no lado positivo do eixo x, $x > 0$. A origem $P_0(0,0)$ é um ponto de acumulação de S. Note que este ponto não pertence a S, mas, por menor que seja o valor de r, todo disco aberto com centro em $P_0(0,0)$, $B(P_0, r)$, tem infinitos pontos de S. Os pontos de S também são pontos de acumulação de S.

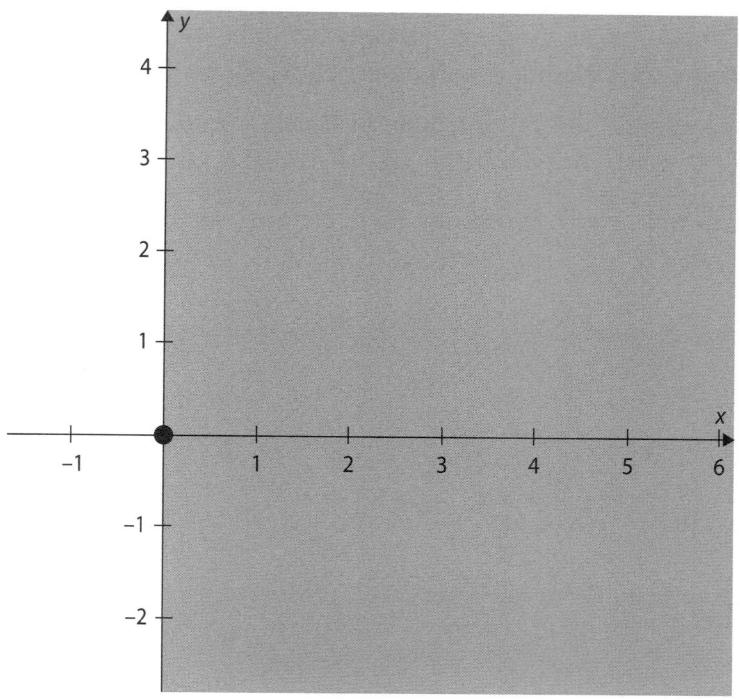

Figura 1.19

E 1.16 Dado o conjunto $A = \{(x,y) \in \mathbb{R}^2 \, / \, x^2 + y^2 < 1\}$, observe que:

a) Todos os pontos de A são pontos de acumulação de A;

b) Todos os pontos pertencentes à circunferência $x^2 + y^2 = 1$ não pertencem a A, mas também são pontos de acumulação de A;

c) Os pontos externos ao círculo, $x^2 + y^2 > 1$, não são pontos de acumulação de A.

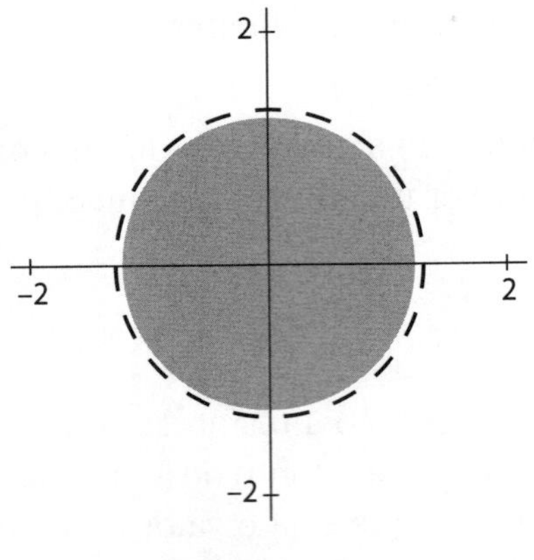

Figura 1.20

1.4.1 LIMITE DE UMA FUNÇÃO DE DUAS VARIÁVEIS

Seja $f(x,y)$ uma função de duas variáveis definida em todo o interior de um disco aberto de centro (x_0,y_0), exceto possivelmente no próprio (x_0,y_0).

Dizemos que o limite de $f(x,y)$ quando $Q(x,y)$ tende para $P(x_0,y_0)$ é igual a L, se para todo $\varepsilon > 0$ existe um $\delta > 0$ tal que, se $0 < d(P,Q) < \delta$, então, $|f(x,y) - L| < \varepsilon$.

Ou ainda, se para todo $\varepsilon > 0$ existe um $\delta > 0$, tal que, se $0 < \sqrt{(x-x_0)^2 + (y-y_0)^2} < \delta$, então, $|f(x,y) - L| < \varepsilon$.

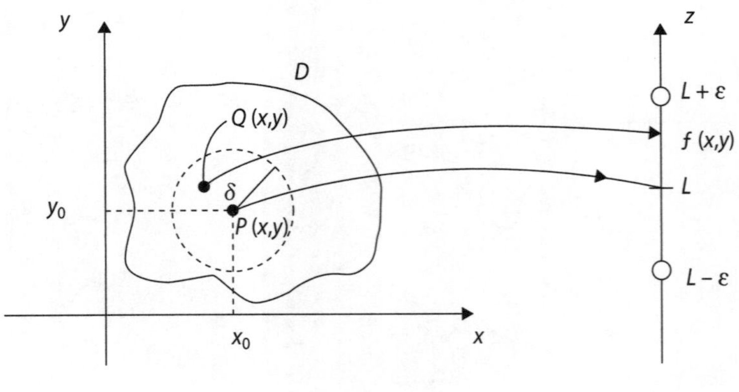

Figura 1.21

E 1.17 Calcular $\lim_{(x,y)\to(3,4)} \sqrt{x^2 + y^2}$.

Resolução:

Substituindo os valores correspondentes,

$$\lim_{(x,y)\to(3,4)} \sqrt{x^2 + y^2} = \sqrt{3^2 + 4^2} = \sqrt{25} = 5$$

Resposta: 5.

1.4.2 LIMITE DE UMA FUNÇÃO DE TRÊS VARIÁVEIS

Seja $f(x,y,z)$ uma função de três variáveis definida em todo o interior de uma bola aberta de centro (x_0,y_0,z_0), exceto possivelmente no próprio (x_0,y_0,z_0).

Dizemos que o limite de $f(x,y,z)$, quando $Q(x,y,z)$ tende para $P(x_0,y_0,z_0)$, é igual a L, se para todo $\varepsilon > 0$ existe um $\delta > 0$ tal que, se $0 < d(P,Q) < \delta$, então, $|f(x,y) - L| < \varepsilon$. Ou, ainda, se para todo $\varepsilon > 0$ existe um $\delta > 0$ tal que, se $0 < \sqrt{(x-x_0)^2 + (y-y_0)^2 + (z-z_0)^2} < \delta$, então, $|f(x,y,z) - L| < \varepsilon$.

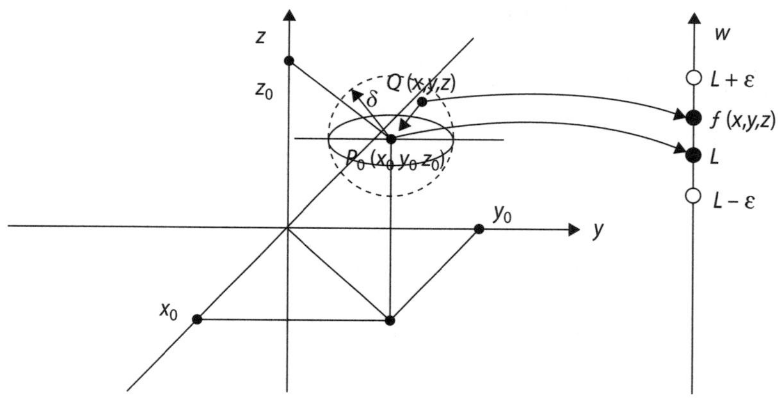

Figura 1.22

E 1.18 Calcular $\lim\limits_{(x,y,z)\to(1,0,2)} \dfrac{e^{x+z}}{z^2 - \cos\sqrt{xy}}$.

Resolução:

Substituindo os valores correspondentes,

$$\lim_{(x,y,z)\to(1,0,2)} \frac{e^{x+z}}{z^2 - \cos\sqrt{xy}} = \frac{e^{1+2}}{2^2 - \cos\sqrt{1.0}} = \frac{e^3}{4 - \cos 0} = \frac{e^3}{4-1} = \frac{e^3}{3}$$

Resposta: $\dfrac{e^3}{3}$.

1.4.3 PROPRIEDADES OPERATÓRIAS DOS LIMITES

Vamos exemplificar as propriedades para funções de duas variáveis, mas elas valem para funções de n variáveis quaisquer. Sejam L, M e k números reais, P_0 um ponto de acumulação dos domínios das funções f e g, simultaneamente e

$$\lim_{(x,y)\to(x_0,y_0)} f(x,y) = L \quad \text{e} \quad \lim_{(x,y)\to(x_0,y_0)} g(x,y) = M$$

Então,

1) Propriedade da soma: $\lim_{(x,y)\to(x_0,y_0)} \left[f(x,y)+g(x,y)\right] = L+M$

2) Propriedade da diferença: $\lim_{(x,y)\to(x_0,y_0)} \left[f(x,y)-g(x,y)\right] = L-M$

3) Propriedade do produto: $\lim_{(x,y)\to(x_0,y_0)} \left[f(x,y).g(x,y)\right] = L.M$

4) Propriedade da multiplicação por uma constante: $\lim_{(x,y)\to(x_0,y_0)} kf(x,y) = kL$

5) Propriedade do quociente: $\lim_{(x,y)\to(x_0,y_0)} \left[\dfrac{f(x,y)}{g(x,y)}\right] = \dfrac{L}{M}$, se $M \neq 0$

6) Propriedade da potência: se m e n forem inteiros e $n \neq 0$, então,

$$\lim_{(x,y)\to(x_0,y_0)} \left[f(x,y)\right]^{m/n} = L^{m/n}$$

7) Propriedade sobre polinômios e funções racionais:

Seja $f(x,y) = \sum_{m+n\leq p} a_{mn}x^m y^n$, onde m, n e p ε $\mathbb{R}$, p é um número fixo.

Uma função racional é $g(x,y) = \dfrac{\sum_{m+n\leq p} a_{mn}x^m y^n}{\sum_{r+s\leq t} b_{rs}x^r y^s}$.

Se $\sum_{r+s\leq t} b_{rs}x_0{}^r y_0{}^s \neq 0$, então

- $\lim_{(x,y)\to(x_0,y_0)} f(x,y) = \sum_{m+n\leq p} a_{mn}x_0{}^m y_0{}^n$

- $\lim_{(x,y)\to(x_0,y_0)} g(x,y) = \dfrac{\sum_{m+n\leq p} a_{mn}x_0{}^m y_0{}^n}{\sum_{r+s\leq t} b_{rs}x_0{}^r y_0{}^s}$

1.4.4 CONDIÇÕES DE EXISTÊNCIA DO LIMITE

Sejam D_1 e D_2 subconjuntos de $D(f)$, domínio de f, e P_0 um ponto de acumulação de $D_1 \cap D_2$. Se f tem limites diferentes quando P tende a P_0 por pontos de D_1 e de D_2, respectivamente, então, não existe $\lim_{P\to P_0} f(P)$.

Dizer que $\lim_{P\to P_0} f(P) = L$ significa que, quando P tende a P_0 por qualquer direção, ou seja, qualquer caminho, qualquer curva ou qualquer percurso, $f(P)$ tende ao mesmo limite L. Portanto, um meio conveniente de mostrar que um limite não existe é mostrar que tende a limites diferentes por caminhos diferentes.

Vamos dar alguns exemplos para funções de duas variáveis:

a) Se D_1 é o conjunto dos pontos do eixo dos x, então, o limite de $f(x,y)$ quando $(x,y)\to(0,0)$ por meio dos pontos de D_1 é dado por:

$$\lim_{(x,y)\to(0,0)} f(x,y) = \lim_{x\to 0} f(x,0)$$

b) Se D_2 é o conjunto dos pontos do eixo dos y, então, o limite de $f(x,y)$ quando $(x,y)\to(0,0)$ por meio dos pontos de D_2 é dado por:

$$\lim_{(x,y)\to(0,0)} f(x,y) = \lim_{y\to 0} f(0,y)$$

c) Se D_3 é o conjunto dos pontos da reta $y = ax$, $a \neq 0$, então, o limite de $f(x,y)$ quando $(x,y)\to(0,0)$ por meio dos pontos de D_3 é dado por:

$$\lim_{(x,y)\to(0,0)} f(x,y) = \lim_{x\to 0} f(x,ax)$$

Exemplos:

E 1.19 Calcular $\lim_{(x,y)\to(1,0)} \dfrac{x^2 - xy + 3}{xy - 2x}$

Resolução:

Substituindo os valores correspondentes,

$$\lim_{(x,y)\to(1,0)} \frac{x^2 - xy + 3}{xy - 2x} = \frac{1^2 - 1.0 + 3}{1.0 - 2.1} = \frac{1 - 0 + 3}{0 - 2} = \frac{4}{-2} = -2$$

Resposta: -2.

E 1.20 Calcular $\lim_{(x,y)\to(2,2)} \dfrac{x^3 - y^3}{x - y}$.

Resolução:

Substituindo os valores correspondentes, notamos que é um limite indeterminado, ou seja, $\dfrac{0}{0}$. Então, devemos fatorar o numerador e simplificar. Lembrando que:
$a^3 - b^3 = (a-b)(a^2 + ab + b^2)$

$$\lim_{(x,y)\to(2,2)} \frac{x^3 - y^3}{x - y} = \lim_{(x,y)\to(2,2)} \frac{(x-y)(x^2 + xy + y^2)}{x - y} = \lim_{(x,y)\to(2,2)} (x^2 + xy + y^2) = 2^2 + 2.2 + 2^2 = 12$$

Resposta: 12.

1.5 CONTINUIDADE DE FUNÇÕES DE DUAS OU MAIS VARIÁVEIS

Sejam f uma função de n variáveis, $P(x_1, x_2, \ldots, x_n)$ um ponto do $\mathbb{R}^n$ e $f(P) = f(x_1, x_2, \ldots, x_n)$. Seja, ainda, $A \in \mathbb{R}^n$ um ponto de acumulação do domínio da função f. Dizemos que f é contínua no ponto A se as três condições forem satisfeitas:

1ª) $f(A)$ existe;

2ª) $\lim_{P \to A} f(P)$ existe;

3ª) $\lim_{P \to A} f(P) = f(A)$

Se uma ou mais dessas três condições não for válida no ponto A, então, dizemos que a função é descontínua em A.

I) Se f é uma função de duas variáveis, temos que $A = (x_0, y_0)$ é um ponto de acumulação do domínio da função, P é um ponto (x, y) e a definição se traduz em:

1ª) $f(x_0, y_0)$ existe;

2ª) $\lim_{(x,y) \to (x_0, y_0)} f(x, y)$ existe;

3ª) $\lim_{(x,y) \to (x_0, y_0)} f(x, y) = f(x_0, y_0)$.

II) Analogamente, se f é uma função de três variáveis, temos que $A = (x_0, y_0, z_0)$ é um ponto de acumulação do domínio da função, P é um ponto (x, y, z) e a definição se traduz em:

1ª) $f(x_0, y_0, z_0)$ existe;

2ª) $\lim_{(x,y,z) \to (x_0, y_0, z_0)} f(x, y, z)$ existe;

3ª) $\lim_{(x,y,z) \to (x_0, y_0, z_0)} f(x, y, z) = f(x_0, y_0, z_0)$.

1.5.1 OBSERVAÇÕES GERAIS

- Se f for contínua em cada ponto do seu domínio $\mathbb{R}$, dizemos que f é contínua sobre $\mathbb{R}$;
- Como consequência das propriedades operatórias dos limites (1.4.3), podemos verificar que combinações algébricas de funções contínuas são contínuas em todo ponto para o qual as funções envolvidas são definidas;
- Polinômios e funções racionais são contínuas em todo ponto onde estão definidas;
- Se $z = f(x, y)$ é uma função contínua em seu domínio e $w = g(z)$ é uma função contínua de z, então, a composta $w = g(f(x, y))$ é contínua.

Exemplos:

E 1.21 Dada a função a seguir, verificar se ela é contínua no ponto $(0,0)$.

$$f(x,y)=\begin{cases}\dfrac{x^2-xy}{\sqrt{x}-\sqrt{y}}, \text{ se } (x,y)\neq(0,0)\\[2ex] 0, \text{ se } (x,y)=(0,0)\end{cases}$$

Resolução:

Vamos verificar se ela satisfaz às três condições,

1ª) $f(0,0)=0$ é definida em $(0,0)$;

2ª) $\lim\limits_{(x,y)\to(0,0)}\dfrac{x^2-xy}{\sqrt{x}-\sqrt{y}}$ é um limite indeterminado. Vamos multiplicar pelo conjugado do denominador para aplicar o produto notável $a^2-b^2=(a-b)(a+b)$,

$$\lim_{(x,y)\to(0,0)}\frac{(x^2-xy)(\sqrt{x}+\sqrt{y})}{(\sqrt{x}-\sqrt{y})(\sqrt{x}+\sqrt{y})}=\lim_{(x,y)\to(0,0)}\frac{(x^2-xy)(\sqrt{x}+\sqrt{y})}{(\sqrt{x})^2-(\sqrt{y})^2}=$$

$$\lim_{(x,y)\to(0,0)}\frac{x(x-y)(\sqrt{x}+\sqrt{y})}{(x-y)}=\lim_{(x,y)\to(0,0)}x(\sqrt{x}+\sqrt{y})=0$$

3ª) $\lim\limits_{(x,y)\to(0,0)}\dfrac{x^2-xy}{\sqrt{x}-\sqrt{y}}=0=f(0,0)$

Logo, a função satisfaz às três propriedades.

Resposta: f é contínua no ponto $(0,0)$.

E 1.22 Dada a função a seguir, verificar se ela é contínua no ponto $(0,0)$.

$$f(x,y)=\begin{cases}\dfrac{2xy}{x^2+y^2}, \text{ se } (x,y)\neq(0,0)\\[2ex] 0, \text{ se } (x,y)=(0,0)\end{cases}$$

Resolução:

Vamos verificar se ela satisfaz às três condições,

1ª) $f(0,0)=0$ é definida em $(0,0)$;

2ª) $\lim\limits_{(x,y)\to(0,0)} \dfrac{2xy}{x^2+y^2}$ é um limite indeterminado. Como não há simplificação direta para fazer, vamos calcular o limite ao longo de três caminhos diferentes:

a) Sobre o eixo dos x. Logo, $y=0$, então:

$$\lim_{(x,y)\to(0,0)} \frac{2xy}{x^2+y^2} = \lim_{x\to 0}\frac{2x.0}{x^2+0^2} = \lim_{x\to 0}\frac{0}{x^2} = 0$$

b) Sobre o eixo dos y. Logo, $x=0$, então:

$$\lim_{(x,y)\to(0,0)} \frac{2xy}{x^2+y^2} = \lim_{y\to 0}\frac{2.0.y}{0^2+y^2} = \lim_{y\to 0}\frac{0}{y^2} = 0$$

c) Sobre a reta $y=ax, a\neq 0$, então:

$$\lim_{(x,y)\to(0,0)} \frac{2xy}{x^2+y^2} = \lim_{x\to 0}\frac{2x.ax}{x^2+(ax)^2} = \lim_{x\to 0}\frac{2ax^2}{(1+a^2)x^2} = \frac{2a}{(1+a^2)}$$

Observe que esse limite muda com o valor de a, logo, não existe apenas um resultado, portanto, não existe limite.

Neste caso, a função não satisfaz à segunda propriedade e, por consequência, a terceira também. Logo, a função não é contínua em $(0,0)$.

Resposta: f não é contínua no ponto $(0,0)$.

1.6 ROTEIRO DE ESTUDOS COM EXERCÍCIOS RESOLVIDOS E EXERCÍCIOS PROPOSTOS

R 1.1 Dada a função f: $\mathbb{R}^2 \to \mathbb{R}$, definida por $f(x,y)=3x-2y$, calcular:

a) $f(1,-2)$

b) $f(\text{sen}2t, \cos t)$

Resolução:

a) $f(1,-2)=3.1-2(-2)=3+4=7$

b) $f(\text{sen}2t,\cos t)=3\ \text{sen}\ 2t-2\ \cos t=3.2\ \text{sen}\ t.\cos t-2\cos t=2\cos t(3\ \text{sen}t-1)$

R 1.2 Se $f(x_1, x_2, \ldots, x_n) = x_1 + x_2 + \ldots + x_n$, calcule $f(1,2,\ldots,n)$.

Resolução:

Vamos substituir na expressão:

$$f(1,2,\ldots,n) = 1 + 2 + \ldots + n$$

Observe que é uma progressão aritmética (P.A.), em que $a_1 = 1$, $a_n = n$ e $r = 1$. Pela fórmula da soma de n termos de uma P.A., $S_n = \dfrac{(a_1 + a_n)n}{2}$. Então,

$$f(1,2,\ldots,n) = \frac{(1+n)n}{2}$$

Resposta: $\dfrac{n(n+1)}{2}$.

P 1.3 Dada a função f: $\mathbb{R}^2 \to \mathbb{R}$, definida por $f(x,y) = \sqrt{y^2 - x}$, calcular:

a) $f(5,-3)$

b) $f(-\text{sen}^2 t, \cos t)$

P 1.4 Dada a função f: $\mathbb{R}^3 \to \mathbb{R}$, definida por $f(x,y,z) = \dfrac{4}{9 - x^2 - y^2 - 2z^2}$, calcular:

a) $f(1,0,-1)$

b) $f(t,0,2t)$

R 1.5 Determinar o mais amplo domínio das funções de duas variáveis a seguir e esboçar a região:

a) $f(x,y) = \dfrac{2x}{x - y}$

b) $f(x,y) = \sqrt{x + y - 5}$

c) $f(x,y) = \sqrt{4 - x^2 - y^2} . \ln(x + y)$

Resolução:

a) Pela condição de existência da função, devemos ter $x - y \neq 0 \rightarrow y \neq x$. Então:

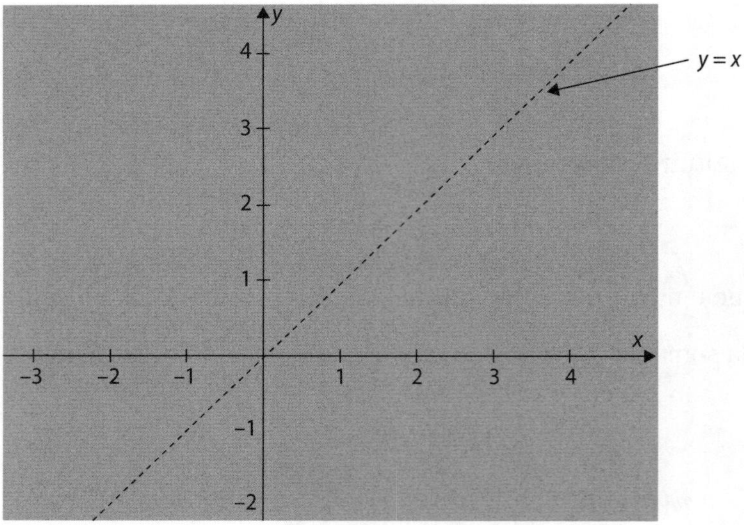

Resposta: $D(f) = \{(x,y) \in \mathbb{R}^2 \, / \, y \neq x\}$

b) Pela condição de existência da função, devemos ter $x + y - 5 \geq 0 \rightarrow y \geq 5 - x$. Esboçando a reta $y = 5 - x$,

x	$y = 5 - x$
0	5
5	0

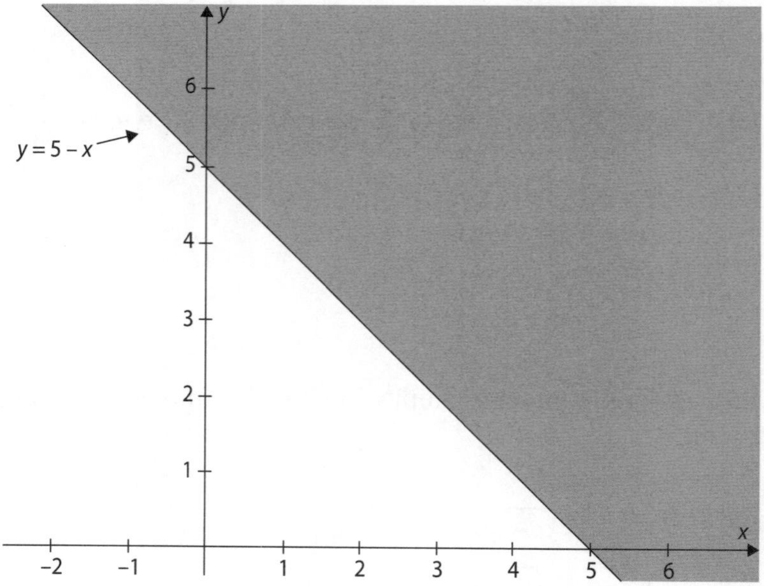

Resposta: $D(f) = \{(x,y) \in \mathbb{R}^2 \, / \, y \geq 5 - x\}$

c) Neste caso, temos duas condições de existência, que devemos trabalhar separadamente, e depois fazer a interseção das regiões.

1º) $4 - x^2 - y^2 \geq 0 \rightarrow 4 \geq x^2 + y^2$, círculo de centro $(0,0)$ e raio $r = 2$.

2º) $x + y > 0 \to y > -x$

Esboçando a região,

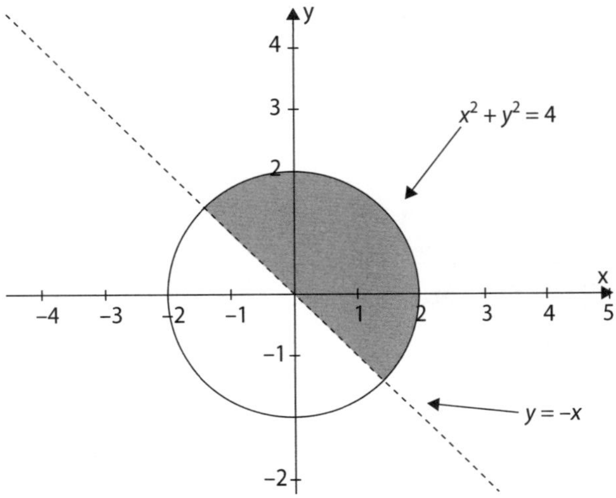

Resposta: $D(f) = \{(x,y) \in \mathbb{R}^2 \,/\, y > -x \text{ e } x^2 + y^2 \leq 4\}$

P 1.6 Determinar o mais amplo domínio das funções de duas variáveis a seguir e esboçar a região:

a) $f(x,y) = \dfrac{xy - 1}{\sqrt{x^2 - 4}}$

b) $f(x,y) = \sqrt{y-1} + \sqrt{y-x}$

c) $f(x,y) = \sqrt{x^2 + y^2 - 1}$

d) $f(x,y) = \ln(y - x^2)$

e) $f(x,y) = \dfrac{xy - 2}{5\sqrt{x-y}}$

f) $f(x,y) = \text{arc}\cos(x - y + 1)$

g) $f(x,y) = \sqrt{2 - |x| - |y|}$

h) $f(x,y) = \sqrt{x - y^2} + \ln(4 - x^2 - y^2)$

R 1.7 Dada a função *f*: $\mathbb{R}^2 \to \mathbb{R}$, definida por $f(x,y) = \sqrt{x^2 - y}$, esboçar as curvas de nível para $z = 1$ e $z = 2$.

Resolução:

Fazendo $z = 1$, temos: $\sqrt{x^2 - y} = 1 \to x^2 - y = 1 \to y = x^2 - 1$

Fazendo $z = 2$, temos: $\sqrt{x^2 - y} = 2 \to x^2 - y = 4 \to y = x^2 - 4$

Daí,

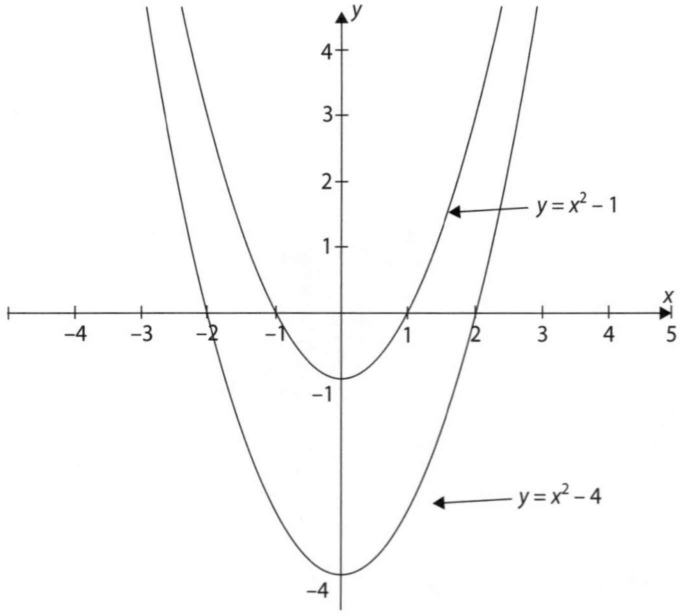

P 1.8 Dada a função f: $\mathbb{R}^2 \to \mathbb{R}$, definida por $f(x,y) = 36 - x^2 - y^2$, esboçar as curvas de nível para $z = 11$ e $z = 20$.

P 1.9 Dada a função f: $\mathbb{R}^2 \to \mathbb{R}$, definida por $f(x,y) = \sqrt{y^2 - x + 1}$, esboçar as curvas de nível para $z = 0$ e $z = 1$.

R 1.10 Seja $T(x,y) = x^2 + y^2 - 1$ a temperatura em um ponto (x,y) sobre uma placa de metal, medida em graus Celsius, no plano xy, então, as curvas de nível de T serão chamadas de *curvas isotérmicas*, isto é, todos os pontos sobre tal curva têm a mesma temperatura.

a) Esboçar as curvas isotérmicas sobre as quais $T = 0$ e $T = 3$;

b) Se um ponto P está na posição $P(4,3)$, determinar a trajetória percorrida por esse ponto e qual a sua temperatura ao longo da trajetória.

Resolução:

a) Como $T(x,y) = x^2 + y^2 - 1$, para:

$$T = 0 \to 0 = x^2 + y^2 - 1 \to x^2 + y^2 = 1$$

$$T = 3 \to 3 = x^2 + y^2 - 1 \to x^2 + y^2 = 4$$

b) Para o ponto $P(4,3)$, a temperatura $T = 4^2 + 3^2 - 1 = 16 + 9 - 1 = 24$ é constante ao longo da trajetória. A trajetória é dada por $24 = x^2 + y^2 - 1 \rightarrow x^2 + y^2 = 25$.

Graficamente,

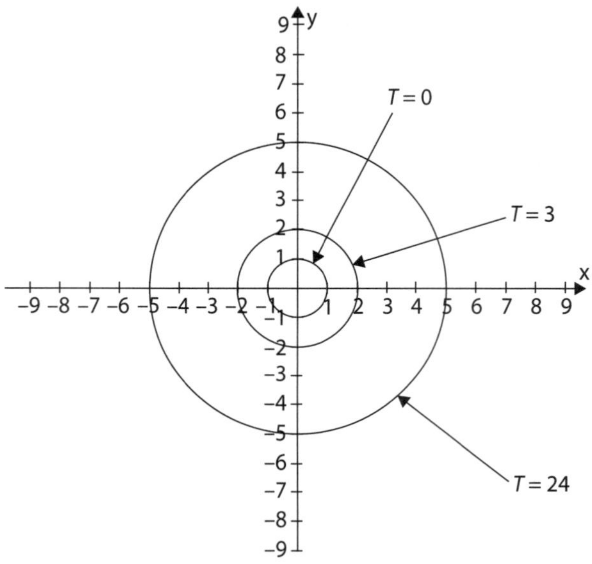

P 1.11 Seja $P(x,y) = \dfrac{5y}{x}$ a pressão de um gás de volume x e temperatura y, as curvas $P(x,y) = c$ são chamadas de *isóbaras*, isto é, todos os pontos sobre tal curva têm a mesma pressão.

a) Esboçar as curvas isóbaras sobre as quais $P = 10$ e $P = 25$;

b) Se um ponto P está na posição $P(1,5)$, determinar a trajetória percorrida por esse ponto e qual a sua pressão ao longo da trajetória.

P 1.12 A temperatura no ponto (x,y) de uma chapa metálica é calculada por meio da função $T(x,y) = 2x^4 + 3y^2 + 15$. Determinar a equação da *isoterma* que passa pelo ponto $(1,3)$ e a represente no plano xy.

P 1.13 A temperatura no ponto (x,y) de uma chapa de metal é dada por:

$$T(x,y) = 15 + \sqrt{50 - x^2 - y^2}$$

a) Determinar o domínio de $T(x,y)$;

b) Determinar a temperatura no ponto $(3,4)$;

c) Determinar a equação *isoterma* que contém o ponto $(3,4)$ e a representar no plano xy.

P 1.14 O potencial elétrico em uma região do plano xy é dado por:

$$V(x,y)=\frac{120}{x^2+y^2}$$

a) Determinar o lugar geométrico dos pontos cujo potencial é 30;

b) Determinar a curva *equipotencial* que passa pelo ponto $(1,1)$.

P 1.15 O potencial elétrico no ponto (x,y) em uma região do plano é dado por:

$$V(x,y)=\frac{4}{\sqrt{9-x^2-y^2}}$$

Determinar e representar no plano xy as curvas *equipotenciais* para 4 e 2 volts.

R 1.16 Dada a função f: $\mathbb{R}^2 \to \mathbb{R}$, definida por $f(x,y)=\sqrt{4-x^2-y^2}$:

a) Determinar o mais amplo domínio;

b) Esboçar pelo menos três curvas de nível;

c) Esboçar o gráfico da função.

Resolução:

a) Pela condição de existência da função, temos:

$$4-x^2-y^2 \geq 0 \to x^2+y^2 \leq 4$$

$$D(f)=\{(x,y)\in \mathbb{R}^2 \,/ x^2+y^2 \leq 4\}$$

b) Vamos escolher $z=0$, neste caso,

$$0=\sqrt{4-x^2-y^2} \to 0=4-x^2-y^2 \to x^2+y^2=4$$

Agora, seja $z=\sqrt{3}$, logo,

$$\sqrt{3}=\sqrt{4-x^2-y^2} \to 3=4-x^2-y^2 \to x^2+y^2=1$$

Escolhendo $\mathrm{z}=2$, portanto,

$$2=\sqrt{4-x^2-y^2} \to 4=4-x^2-y^2 \to x^2+y^2=0$$

Esboçando as curvas,

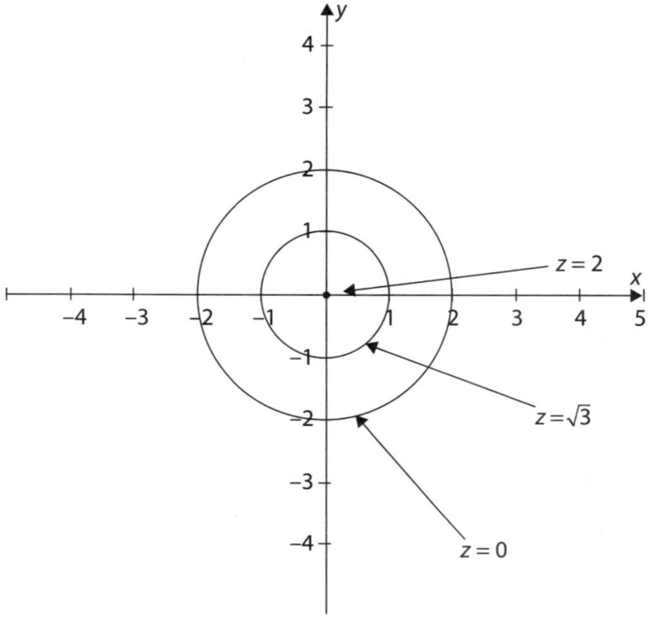

c) Percebemos que as curvas de nível são circunferências concêntricas, que não há valores para $z < 0$, no plano xy a maior circunferência tem raio 2 e na altura $z = 2$ a circunferência se degenera em um ponto, $(0,0)$. Para $z > 2$, a função não está definida, conforme seu domínio, portanto, *o gráfico é dado por:*

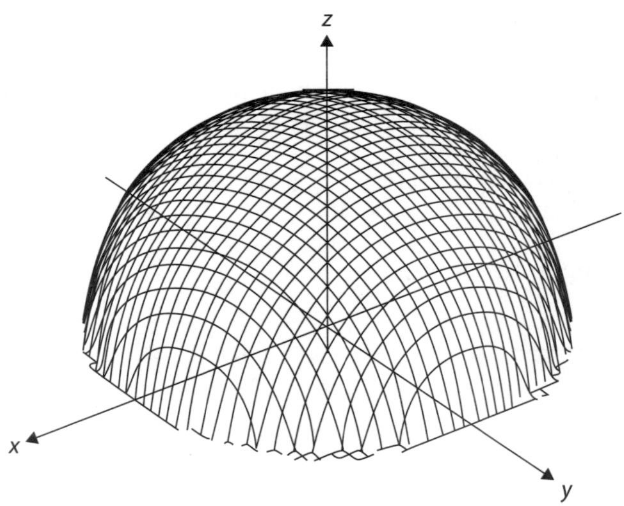

P 1.17 Dada a função f: $\mathbb{R}^2 \to \mathbb{R}$, definida por $f(x,y) = 6 - 2x - 3y$:

a) Determinar o mais amplo domínio;

b) Esboçar pelo menos três curvas de nível;

c) Esboçar o gráfico da função.

P 1.18 Dada a função f: $\mathbb{R}^2 \to \mathbb{R}$, definida por $f(x,y) = y^2$:

a) Determinar o mais amplo domínio;

b) Esboçar pelo menos três curvas de nível;

c) Esboçar o gráfico da função.

P 1.19 Dada a função f: $\mathbb{R}^2 \to \mathbb{R}$, definida por $f(x,y) = \sqrt{x^2 + y^2}$:

a) Determinar o mais amplo domínio;

b) Esboçar pelo menos três curvas de nível;

c) Esboçar o gráfico da função.

P 1.20 Dada a função f: $\mathbb{R}^2 \to \mathbb{R}$, definida por $f(x,y) = x^2 + y^2 + 4$:

a) Determinar o mais amplo domínio;

b) Esboçar pelo menos três curvas de nível;

c) Esboçar o gráfico da função.

P 1.21 Esboçar, usando um programa gráfico gratuito, por exemplo, o *Winplot*, o gráfico das funções de duas variáveis a seguir:

a) $f(x,y) = \operatorname{sen}(x^2 + y^2)$

b) $f(x,y) = xy(y^2 - x^2)/3$

c) $f(x,y) = \dfrac{\operatorname{sen}(x^2 + y^2)}{x^2 + y^2}$

d) $f(x,y) = \cos(xy)$

e) $f(x,y) = \cos(x) + \cos(y)$

R 1.22 Calcular os seguintes limites:

a) $\lim\limits_{(x,y)\to(1,2)} \left(3xy - \dfrac{5y^2}{x+y}\right)$

b) $\lim\limits_{(x,y)\to(0,0)} \left(e^{\operatorname{sen}(3x^2+y)} + 3\cos(2xy)\right)$

Resolução:

a) Substituindo os respectivos valores:

$$\lim_{(x,y)\to(1,2)} \left(3xy - \frac{5y^2}{x+y}\right) = 3.1.2 - \frac{5.2^2}{1+2} = 6 - \frac{20}{3} = \frac{18-20}{3} = -\frac{2}{3}$$

Resposta: $-\dfrac{2}{3}$

b) Substituindo os respectivos valores:

$$\lim_{(x,y)\to(0,0)}\left(e^{\text{sen}\left(3x^2+y\right)}+3\cos(2xy)\right)=e^{\text{sen}\left(3.0^2+0\right)}+3\cos(2.0.0)=e^0+3.1=1+3=4$$

P 1.23 Calcular os seguintes limites:

a) $\displaystyle\lim_{(x,y)\to(0,9)}\frac{x}{\sqrt{y}}$

b) $\displaystyle\lim_{(x,y)\to(2,-3)}\left(\frac{1}{x}+\frac{1}{y}\right)^2$

c) $\displaystyle\lim_{(x,y)\to(1,0)}\frac{x.\text{sen }y}{x^2+1}$

d) $\displaystyle\lim_{(x,y)\to(-1,2)}\frac{xy}{x^2+y^2}$

e) $\displaystyle\lim_{(x,y)\to(2,1)}\left[\ln(xy-1)\right]$

R 1.24 Calcular o seguinte limite:

$$\lim_{(x,y)\to(1,1)}\frac{x^2-y^2}{x-y}$$

Resolução:

Observe que é um limite indeterminado, isto é, seu resultado dá $\frac{0}{0}$. Então, vamos fatorar o numerador:

$$\lim_{(x,y)\to(1,1)}\frac{x^2-y^2}{x-y}=\lim_{(x,y)\to(1,1)}\frac{(x-y)(x+y)}{x-y}=\lim_{(x,y)\to(1,1)}(x+y)=1+1=2$$

Resposta: 2.

P 1.25 Calcular os seguintes limites:

a) $\displaystyle\lim_{(x,y)\to(2,-4)}\frac{y+4}{x^2y-xy+4x^2-4x}$

b) $\displaystyle\lim_{(x,y)\to(1,1)}\frac{x^2-2xy+y^2}{x^2-y^2}$

c) $\displaystyle\lim_{(x,y)\to(1,1)}\frac{x^3-3x^2y+3xy^2-y^3}{x^2-xy}$

R 1.26 Calcular o seguinte limite de função de três variáveis:

$$\lim_{(x,y,z)\to(1,-1,-1)}\frac{2xy+yz}{x^2+y^2}$$

Resolução:

Substituindo os valores respectivos,

$$\lim_{(x,y,z)\to(1,-1,-1)} \frac{2xy+yz}{x^2+y^2} = \frac{2.1.(-1)+(-1).(-1)}{1^2+(-1)^2} = \frac{-2+1}{2} = -\frac{1}{2}$$

Resposta: $-\frac{1}{2}$

P 1.27 Calcular o seguinte limite de função de três variáveis:

a) $\lim_{(x,y,z)\to(3,3,0)} \left(\operatorname{sen}^2 x + \cos^2 y + \sec^2 z\right)$

b) $\lim_{(x,y,z)\to(0,-2,0)} \ln\sqrt{x^2+y^2+z^2}$

c) $\lim_{(x,y,z)\to(\pi,0,3)} \left(7ze^{-2y}\cos(2x)\right)$

R 1.28 Verificar que não existe o seguinte limite:

$$\lim_{(x,y)\to(0,0)} \frac{5xy}{x^2+y^2}$$

Resolução:

Devemos calcular os limites por caminhos diferentes que passam pelo ponto de acumulação e verificar que algum deles é diferente.

Por um caminho no eixo dos x:

$$\lim_{(x,y)\to(0,0)} \frac{5xy}{x^2+y^2} = \lim_{x\to 0} \frac{5x.0}{x^2+0^2} = \lim_{x\to 0} 0 = 0$$

Por meio da reta $y = x$:

$$\lim_{(x,y)\to(0,0)} \frac{5xy}{x^2+y^2} = \lim_{x\to 0} \frac{5x.x}{x^2+x^2} = \lim_{x\to 0} \frac{5x^2}{2x^2} = \frac{5}{2}$$

Como os limites são diferentes por caminhos diferentes, não existe o limite.

P 1.29 Verificar que não existe o seguinte limite:

$$\lim_{(x,y)\to(0,0)} \frac{x^2}{x^2+y^2}$$

P 1.30 Verificar que não existe o seguinte limite:

$$\lim_{(x,y)\to(0,0)} \frac{3x^2y}{x^4+y^2}$$

RESPOSTAS DOS EXERCÍCIOS PROPOSTOS

P 1.3 a) 2 b) $f(t)=1$

P 1.4 a) $\dfrac{2}{3}$ b) $f(t)=\dfrac{4}{9(1-t^2)}$

P 1.6

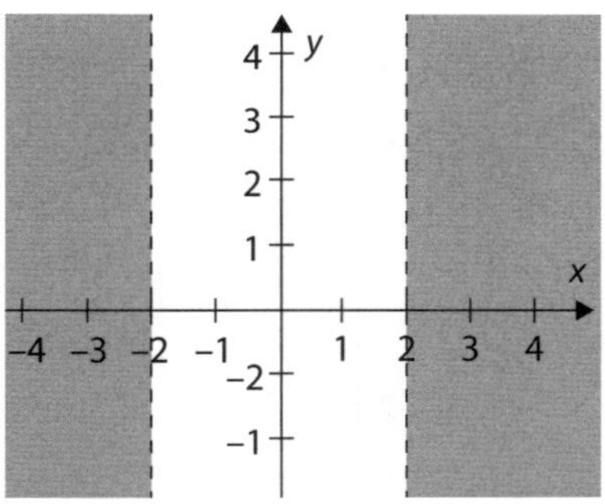

a) $D(f)=\{(x,y)\in\mathbb{R}^2\ /\ x^2>4\}$

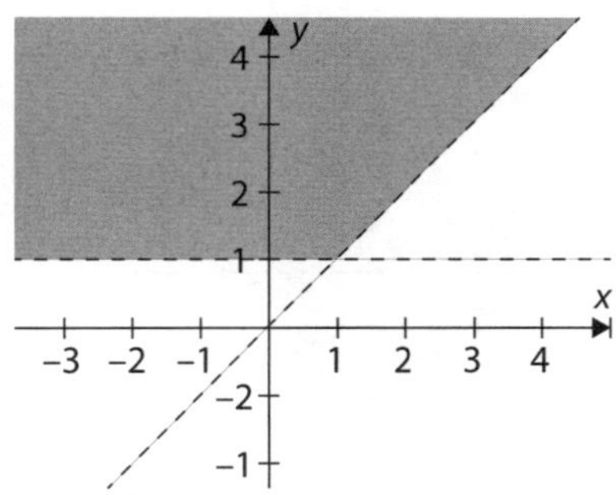

b) $D(f)=\{(x,y)\in\mathbb{R}^2\ /\ y>1 \text{ e } y>x\}$

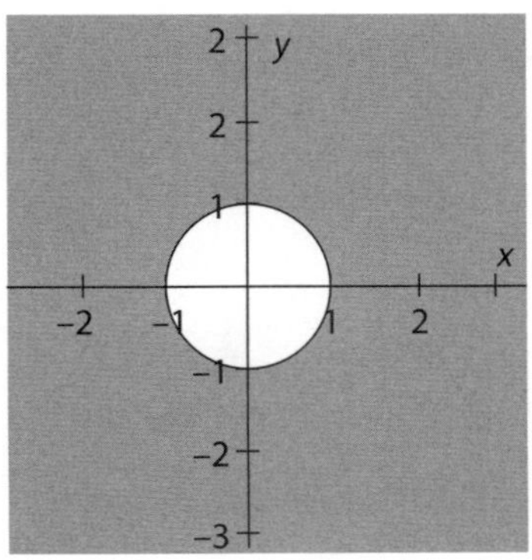

c) $D(f)=\{(x,y)\in\mathbb{R}^2\ /\ x^2+y^2\geq 1\}$

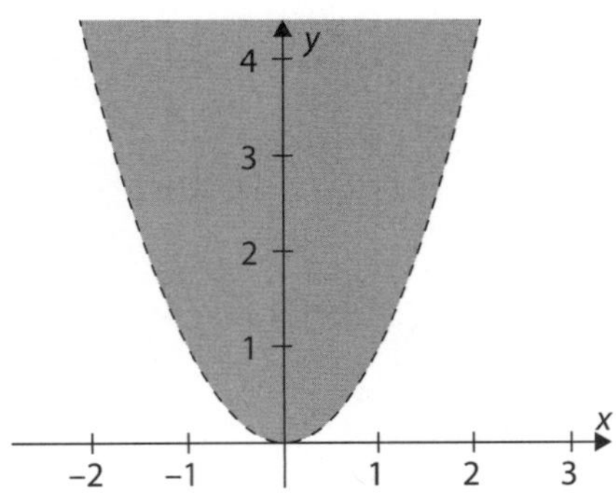

d) $D(f)=\{(x,y)\in\mathbb{R}^2\ /\ y>x^2\}$

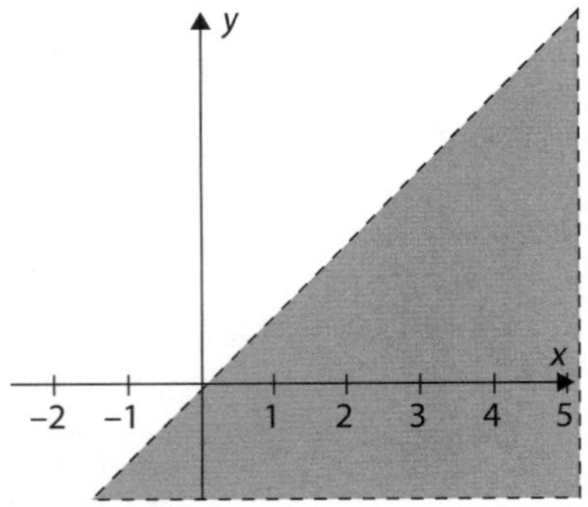

e) $D(f) = \{(x,y) \in \mathbb{R}^2 \ / \ x > y\}$

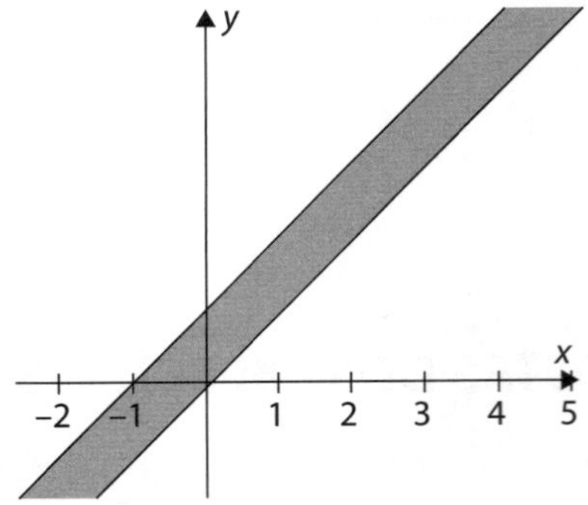

f) $D(f) = \{(x,y) \in \mathbb{R}^2 \ / \ x \leq y \leq x+1\}$

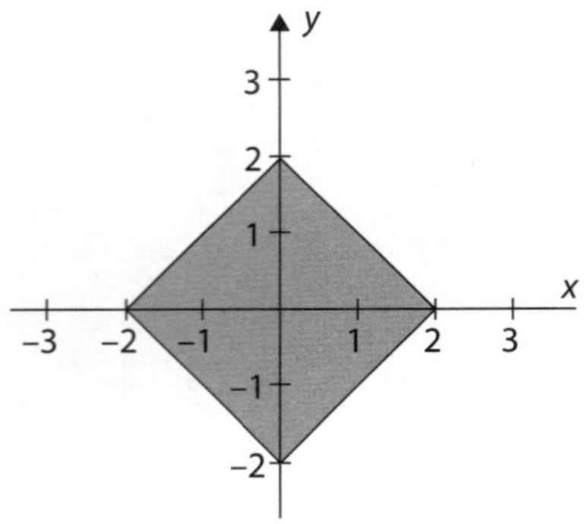

g) $D(f) = \{(x,y) \in \mathbb{R}^2 \ / \ 2-|x|-|y| \geq 0\}$

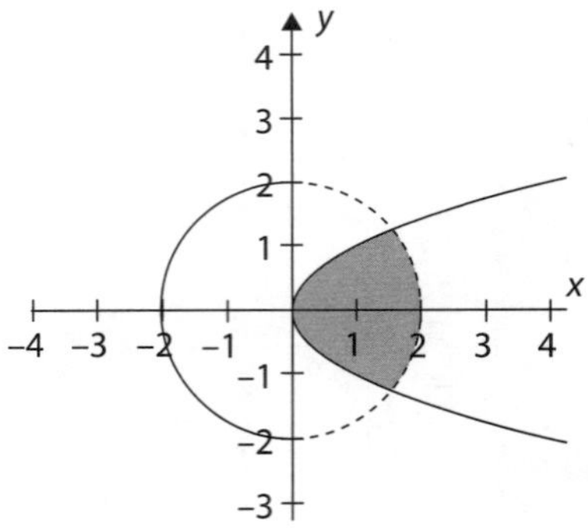

h) $D(f) = \{(x,y) \in \mathbb{R}^2 \ / \ x^2 + y^2 < 4 \text{ e } x \geq y^2\}$

P 1.8

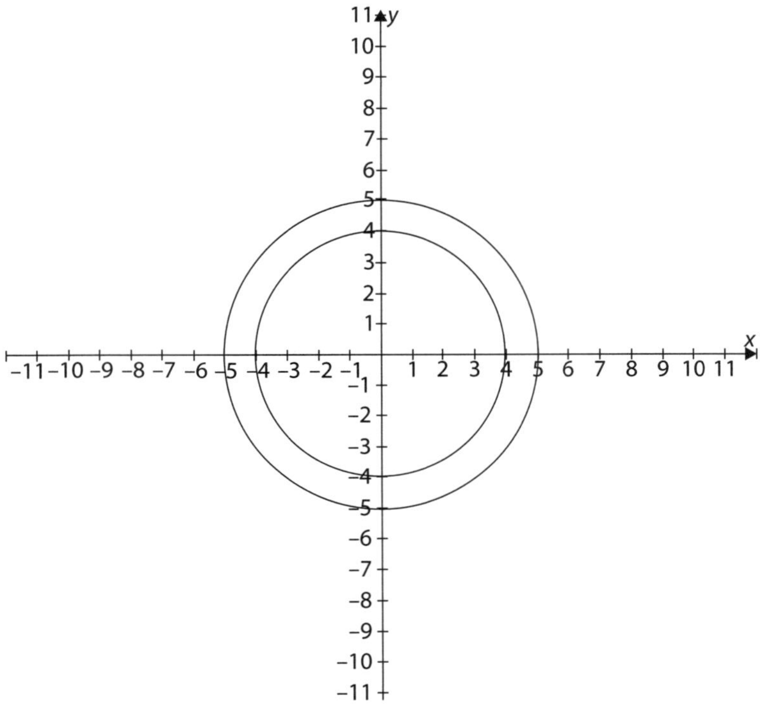

P 1.9

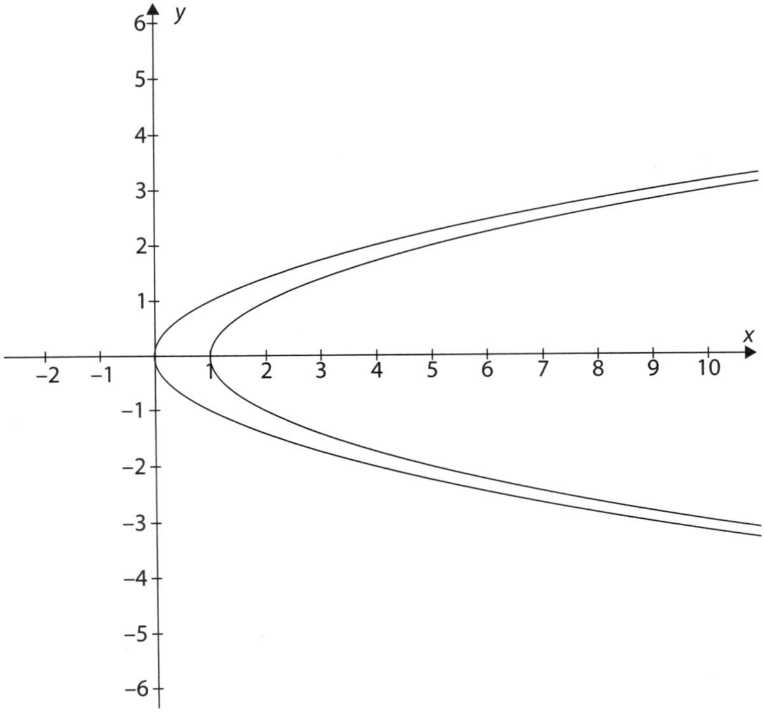

P 1.11

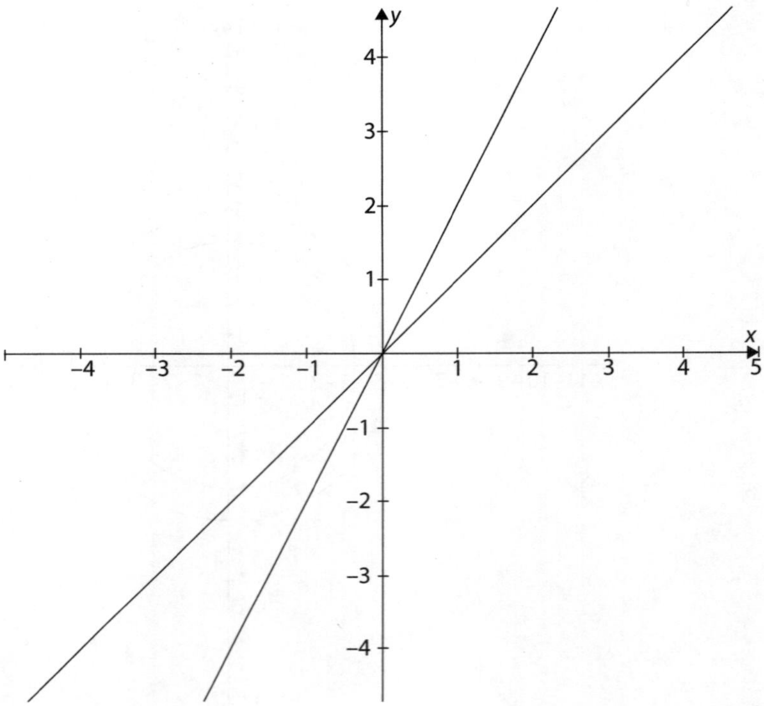

P 1.12 $2x^4 + 3y^2 = 29$

P 1.13 a) $D(f) = \{(x,y) \in \mathbb{R}^2 \;/\; x^2 + y^2 \leq 50\}$

b) $T(3,4) = 20$

c) $x^2 + y^2 = 25$

P 1.14 a) $x^2 + y^2 = 4$ b) $x^2 + y^2 = 2$

P 1.15

$V = 4 \rightarrow x^2 + y^2 = 8$

$V = 2 \rightarrow x^2 + y^2 = 5$

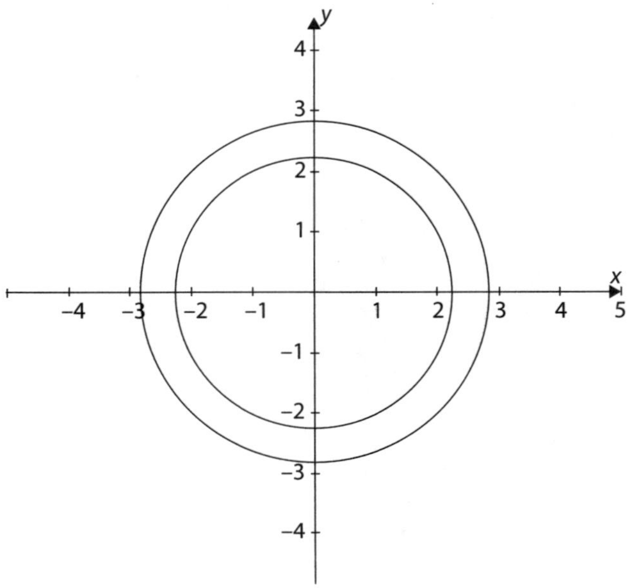

P 1.17 a) $D(f) = \mathbb{R}^2$

b) $z = 0 \rightarrow 2x + 3y = 6$

$z = 3 \rightarrow 2x + 3y = 3$

$z = 6 \rightarrow 2x + 3y = 0$

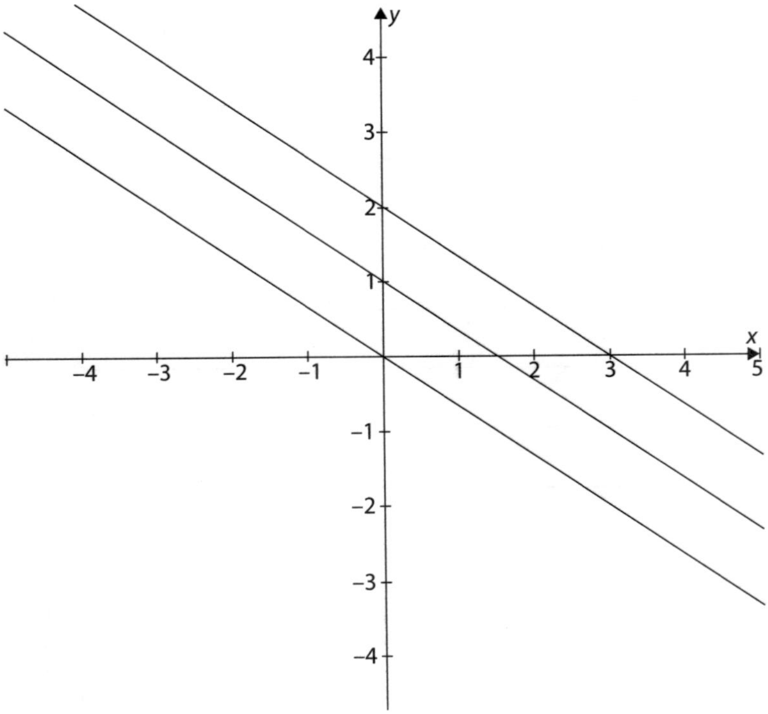

c)

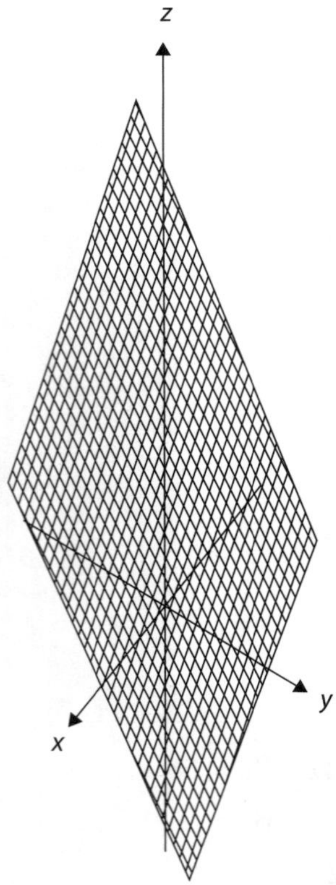

P 1.18 a) $D(f) = \mathbb{R}^2$

b) $z = 1 \to y^2 = 1$

$z = 4 \to y^2 = 4$

$z = 9 \to y^2 = 9$

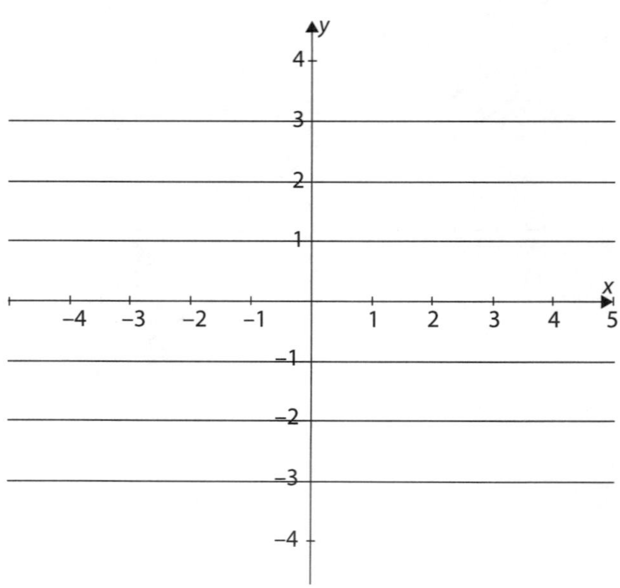

c)

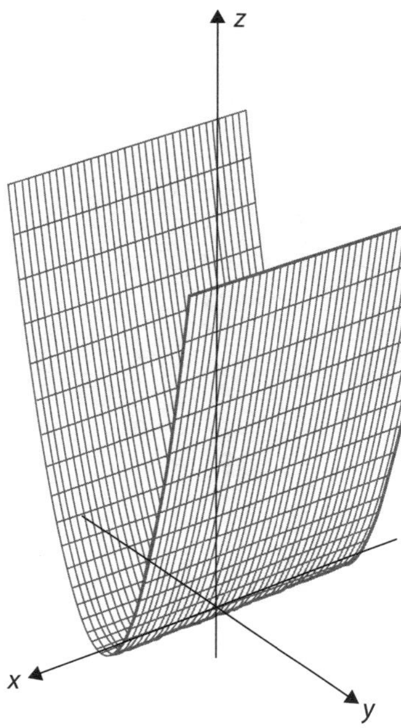

P 1.19 a) $D(f)=\mathbb{R}^2$

b) $z=1 \rightarrow x^2+y^2=1$

$z=2 \rightarrow x^2+y^2=4$

$z=3 \rightarrow x^2+y^2=9$

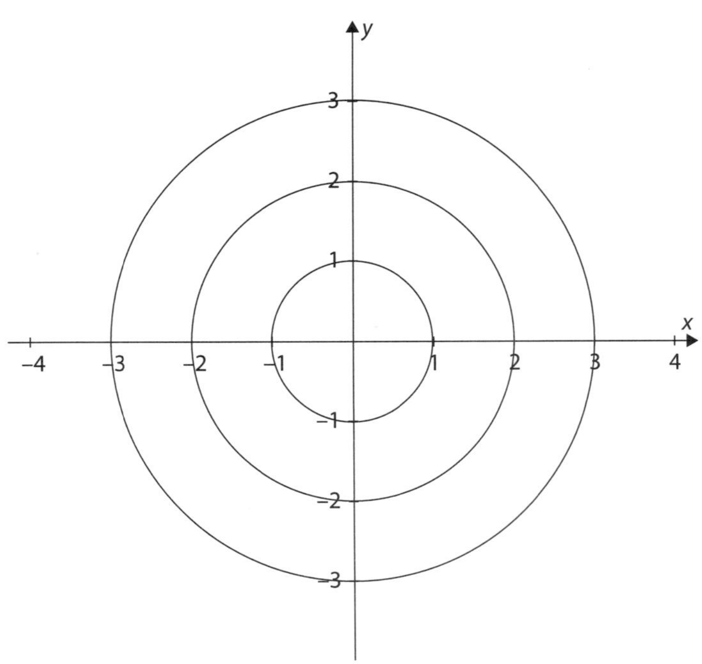

c)

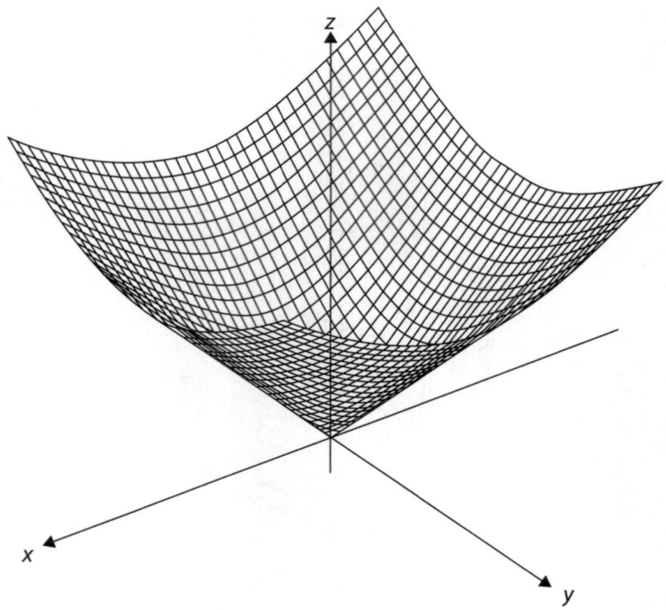

P 1.20 a) $D(f) = \mathbb{R}^2$

b) $z = 4 \rightarrow x^2 + y^2 = 0$

$z = 5 \rightarrow x^2 + y^2 = 1$

$z = 8 \rightarrow x^2 + y^2 = 4$

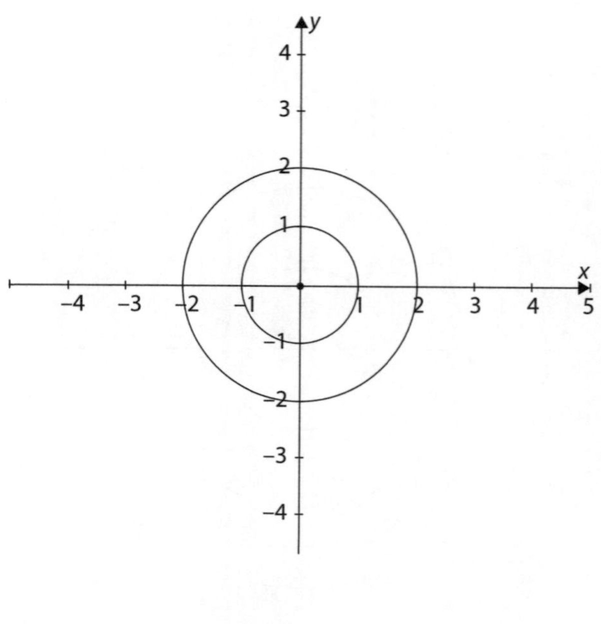

c)

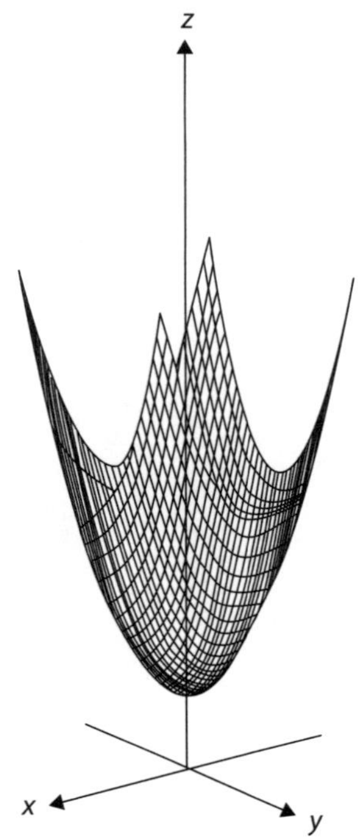

P 1.23 a) 0 b) $\dfrac{1}{36}$ c) $\dfrac{-1}{5}$ d) 2 e) 0

P 1.25 a) 0 b) 0 c) 0

P 1.27 a) 2 b) $\ln 4$ c) 21

2 DERIVADAS DE FUNÇÕES DE VÁRIAS VARIÁVEIS

2.1 INTRODUÇÃO

No Capítulo 2 do Volume 2, estudamos a função com apenas uma variável. Definimos a derivada da função como a taxa de variação da função em um ponto dado x_0, pertencente ao domínio da função. Mas, agora, se tivermos uma função de duas variáveis, teremos duas variáveis para fazer a variação. Então, para se calcular a taxa de variação em relação a apenas uma variável, por exemplo, x, fixamos a outra, por exemplo, y; a seguir, aplicamos a regra de derivação apenas à variável livre x, e obtemos, então, uma derivada parcial dessa função com relação a x.

Agora, se a função tem n variáveis independentes, fixamos $(n-1)$ variáveis e deixamos apenas uma livre; se derivarmos essa variável como se fosse uma função de uma variável, teremos uma derivada parcial da função com relação a essa variável.

Neste capítulo, estudaremos as diversas maneiras de derivar uma função de duas ou mais variáveis.

2.2 DERIVADA PARCIAL DE UMA FUNÇÃO DE DUAS OU MAIS VARIÁVEIS

Para ilustrar o conceito de derivada parcial de função de várias variáveis, vamos construir as definições com funções de duas variáveis, para melhor visualização, mas apresentaremos, nos exemplos e exercícios, funções de três ou mais variáveis, sabendo que as definições são equivalentes, aumentando apenas o número de variáveis.

Seja $z = f(x,y)$ uma função real de duas variáveis, definida em um conjunto aberto D e $(x_0,y_0) \in D$.

2.2.1 DERIVADA PARCIAL COM RELAÇÃO A x

Fixando y_0 no domínio da função, $f(x,y_0)$ passa a ser uma função apenas da variável x. A derivada parcial de f com relação a x, no ponto $(x_0,y_0)\in D$, é dada pelo seguinte limite

$$\lim_{x\to x_0}\frac{f(x,y_0)-f(x_0,y_0)}{x-x_0}$$

se este limite existir e for finito. Ou, ainda,

$$\lim_{\Delta x\to 0}\frac{f(x+\Delta x,y_0)-f(x,y_0)}{\Delta x}$$

E temos, como notações,

$$f_x(x_0,y_0) \text{ ou } \frac{\partial f}{\partial x}(x_0,y_0) \text{ ou } \frac{\partial z}{\partial x}(x_0,y_0) \text{ ou } z_x(x_0,y_0)$$

onde $z=f(x,y)$.

O símbolo ∂ usado na representação da derivada parcial é conhecido como "del", mas seu nome é "D-rond" (pronuncia-se "derrond"), que significa D-redondo, em francês.

Se A é um subconjunto de D, domínio da função $z=f(x,y)$, tal que para todos os pontos $(x,y)\in A$ exista $f_x(x,y)$, fica, assim, definida uma nova função: função derivada parcial com relação a x de $f(x,y)$, que a cada par $(x,y)\in A$ associa $f_x(x,y)$, onde

$$f_x(x,y)=\lim_{\Delta x\to 0}\frac{f(x+\Delta x,y)-f(x,y)}{\Delta x}$$

2.2.2 DERIVADA PARCIAL COM RELAÇÃO A y

De modo semelhante, fixando x_0 no domínio da função, $f(x_0,y)$ passa a ser uma função apenas da variável y. A derivada parcial de f com relação a y, no ponto $(x_0,y_0)\in D$ é dada pelo seguinte limite,

$$\lim_{y\to y_0}\frac{f(x_0,y)-f(x_0,y_0)}{y-y_0}$$

se este limite existir e for finito. Ou ainda,

$$\lim_{\Delta y\to 0}\frac{f(x_0,y+\Delta y)-f(x_0,y)}{\Delta y}$$

E temos, como notações,

$$f_y(x_0,y_0) \text{ ou } \frac{\partial f}{\partial y}(x_0,y_0) \text{ ou } \frac{\partial z}{\partial y}(x_0,y_0) \text{ ou } z_y(x_0,y_0)$$

onde $z=f(x,y)$.

Se A é um subconjunto de D, domínio da função $z = f(x,y)$, tal que para todos os pontos $(x,y) \in A$ exista $f_y(x,y)$, fica, assim, definida uma nova função: função derivada parcial com relação a y de $f(x,y)$, que a cada par $(x,y) \in A$ associa $f_y(x,y)$, onde

$$f_y(x,y) = \lim_{\Delta y \to 0} \frac{f(x,y+\Delta y) - f(x,y)}{\Delta y}$$

As derivadas parciais são calculadas usando as mesmas fórmulas de derivadas para funções de uma variável, como visto no Volume 2.

Exemplos:

E 2.1 Calcular as derivadas parciais de $f(x,y) = 3x^2 + y^2 - 2xy$ pela definição.

Resolução:

Pela definição de derivada parcial com relação a x, devemos calcular o seguinte limite:

$$f_x(x,y) = \lim_{\Delta x \to 0} \frac{f(x+\Delta x,y) - f(x,y)}{\Delta x}$$

$$= \lim_{\Delta x \to 0} \frac{3(x+\Delta x)^2 + y^2 - 2(x+\Delta x)y - (3x^2 + y^2 - 2xy)}{\Delta x}$$

$$= \lim_{\Delta x \to 0} \frac{3x^2 + 6x\Delta x + 3(\Delta x)^2 + y^2 - 2xy - 2\Delta xy - 3x^2 - y^2 + 2xy}{\Delta x}$$

$$= \lim_{\Delta x \to 0} \frac{\Delta x[6x + \Delta x - 2y]}{\Delta x} = \lim_{\Delta x \to 0} 6x + 3\Delta x - 2y = 6x - 2y$$

Agora, aplicando a definição de derivada parcial com relação a y, vamos calcular o seguinte limite:

$$f_y(x,y) = \lim_{\Delta y \to 0} \frac{f(x,y+\Delta y) - f(x,y)}{\Delta y}$$

$$= \lim_{\Delta y \to 0} \frac{3x^2 + (y+\Delta y)^2 - 2x(y+\Delta y) - (3x^2 + y^2 - 2xy)}{\Delta y}$$

$$= \lim_{\Delta y \to 0} \frac{3x^2 + y^2 + 2y\Delta y + (\Delta y)^2 - 2xy - 2x\Delta y - 3x^2 - y^2 + 2xy}{\Delta y}$$

$$= \lim_{\Delta y \to 0} \frac{\Delta y\left[2y + \Delta y - 2x\right]}{\Delta y} = 2y - 2x$$

Resposta: $f_x(x,y) = 6x - 2y$ e $f_y(x,y) = 2y - 2x$

E 2.2 Calcular as derivadas parciais de $f(x,y) = 3xy + 2y^3 + x^3$, aplicando as regras de derivação.

Resolução:

Fazendo $y = y_0$ constante, temos $f(x,y_0) = 3xy_0 + 2{y_0}^3 + x^3$. Aplicando as regras de derivação para a variável x,

$$f_x(x,y_0) = 3y_0 + 0 + 3x^2 \to f_x(x,y) = 3y + 3x^2$$

Agora, fazendo $x = x_0$ constante, temos $f(x_0,y) = 3x_0y + 2y^3 + {x_0}^3$. Aplicando as regras de derivação para a variável y,

$$f_y(x_0,y) = 3x_0 + 2.3y^2 + 0 \to f_y(x,y) = 3x + 6y^2$$

Resposta: $f_x(x,y) = 3y + 3x^2$ e $f_y(x,y) = 3x + 6y^2$.

E 2.3 Calcular as derivadas parciais de $f(x,y) = 7xy^2 + 7x^2y^3$ no ponto $(1,2)$.

Resolução:

Fazendo $y = y_0$ constante, temos $f(x,y_0) = 7x{y_0}^2 + 7x^2{y_0}^3$. Aplicando as regras de derivação para a variável x,

$$f_x(x,y_0) = 7{y_0}^2 + 7.2x.{y_0}^3 \to f_x(x,y) = 7y^2 + 14xy^3$$

Substituindo no ponto $(1,2)$,

$$f_x(1,2) = 7(2)^2 + 14(1)(2)^3 = 7.4 + 14.8 = 28 + 112 = 140$$

Agora, fazendo $x = x_0$ constante, temos $f(x_0,y) = 7x_0y^2 + 7{x_0}^2y^3$. Aplicando as regras de derivação para a variável y,

$$f_y(x_0,y) = 7x_0.2y + 7{x_0}^2.3y^2 = 14x_0y + 21{x_0}^2y^2 \to f_y(x,y) = 14xy + 21x^2y^2$$

Substituindo no ponto $(1,2)$,

$$f_y(1,2) = 14(1)(2) + 21(1)^2(2)^2 = 28 + 21.4 = 28 + 84 = 112$$

Resposta: $f_x(1,2) = 140$ e $f_y(1,2) = 112$.

E 2.4 Calcular as derivadas parciais de $f(x,y,z) = \ln(xyz) + \dfrac{1}{x} - 2y + z^2$, aplicando as regras de derivação.

Resolução:

Fazendo $y = y_0$ e $z = z_0$ constantes, temos $f(x,y_0,z_0) = \ln(xy_0z_0) + \dfrac{1}{x} - 2y_0 + {z_0}^2$. Aplicando as regras de derivação para a variável x,

$$f_x(x,y_0,z_0) = \frac{(xy_0z_0)'}{xy_0z_0} - \frac{1}{x^2} - 0 + 0 = \frac{y_0z_0}{xy_0z_0} - \frac{1}{x^2} = \frac{1}{x} - \frac{1}{x^2}$$

Agora, fazendo $x = x_0$ e $z = z_0$ constantes temos

$$f(x_0,y,z_0) = \ln(x_0yz_0) + \frac{1}{x_0} - 2y + {z_0}^2.$$

Aplicando as regras de derivação para a variável y,

$$f_y(x_0,y,z_0) = \frac{(x_0yz_0)'}{x_0yz_0} + 0 - 2 + 0 = \frac{x_0z_0}{x_0yz_0} - 2 = \frac{1}{y} - 2$$

Fazendo $x = x_0$ e $y = y_0$ constantes, temos $f(x_0,y_0,z) = \ln(x_0y_0z) + \dfrac{1}{x_0} - 2y_0 + z^2$. Aplicando as regras de derivação para a variável z,

$$f_z(x_0,y_0,z) = \frac{(x_0y_0z)'}{x_0y_0z} + 0 - 0 + 2z = \frac{x_0y_0}{x_0y_0z} + 2z = \frac{1}{z} + 2z$$

Resposta: $f_x(x,y,z) = \dfrac{1}{x} - \dfrac{1}{x^2}$; $f_y(x,y,z) = \dfrac{1}{y} - 2$ e $f_z(x_0,y_0,z) = \dfrac{1}{z} + 2z$.

2.3 INTERPRETAÇÃO GEOMÉTRICA DAS DERIVADAS PARCIAIS

Por questões óbvias, apenas teremos interpretação geométrica das derivadas parciais de funções de duas variáveis. Seja $f : D \subset \mathbb{R}^2 \to \mathbb{R}$, uma função de duas variáveis, onde $z = f(x,y)$ e as derivadas parciais $\dfrac{\partial f}{\partial x}$ e $\dfrac{\partial f}{\partial y}$ estão definidas em D. Seja $P_0(x_0,y_0,z_0)$ um ponto fixo pertencente à superfície de $z = f(x,y)$. Consideremos o plano π_x: $y = y_0$ paralelo ao plano xz, que intercepta a superfície segundo a curva C_x, da mesma forma, o plano π_y: $x = x_0$ paralelo ao plano yz, que intercepta a superfície segundo a curva C_y. As curvas C_x e C_y se interceptam no ponto P_0.

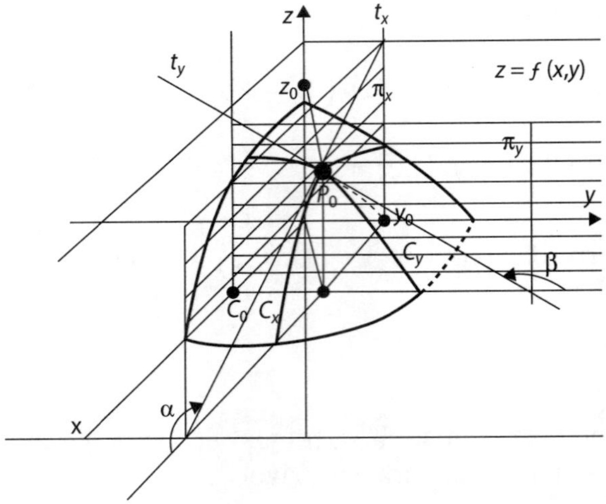

Figura 2.1

A reta tangente t_x à curva C_x em P_0 forma com o sentido positivo do eixo x um ângulo α. O coeficiente angular de t_x é

$$m_x = \frac{\partial f}{\partial x}(x_0, y_0) = \text{tg}\alpha$$

Analogamente, a reta tangente t_y à curva C_y em P_0 forma com o sentido positivo do eixo y um ângulo β. O coeficiente angular de t_y é

$$m_y = \frac{\partial f}{\partial y}(x_0, y_0) = \text{tg}\beta$$

2.4 DERIVADAS PARCIAIS DE ORDEM SUPERIOR OU DERIVADAS PARCIAIS SUCESSIVAS

Como nas funções de uma variável, vamos estudar derivadas de ordem superior para funções de mais de uma variável, sempre tomando como exemplo a função de duas variáveis, para melhor visualização, mas lembrando que o conceito se estende para funções de três, quatro ou mais variáveis.

2.4.1 DERIVADAS PARCIAIS DE 2ª ORDEM DE $z = f(x,y)$

Seja $f: D \subset \mathbb{R}^2 \to \mathbb{R}$ uma função de duas variáveis, onde $z = f(x,y)$, e as derivadas parciais $\frac{\partial f}{\partial x}$ e $\frac{\partial f}{\partial y}$, que agora vamos chamar de derivadas parciais de 1ª ordem: $\frac{\partial f}{\partial x} = f_x$ e $\frac{\partial f}{\partial y} = f_y$, definidas em D. As derivadas parciais de 2ª ordem de $z = f(x,y)$ são dadas por:

$$f_{xx} = (f_x)_x = \frac{\partial}{\partial x}\left[\frac{\partial f}{\partial x}\right] = \frac{\partial^2 f}{\partial x^2}$$

$$f_{xy} = (f_x)_y = \frac{\partial}{\partial y}\left[\frac{\partial f}{\partial x}\right] = \frac{\partial^2 f}{\partial y \partial x}$$

$$f_{yx} = (f_y)_x = \frac{\partial}{\partial x}\left[\frac{\partial f}{\partial y}\right] = \frac{\partial^2 f}{\partial x \partial y}$$

$$f_{yy} = (f_y)_y = \frac{\partial}{\partial y}\left[\frac{\partial f}{\partial y}\right] = \frac{\partial^2 f}{\partial y^2}$$

As derivadas de 2ª ordem f_{xy} e f_{yx} são chamadas de derivadas mistas de 2ª ordem de $z = f(x,y)$.

2.4.2 TEOREMA DE CLAIRAUT

Seja $f: D \subset \mathbb{R}^2 \to \mathbb{R}$ uma função de duas variáveis contínua, com derivadas parciais f_x e f_y contínuas em *D*. Então, em *D*,

$$f_{xy} = f_{yx}$$

ALEXIS CLAUDE CLAIRAUT
(1713-1765)

Matemático francês, foi um dos matemáticos mais precoces. Aos 10 anos, ele lia os trabalhos de L'Hospital sobre cônicas e cálculo. Aos 18 anos, tornou-se membro da Académie des Sciences, na França. Trabalhou com geometria, álgebra e equações diferenciais.

Foto: Wikipédia.

Podemos, ainda, derivar as derivadas de 2ª ordem de uma função, daí teremos as derivadas parciais de 3ª ordem. Se $z = f(x,y)$, temos:

$$f_{xx} = \frac{\partial^2 f}{\partial x^2} \to \begin{cases} f_{xxx} = \dfrac{\partial}{\partial x}\left(\dfrac{\partial^2 f}{\partial x^2}\right) = \dfrac{\partial^3 f}{\partial x^3} \\ f_{xxy} = \dfrac{\partial}{\partial y}\left(\dfrac{\partial^2 f}{\partial x^2}\right) = \dfrac{\partial^3 f}{\partial y \partial x^2} \end{cases}$$

$$f_{xy} = \frac{\partial^2 f}{\partial y \partial x} \to \begin{cases} f_{xyx} = \dfrac{\partial}{\partial x}\left(\dfrac{\partial^2 f}{\partial y \partial x}\right) = \dfrac{\partial^3 f}{\partial x \partial y \partial x} \\ f_{xyy} = \dfrac{\partial}{\partial y}\left(\dfrac{\partial^2 f}{\partial y \partial x}\right) = \dfrac{\partial^3 f}{\partial y^2 \partial x} \end{cases}$$

$$f_{yx} = \frac{\partial^2 f}{\partial x \partial y} \rightarrow \begin{cases} f_{yxx} = \dfrac{\partial}{\partial x}\left(\dfrac{\partial^2 f}{\partial x \partial y}\right) = \dfrac{\partial^3 f}{\partial x^2 \partial y} \\ f_{yxy} = \dfrac{\partial}{\partial y}\left(\dfrac{\partial^2 f}{\partial x \partial y}\right) = \dfrac{\partial^3 f}{\partial y \partial x \partial y} \end{cases}$$

$$f_{yy} = \frac{\partial^2 f}{\partial y^2} \rightarrow \begin{cases} f_{yyx} = \dfrac{\partial}{\partial x}\left(\dfrac{\partial^2 f}{\partial y^2}\right) = \dfrac{\partial^3 f}{\partial x \partial y^2} \\ f_{yyy} = \dfrac{\partial}{\partial y}\left(\dfrac{\partial^2 f}{\partial y^2}\right) = \dfrac{\partial^3 f}{\partial y^3} \end{cases}$$

Observação

Se a função é contínua e as derivadas parciais de 2ª e 3ª ordens *são contínuas*, então:

$$f_{xxy} = f_{xyx} = f_{yxx}$$

$$f_{yyx} = f_{yxy} = f_{xyy}$$

Exemplos:

E 2.5 Determinar as derivadas parciais de 2ª ordem da função $f(x,y) = 2x^3y^2 + x^5 - 3y^7$.

Resolução:

As derivadas parciais de 1ª ordem são

$$f_x = 2.(3x^2)y^2 + 5x^4 - 0 = 6x^2y^2 + 5x^4$$

$$f_y = 2x^3(2y) + 0 - 3(7y^6) = 4x^3y - 21y^6$$

E as derivadas parciais de 2ª ordem são

$$f_{xx} = (6x^2y^2 + 5x^4)_x = 6(2x)y^2 + 5(4x^3) = 12xy^2 + 20x^3$$

$$f_{xy} = (6x^2y^2 + 5x^4)_y = 6x^2(2y) + 0 = 12x^2y$$

$$f_{yx} = (4x^3y - 21y^6)_x = 4(3x^2)y - 0 = 12x^2y$$

$$f_{yy} = \left(4x^3y - 21y^6\right)_y = 4x^3(1) - 21\left(6y^5\right) = 4x^3 - 126y^5$$

Resposta: $f_{xx} = 12xy^2 + 20x^3$; $f_{xy} = f_{yx} = 12x^2y$ e $f_{yy} = 4x^3 - 126y^5$

E 2.6 Dada a função $f(x,y) = x^2y^3 + x^3 + y^5$, determinar as derivadas parciais de 3ª ordem.

Resolução:

As derivadas parciais de 1ª ordem são

$$f_x = (2x).y^3 + 3x^2 + 0 = 2xy^3 + 3x^2$$

$$f_y = x^2\left(3y^2\right) + 0 - 5y^4 = 3x^2y^2 - 5y^4$$

As derivadas parciais de 2ª ordem,

$$f_{xx} = \left(2xy^3 + 3x^2\right)_x = 2(1)y^3 + 3(2x) = 2y^3 + 6x$$

$$f_{xy} = \left(2xy^3 + 3x^2\right)_y = 2x\left(3y^2\right) + 0 = 6xy^2$$

$$f_{yx} = \left(3x^2y^2 - 5y^4\right)_x = 3(2x)y^2 - 0 = 6xy^2$$

$$f_{yy} = \left(3x^2y^2 - 5y^4\right)_y = 3x^2(2y) - 5\left(4y^3\right) = 6x^2y - 20y^3$$

E as derivadas parciais de 3ª ordem,

$$f_{xxx} = \left(2y^3 + 6x\right)_x = 0 + 6(1) = 6$$

$$f_{xxy} = \left(2y^3 + 6x\right)_y = 2\left(3y^2\right) + 0 = 6y^2$$

$$f_{xyx} = \left(6xy^2\right)_x = 6(1)y^2 = 6y^2$$

$$f_{xyy} = \left(6xy^2\right)_y = 6x(2y) = 12xy$$

$$f_{yxx} = \left(6xy^2\right)_x = 6(1)y^2 = 6y^2$$

$$f_{yxy} = \left(6xy^2\right)_y = 6x(2y) = 12xy$$

$$f_{yyx} = \left(6x^2y - 20y^3\right)_x = 6(2x)y - 0 = 12xy$$

$$f_{yyy} = \left(6x^2y - 20y^3\right)_y = 6x^2(1) - 20\left(3y^2\right) = 6x^2 - 60y^2$$

Resposta: $f_{xxx} = 6$; $f_{xxy} = f_{xyx} = f_{yxx} = 6y^2$; $f_{xyy} = f_{yxy} = f_{yyx} = 12xy$ e $f_{yyy} = 6x^2 - 60y^2$

2.5 REGRA DA CADEIA PARA DERIVADAS PARCIAIS

Quando a função $y = f(x)$ é uma função de uma variável, mas x é função de outra variável, t, como vimos no Volume 2, para derivarmos y em função de t, utilizamos a regra da cadeia, que é dada por:

$$\frac{dy}{dt} = \frac{dy}{dx} \cdot \frac{dx}{dt}$$

Agora, se temos uma função de duas variáveis, ou seja, $z = f(x,y)$, e as variáveis x e y são funções de um parâmetro t, para derivar z em função desse novo parâmetro t, temos a regra da cadeia para funções de duas variáveis:

$$\frac{dz}{dt} = \frac{\partial z}{\partial x}\frac{dx}{dt} + \frac{\partial z}{\partial y}\frac{dy}{dt}$$

Exemplos:

E 2.7 Dados $z = f(x,y) = x^2y, x = t^2, y = t^3$. Calcule $\frac{dz}{dt}$:

Resolução:

Antes de aplicar a regra da cadeia para funções de duas variáveis, vamos calcular as derivadas parciais da função e as derivadas de x e y:

$$\frac{\partial z}{\partial x} = 2xy$$

$$\frac{\partial z}{\partial y} = x^2$$

$$\frac{dx}{dt} = 2t$$

$$\frac{dy}{dt} = 3t^2$$

Agora, pela regra da cadeia para funções de duas variáveis,

$$\frac{dz}{dt} = \frac{\partial z}{\partial x}\frac{dx}{dt} + \frac{\partial z}{\partial y}\frac{dy}{dt} = (2xy)2t + (x^2)3t^2$$

Substituindo $x = t^2$ e $y = t^3$,

$$\frac{dz}{dt} = 4(t^2t^3)t + 3(t^2)^2 t^2 = 4t^6 + 3t^6 = 7t^6$$

Resposta: $\frac{dz}{dt} = 7t^6$.

E 2.8 Seja $z = 3x^2y^3$ uma função de duas variáveis, onde $x = \operatorname{sen}(2t)$ e $y = \cos(2t)$. Calcular a derivada $\frac{dz}{dt}$.

Resolução:

Antes de aplicar a regra da cadeia para funções de duas variáveis, vamos calcular as derivadas envolvidas,

$$\frac{\partial z}{\partial x} = 6xy^3$$

$$\frac{\partial z}{\partial y} = 9x^2y^2$$

$$\frac{dx}{dt} = 2\cos(2t)$$

$$\frac{dy}{dt} = -2\operatorname{sen}(2t)$$

Agora, pela regra da cadeia para funções de duas variáveis,

$$\frac{dz}{dt} = \frac{\partial z}{\partial x}\frac{dx}{dt} + \frac{\partial z}{\partial y}\frac{dy}{dt} = (6xy^3)2\cos(2t) + (9x^2y^2)(-2\operatorname{sen}(2t))$$

Substituindo $x = \operatorname{sen}(2t)$ e $y = \cos(2t)$,

$$\frac{dz}{dt} = 12(\operatorname{sen}(2t))(\cos(2t))^3 \cos(2t) - 18(\operatorname{sen}(2t))^2 (\cos(2t))^2 \operatorname{sen}(2t) =$$

$$= 12\operatorname{sen}(2t)\cos^4(2t) - 18\operatorname{sen}^3(2t)\cos^2(2t)$$

Resposta: $\frac{dz}{dt} = 6\operatorname{sen}(2t)\cos^2(2t)\left[2\cos^2(2t) - 3\operatorname{sen}^2(2t)\right]$.

2.6 DERIVADA DIRECIONAL

Uma função de três variáveis $f(x,y,z)$ pode ser descrita como um campo escalar no espaço $\mathbb{R}^3$, isto é, podemos considerar que a função f relaciona a terna (x,y,z) do seu domínio, com um único escalar $w = f(x,y,z)$. Como exemplo, temos os campos: temperatura, pressão, densidade, potencial elétrico etc.

Para facilitar o entendimento do conceito, vamos apresentar a definição de derivada direcional, considerando uma função $f{:}D\subset\mathbb{R}^2 \to \mathbb{R}$, de duas variáveis, com derivadas parciais f_x e f_y definidas em D. Seja $(x_0,y_0)\in D$ e as derivadas parciais no ponto dado,

$$f_x(x_0,y_0) = \frac{\partial f}{\partial x}(x_0,y_0) \text{ e } f_y(x_0,y_0) = \frac{\partial f}{\partial y}(x_0,y_0)$$

Agora, generalizaremos a definição de uma derivada parcial para obter a razão de variação de uma função em relação a distância em qualquer direção sobre a reta do plano xy. Isto nos leva ao conceito de uma derivada direcional.

Seja $\vec{u} = a\vec{i} + b\vec{j}$ um vetor unitário paralelo a uma reta r que faz um ângulo θ radianos com o sentido positivo do eixo dos x. Então, temos:

$$\vec{u} = \cos\theta\vec{i} + \text{sen}\,\theta\vec{j} \to |\vec{u}| = 1$$

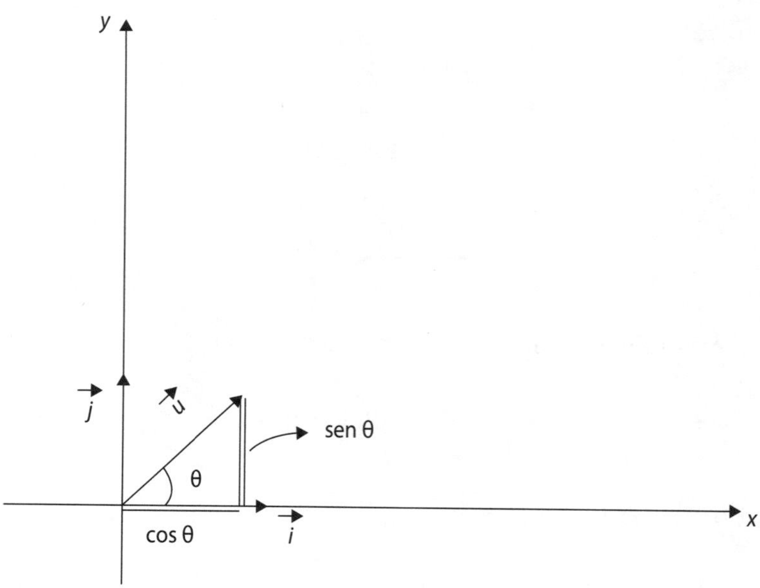

Figura 2.2

2.6.1 DEFINIÇÃO

Seja $z = f(x,y)$ uma função de duas variáveis. Se $\vec{u} = \cos\theta\vec{i} + \text{sen}\,\theta\vec{j}$ é o vetor unitário, então, a derivada direcional de *f* em $P(x_0, y_0)$ na direção de $\vec{u}$, representada por $D_{\vec{u}}f$, é dada por:

$$D_{\vec{u}}f(x_0,y_0) = \lim_{\Delta s \to 0} \frac{f(x_0 + \Delta s.\cos\theta, y_0 + \Delta s.\text{sen}\,\theta) - f(x_0,y_0)}{\Delta s}$$

se esse limite existir e for finito.

2.6.2 INTERPRETAÇÃO GEOMÉTRICA DA DERIVADA DIRECIONAL

Antes de verificar geometricamente, vamos fazer algumas observações:

1) A derivada direcional indica a razão da variação do valor da função $f(x,y)$ em relação à distância Δs no plano xy, medida na direção do vetor $\vec{v} = a\vec{i} + b\vec{j}$. Se o vetor não for unitário, seu versor será dado por:

$$\vec{u} = \frac{\vec{v}}{|\vec{v}|} = \frac{a}{\sqrt{a^2+b^2}}\vec{i} + \frac{b}{\sqrt{a^2+b^2}}\vec{j};$$

2) A equação da superfície S é $z = f(x,y)$;

3) $P(x_0,y_0,z_0)$ é um ponto da superfície $z = f(x,y)$ e os pontos $R(x_0,y_0,0)$ e $Q(x_0 + \Delta s.\cos\theta, y_0 + \Delta s.\text{sen}\,\theta, 0)$ são pontos no plano xy;

4) O plano que passa por *R* e *Q*, paralelo ao eixo dos z, faz um ângulo de θ radianos com a direção positiva do eixo dos x. Esse plano intercepta a superfície S na curva C;

5) A derivada direcional $D_{\vec{u}}f$ calculada em *P* é a inclinação da reta tangente *t* à curva *C* em *P*, no plano *RQP*;

6) Se $\vec{u} = \vec{i}$, então, $\cos\theta = 1$ e $\text{sen}\,\theta = 0$, temos:

$$D_{\vec{i}}f(x,y) = \lim_{\Delta s \to 0} \frac{f(x+\Delta s, y) - f(x,y)}{\Delta s} = f_x;$$

7) Se $\vec{u} = \vec{j}$, então, $\cos\theta = 0$ e $\text{sen}\,\theta = 1$, temos:

$$D_{\vec{j}}f(x,y) = \lim_{\Delta s \to 0} \frac{f(x, y+\Delta s) - f(x,y)}{\Delta s} = f_y$$

Assim, verificamos que as derivadas parciais f_x e f_y são casos especiais da derivada direcional nas direções dos vetores unitários $\vec{i}$ e $\vec{j}$, respectivamente.

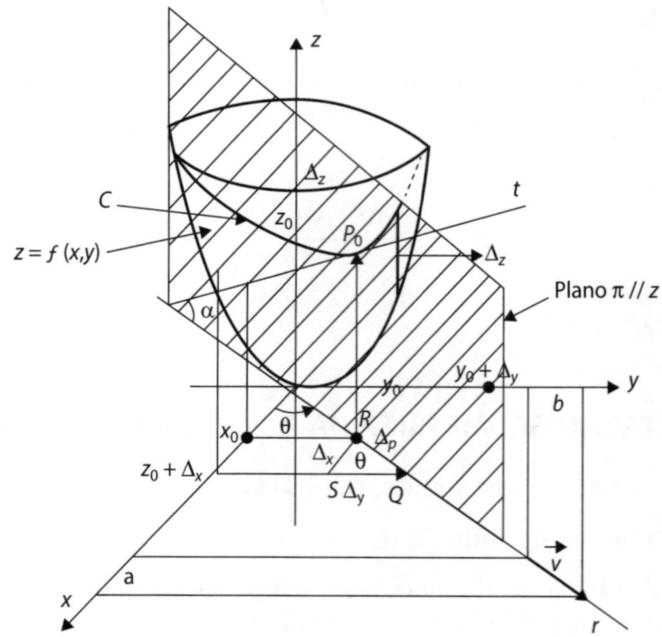

Figura 2.3

$$\Delta x = \Delta s.\cos\theta$$
$$\Delta y = \Delta s.\text{sen}\theta$$

No triângulo retângulo RSQ, temos:

$$\cos\theta = \frac{\Delta x}{\Delta s} \rightarrow \Delta s = \frac{\Delta x}{\cos\theta}$$

$$\text{sen}\theta = \frac{\Delta y}{\Delta s} \rightarrow \Delta s = \frac{\Delta y}{\text{sen}\theta}$$

Se $\Delta s \rightarrow 0$, então, $\begin{cases} \Delta x \rightarrow 0 \\ \Delta y \rightarrow 0 \end{cases}$

2.6.3 DERIVADA DIRECIONAL DE FUNÇÃO DE DUAS VARIÁVEIS

Agora vamos obter uma fórmula para calcular a derivada direcional de maneira direta, ou seja, sem usar a definição. Temos que

$$\Delta z = f(x_0 + \Delta x, y_0 + \Delta y) - f(x_0, y_0)$$

Subtraindo e adicionando o termo $f(x_0, y_0 + \Delta y)$ no segundo membro da igualdade, temos:

$$\Delta z = f(x_0 + \Delta x, y_0 + \Delta y) - f(x_0, y_0 + \Delta y) + f(x_0, y_0 + \Delta y) - f(x_0, y_0)$$

Dividindo por Δs e, em seguida, substituindo Δs por $\Delta s = \dfrac{\Delta x}{\cos\theta}$ e $\Delta s = \dfrac{\Delta y}{\text{sen}\theta}$, respectivamente, nas razões incrementais do segundo membro, temos:

$$\frac{\Delta z}{\Delta s} = \frac{f(x_0 + \Delta x, y_0 + \Delta y) - f(x_0, y_0 + \Delta y)}{\Delta s} + \frac{f(x_0, y_0 + \Delta y) - f(x_0, y_0)}{\Delta s} =$$

$$= \frac{f(x_0 + \Delta x, y_0 + \Delta y) - f(x_0, y_0 + \Delta y)}{\Delta x}\cos\theta + \frac{f(x_0, y_0 + \Delta y) - f(x_0, y_0)\text{sen }\theta}{\Delta y}$$

Como $\Delta s \to 0$, então, $\begin{cases} \Delta x \to 0 \\ \Delta y \to 0 \end{cases}$ segue que,

$$\lim_{\Delta s \to 0}\frac{\Delta z}{\Delta s} = \lim_{\Delta x \to 0}\frac{f(x_0 + \Delta x, y_0 + \Delta y) - f(x_0, y_0 + \Delta y)}{\Delta x}\cos\theta$$

$$+ \lim_{\Delta y \to 0}\frac{f(x_0, y_0 + \Delta y) - f(x_0, y_0)}{\Delta y}\text{sen}\theta = \frac{\partial z}{\partial x}\cos\theta + \frac{\partial z}{\partial y}\text{sen}\theta$$

Ao $\lim\limits_{\Delta s \to 0}\dfrac{\Delta z}{\Delta s}$ denominamos derivada direcional da função $z = f(x,y)$ na direção do versor $\vec{u}$ que é versor de $\vec{v} = a\vec{i} + b\vec{j}$, ou seja,

$$\vec{u} = \frac{a}{\sqrt{a^2 + b^2}}\vec{i} + \frac{b}{\sqrt{a^2 + b^2}}\vec{j} = \cos\theta\vec{i} + \text{sen}\,\theta\vec{j}$$

Logo, fixado um ponto $P(x_0, y_0)$ do domínio da função

$$D_{\vec{u}}f(x_0, y_0) = \frac{\partial z}{\partial x}(x_0, y_0)\cos\theta + \frac{\partial z}{\partial y}(x_0, y_0)\text{ sen}\theta$$

ou

$$D_{\vec{u}}f(x_0, y_0) = \frac{\partial z}{\partial x}(x_0, y_0)\frac{a}{\sqrt{a^2 + b^2}} + \frac{\partial z}{\partial y}(x_0, y_0)\frac{b}{\sqrt{a^2 + b^2}}$$

Exemplos:

E 2.9 Utilizando a definição, determinar a derivada direcional, no ponto $P(1,0)$, da função $f(x,y) = 3x^2 - y^2 + 2x$, na direção do vetor unitário que forma $\theta = \dfrac{\pi}{6}$ com o eixo dos x.

Resolução:

Aplicando a definição de derivada direcional, temos:

$$D_{\vec{u}}f(x,y) = \lim_{\Delta s \to 0} \frac{f(x+\Delta s.\cos\theta, y+\Delta s.\text{sen}\theta) - f(x,y)}{\Delta s} =$$

$$\lim_{\Delta s \to 0} \frac{3\left(x+\Delta s.\cos\frac{\pi}{6}\right)^2 - \left(y+\Delta s.\text{sen}\frac{\pi}{6}\right)^2 + 2\left(x+\Delta s.\cos\frac{\pi}{6}\right) - \left(3x^2 - y^2 + 2x\right)}{\Delta s} =$$

$$= \lim_{\Delta s \to 0} \frac{3\left(x^2 + 2x\Delta s.\cos\frac{\pi}{6} + (\Delta s)^2\cos^2\frac{\pi}{6}\right) - \left(y^2 + 2y\Delta s.\text{sen}\frac{\pi}{6} + (\Delta s)^2\text{sen}^2\frac{\pi}{6}\right) +}{\Delta s} =$$

$$\frac{+2\left(x+\Delta s.\cos\frac{\pi}{6}\right) - \left(3x^2 - y^2 + 2x\right)}{\Delta s} =$$

$$= \lim_{\Delta s \to 0} \frac{3\left(2x\Delta s.\left(\frac{\sqrt{3}}{2}\right) + (\Delta s)^2\left(\frac{\sqrt{3}}{2}\right)^2\right) - \left(2y\Delta s.\left(\frac{1}{2}\right) + (\Delta s)^2\left(\frac{1}{2}\right)^2\right) + 2\left(\Delta s.\left(\frac{\sqrt{3}}{2}\right)\right)}{\Delta s}$$

$$= \lim_{\Delta s \to 0} \frac{\Delta s\left[3\sqrt{3}x + 3\frac{\Delta s}{4} - y - \frac{\Delta s}{4} + \sqrt{3}\right]}{\Delta s} = 3\sqrt{3}x - y + \sqrt{3}$$

No ponto $P(1,0)$,

$$D_{\vec{u}}f(1,0) = 3\sqrt{3}.1 - 0 + \sqrt{3} = 4\sqrt{3}$$

Resposta: $D_{\vec{u}}f(1,0) = 4\sqrt{3}$.

E 2.10 Utilizando a fórmula deduzida de derivada direcional para funções de duas variáveis, determinar a derivada direcional da função $f(x,y) = 3x^2 - y^2 + 2x$, na direção do vetor unitário que forma $\theta = \frac{\pi}{6}$ com o eixo dos x, no ponto $P(1,0)$.

Resolução:

Considerando a fórmula

$$D_{\vec{u}}f(x,y) = \frac{\partial z}{\partial x}\cos\theta + \frac{\partial z}{\partial y}\text{sen}\theta$$

Vamos calcular as derivadas parciais

$$\frac{\partial z}{\partial x} = 6x + 2$$

$$\frac{\partial z}{\partial y} = -2y$$

Então,

$$D_{\vec{u}} f(x,y) = \frac{\partial z}{\partial x} \cos\theta + \frac{\partial z}{\partial y} \operatorname{sen}\theta = (6x+2) \cos\frac{\pi}{6} - 2y \operatorname{sen}\frac{\pi}{6}$$

$$= (6x+2)\left(\frac{\sqrt{3}}{2}\right) - 2y\left(\frac{1}{2}\right) = \frac{6\sqrt{3}}{2}x + \frac{2\sqrt{3}}{2} - y = 3\sqrt{3}y + \sqrt{3} - y$$

No ponto $P(1,0)$,

$$D_{\vec{u}} f(1,0) = 3\sqrt{3}.1 - 0 + \sqrt{3} = 4\sqrt{3}$$

Resposta: $D_{\vec{u}} f(1,0) = 4\sqrt{3}$.

E 2.11 Utilizando a fórmula de derivada direcional, determinar a derivada direcional da função $f(x,y) = x^{\operatorname{sen} y} + x^2$, na direção do vetor $\vec{v} = 2\vec{i} - \vec{j}$, no ponto $P\left(1, \frac{\pi}{2}\right)$.

Resolução:

Aplicando a fórmula

$$D_{\vec{u}} f(x,y) = \frac{\partial z}{\partial x} \cos\theta + \frac{\partial z}{\partial y} \operatorname{sen}\theta$$

Vamos calcular as derivadas parciais

$$\frac{\partial z}{\partial x} = \operatorname{sen} y . x^{\operatorname{sen} y - 1} + 2x$$

$$\frac{\partial z}{\partial y} = x^{\operatorname{sen} y} . \ln x . \cos y + 0$$

Determinando as derivadas parciais no ponto dado,

$$\frac{\partial z}{\partial x}\left(1,\frac{\pi}{2}\right)=\operatorname{sen}\left(\frac{\pi}{2}\right).1^{\operatorname{sen}\left(\frac{\pi}{2}\right)-1}+2.1=1+2=3$$

$$\frac{\partial z}{\partial y}\left(1,\frac{\pi}{2}\right)=1^{\operatorname{sen}\left(\frac{\pi}{2}\right)}.\ln 1.\cos\left(\frac{\pi}{2}\right)=0$$

Devemos determinar o versor do vetor dado, então,

$$\vec{v}=2\vec{i}-\vec{j}\rightarrow\vec{u}=\frac{2}{\sqrt{2^2+(-1)^2}}\vec{i}-\frac{1}{\sqrt{2^2+(-1)^2}}\vec{j}=\frac{2}{\sqrt{5}}\vec{i}-\frac{1}{\sqrt{5}}\vec{j}$$

Portanto,

$$D_{\vec{u}}f\left(1,\frac{\pi}{2}\right)=3.\frac{2}{\sqrt{5}}+0.\left(-\frac{1}{\sqrt{5}}\right)=\frac{6}{\sqrt{5}}=\frac{6\sqrt{5}}{5}$$

Resposta: $D_{\vec{u}}f\left(1,\frac{\pi}{2}\right)=\frac{6\sqrt{5}}{5}$.

2.7 VETOR GRADIENTE

Seja f uma função de duas variáveis, $P(x_0,y_0)$ um ponto do domínio da função e f_x e f_y as derivadas parciais da função. O vetor gradiente de f no ponto P é dado por

$$\vec{\nabla}f_P=\left(f_x(x_0,y_0),f_y(x_0,y_0)\right)$$

Se a função f tem três variáveis, $P(x_0,y_0,z_0)$ um ponto do domínio da função e f_x, f_y e f_z as derivadas parciais da função, então, o vetor gradiente é dado por

$$\vec{\nabla}f_P=\left(f_x(x_0,y_0,z_0),f_y(x_0,y_0,z_0),f_z(x_0,y_0,z_0)\right)$$

O vetor gradiente aplicado no ponto P indica a direção em que a função tem a "maior" variação.

Notação:

$$\vec{\nabla}f_P=\text{grad}\,f_p=\left(f_x(x_0,y_0),f_y(x_0,y_0)\right)=f_x(x_0,y_0)\vec{i}+f_y(x_0,y_0)\vec{j}$$

ou

$$\vec{\nabla}f_P=\text{grad}\,f_p=\left(f_x(x_0,y_0,z_0),f_y(x_0,y_0,z_0),f_z(x_0,y_0,z_0)\right)$$

$$=f_x(x_0,y_0,z_0)\vec{i}+f_y(x_0,y_0,z_0)\vec{j}+f_z(x_0,y_0,z_0)\vec{k}$$

NABLA (∇)

É um símbolo triangular como o delta grego invertido. O nome vem da palavra grega *nabla*, que significa harpa fenícia, e foi usada pela primeira vez pelo matemático e físico William Rowan Hamilton (1805-1865) para denotar as aplicações de derivadas parciais, em razão da semelhança do símbolo com o objeto.

Foto: Wikipédia.

Exemplos:

E 2.12 Determinar o vetor gradiente da função $f(x,y) = 2x^2y + 3x^3y - xy^2$, no ponto $P(1,2)$.

Resolução:

Vamos, primeiro, determinar as derivadas parciais de 1ª ordem

$$f_x = 2(2x)y + 3(3x^2)y - (1)y^2 = 4xy - 9x^2y - y^2$$

$$f_y = 2x^2(1) + 3x^3(1) - x(2y) = 2x^2 + 3x^3 - 2xy$$

Agora, vamos substituir no ponto dado

$$f_x(1,2) = 4(1)(2) - 9(1)^2(2) - (2)^2 = 8 - 18 - 4 = -14$$

$$f_y(1,2) = 2(1)^2 + 3(1)^3 - 2(1)(2) = 2 + 3 - 4 = 1$$

Portanto, o vetor gradiente da função, no ponto dado, é

$$\vec{\nabla} f_P = (-14,1)$$

Resposta: $\vec{\nabla} f_P = (-14,1)$.

E 2.13 Dada a função $f(x,y,z) = \frac{1}{16}x^2 + \frac{1}{9}y^2 + xz$, calcular $\vec{\nabla} f(1,2,0)$.

Resolução:

Vamos, primeiro, determinar as derivadas parciais de 1ª ordem

$$f_x = \frac{1}{16}(2x) + z = \frac{1}{8}x + z$$

$$f_y = 0 + \frac{1}{9}(2y) = \frac{2}{9}y$$

$$f_z = 0 + 0 + x$$

Agora, vamos substituir no ponto dado

$$f_x(1,2,0) = \frac{1}{8}(1) + 0 = \frac{1}{8}$$

$$f_y(1,2,0) = \frac{2}{9}(2) = \frac{4}{9}$$

$$f_z(1,2,0) = 1$$

Portanto, o vetor gradiente da função, no ponto dado, é

$$\vec{\nabla} f_P = \left(\frac{1}{8}, \frac{4}{9}, 1\right) = \frac{1}{8}\vec{i} + \frac{4}{9}\vec{j} + \vec{k}$$

Resposta: $\vec{\nabla} f_P = \frac{1}{8}\vec{i} + \frac{4}{9}\vec{j} + \vec{k}.$

2.7.1 DEFINIÇÃO DA DERIVADA DIRECIONAL POR MEIO DO VETOR GRADIENTE

Podemos definir a derivada direcional como o resultado do produto escalar entre o vetor gradiente e o vetor $\vec{u}$, que é o vetor que dá a direção. Assim,

$$D_{\vec{u}} f(x,y,z) = \vec{\nabla} f(x,y,z) \cdot \vec{u}$$

Obs.: vetor gradiente escalar $\vec{u}$.

Exemplos:

E 2.14 Dada a função $f(x,y) = 3x^2 - y^2 + 2x$ e o vetor unitário que forma um ângulo de $\frac{\pi}{6}$ com o eixo dos x, determinar a derivada direcional $D_{\vec{u}} f(1,0)$ utilizando o vetor gradiente.

Resolução:

O vetor gradiente é dado por:

$$\vec{\nabla} f(x,y) = \frac{\partial f}{\partial x}\vec{i} + \frac{\partial f}{\partial y}\vec{j}$$

Então,

$$\frac{\partial f}{\partial x} = 6x + 2 \to \frac{\partial f}{\partial x}(1,0) = 6.1 + 2 = 8$$

$$\frac{\partial f}{\partial y} = -2y \to \frac{\partial f}{\partial y}(1,0) = -2.0 = 0$$

Logo,
$\vec{\nabla} f(1,0) = 8\vec{i} + 0\vec{j}$ e o vetor unitário é $\vec{u} = \cos\left(\frac{\pi}{6}\right)\vec{i} + \operatorname{sen}\left(\frac{\pi}{6}\right)\vec{j} = \frac{\sqrt{3}}{2}\vec{i} + \frac{1}{2}\vec{j}$. Portanto,

$$D_{\vec{u}} f(1,0) = \vec{\nabla} f(1,0) \cdot \vec{u} = 8.\frac{\sqrt{3}}{2} + 0.\frac{1}{2} = 4\sqrt{3}$$

Resposta: $D_{\vec{u}} f(1,0) = 4\sqrt{3}$.

E 2.15 Dada a função $f(x,y,z) = x^2 + y^2 e^{xz}$ e o vetor $\vec{v} = 2\vec{i} - \vec{j} + \vec{k}$, determinar a derivada direcional $D_{\vec{u}} f(1,0,1)$ utilizando o vetor gradiente.

Resolução:

O vetor gradiente é dado por:

$$\vec{\nabla} f(x,y,z) = \frac{\partial f}{\partial x}\vec{i} + \frac{\partial f}{\partial y}\vec{j} + \frac{\partial f}{\partial z}\vec{k}$$

Então,

$$\frac{\partial f}{\partial x} = 2x + y^2 z e^{xz} \to \frac{\partial f}{\partial x}(1,0,1) = 2.1 + 0^2.1e^{1.1} = 2$$

$$\frac{\partial f}{\partial y} = 2ye^{xz} \to \frac{\partial f}{\partial y}(1,0,1) = 2.0.e^{1.1} = 0$$

$$\frac{\partial f}{\partial z} = xy^2 e^{xz} \to \frac{\partial f}{\partial z}(1,0,1) = 1.0^2.e^{1.1} = 0$$

Logo,
$\vec{\nabla} f(1,0,1) = 2\vec{i} + 0\vec{j} + 0\vec{k}$ e o vetor unitário é

$$\vec{u} = \frac{\vec{v}}{|\vec{v}|} = \frac{2\vec{i} - \vec{j} + \vec{k}}{\sqrt{2^2 + (-1)^2 + 1^2}} = \frac{2}{\sqrt{6}}\vec{i} - \frac{1}{\sqrt{6}}\vec{j} + \frac{1}{\sqrt{6}}\vec{k}.$$

Portanto,

$$D_{\vec{u}}f(1{,}0{,}1) = \vec{\nabla}f(1{,}0{,}1).\vec{u} = 2.\frac{2}{\sqrt{6}} + 0.\left(-\frac{2}{\sqrt{6}}\right) + 0.\frac{1}{\sqrt{6}} = \frac{4}{\sqrt{6}} \times \frac{\sqrt{6}}{\sqrt{6}} = \frac{4\sqrt{6}}{6} = \frac{2\sqrt{6}}{3}$$

Resposta: $D_{\vec{u}}f(1{,}0{,}1) = \dfrac{2\sqrt{6}}{3}$.

2.7.2 DERIVADA DIRECIONAL MÁXIMA

Seja $z = f(x,y)$ uma função que tem derivadas parciais em um ponto $P(x_0,y_0)$ do domínio da função, tal que $\vec{\nabla}f(x_0,y_0) \neq \vec{0}$. Analisando a derivada direcional da função f, na direção do vetor $\vec{u}$, e calculada no ponto P, utilizando a definição que usa o vetor gradiente,

$$D_{\vec{u}}f(x,y) = \vec{\nabla}f(x,y)\cdot\vec{u}$$

Sabendo que, dados dois vetores, $\vec{a}$ e $\vec{b}$, o módulo do produto escalar entre eles é dado por

$$|\vec{a}\cdot\vec{b}| = |\vec{a}||\vec{b}|\cos\theta$$

onde θ é o ângulo entre os vetores $\vec{a}$ e $\vec{b}$, temos que:

$$|D_{\vec{u}}f(x_0,y_0)| = |\vec{\nabla}f(x_0,y_0)||\vec{u}|\cos\theta$$

Mas sabemos, também, que $-1 \leq \cos\theta \leq 1$. Então, concluímos que, como o vetor $\vec{u}$ é unitário, a derivada direcional é máxima, na direção do vetor gradiente, pois

$$|D_{\vec{u}}f(x_0,y_0)| = |\vec{\nabla}f(x_0,y_0)|.1.\cos\theta$$

se $\cos\theta = 1$, temos que o ângulo entre $\vec{u}$ e o vetor gradiente é 0 rad, ou seja,

$$D_{\text{máx}} = |\vec{\nabla}f(x_0,y_0)|$$

Assim, podemos concluir que a função aumenta mais rapidamente na direção e no sentido do vetor gradiente e decresce mais rapidamente no sentido oposto ao do vetor gradiente.

Exemplos:

E 2.16 Dada a função $f(x,y) = 2x^2 - y^2 + 3x - y$, determinar o valor máximo da derivada direcional, no ponto $x = 1$ e $y = 2$.

Resolução:

Vamos determinar o vetor gradiente e depois calcular seu módulo:

$$\frac{\partial f}{\partial x} = 4x + 3 \rightarrow \frac{\partial f}{\partial x}(1{,}2) = 4.1 + 3 = 7$$

$$\frac{\partial f}{\partial y} = -2y - 1 \rightarrow \frac{\partial f}{\partial y}(1,2) = -2.2 - 1 = -5$$

Logo,

$$\vec{\nabla} f(1,2) = 7\vec{i} - 5\vec{j}$$

$$D_{\text{máx}} = \left|\vec{\nabla} f(1,1)\right| = \sqrt{7^2 + (-5)^2} = \sqrt{49 + 25} = \sqrt{74}$$

Resposta: $D_{\text{máx}} = \sqrt{74}$.

E 2.17 Dada a função $f(x,y) = \frac{1}{2}x^2 + \frac{1}{2}y^2$, determinar a direção em que a função decresce mais rapidamente em $P(1,1)$.

Resolução:

A direção que dá a maior variação é a do vetor gradiente, então, vamos determinar o vetor gradiente e, em seguida, seu versor, que dá apenas a direção:

$$\frac{\partial f}{\partial x} = x \rightarrow \frac{\partial f}{\partial x}(1,1) = 1$$

$$\frac{\partial f}{\partial y} = y \rightarrow \frac{\partial f}{\partial y}(1,1) = 1$$

Logo,

$$\vec{\nabla} f(1,1) = 1\vec{i} + 1\vec{j}$$

Seu versor é dado por:

$$\vec{u} = \frac{\vec{\nabla} f(1,1)}{\left|\vec{\nabla} f(1,1)\right|} = \frac{1\vec{i} + 1\vec{j}}{\sqrt{1^2 + 1^2}} = \frac{1}{\sqrt{2}}\vec{i} + \frac{1}{\sqrt{2}}\vec{j}$$

Resposta: A função decresce mais rapidamente na direção de

$$\vec{u} = \frac{1}{\sqrt{2}}\vec{i} + \frac{1}{\sqrt{2}}\vec{j}, \text{ em } P(1,1).$$

E 2.18 Determinar a maior variação da função $f(x,y,z) = \ln(2x + 3y + z)$ no ponto $P(1,1,1)$.

Resolução:

A direção que dá a maior variação é a direção do vetor gradiente, então, vamos determinar o vetor gradiente e, em seguida, determinar seu módulo:

$$\frac{\partial f}{\partial x} = \frac{2}{2x+3y+z} \rightarrow \frac{\partial f}{\partial x}(1,1,1) = \frac{2}{6}$$

$$\frac{\partial f}{\partial y} = \frac{3}{2x+3y+z} \rightarrow \frac{\partial f}{\partial y}(1,1,1) = \frac{3}{6}$$

$$\frac{\partial f}{\partial y} = \frac{1}{2x+3y+z} \rightarrow \frac{\partial f}{\partial y}(1,1,1) = \frac{1}{6}$$

Logo,

$$\vec{\nabla} f(1,1,1) = \frac{1}{3}\vec{i} + \frac{1}{2}\vec{j} + \frac{1}{6}\vec{k}$$

Seu módulo é dado por:

$$\left|\vec{\nabla} f(1,1,1)\right| = \sqrt{\left(\frac{2}{6}\right)^2 + \left(\frac{3}{6}\right)^2 + \left(\frac{1}{6}\right)^2} = \sqrt{\frac{4+9+1}{36}} = \frac{\sqrt{14}}{6}$$

Resposta: A variação máxima da função é $\frac{\sqrt{14}}{6}$.

E 2.19 Seja $T(x,y) = \frac{xy}{x^2+y^2+1}$ a temperatura em graus Celsius de uma placa de metal no plano xy.

a) Determinar a taxa de variação da temperatura no ponto $P(1,1)$, na direção e no sentido do vetor $\vec{v} = 2\vec{i} - \vec{j}$.

b) Uma formiga em $P(1,1)$ precisa andar na direção em que a temperatura baixa mais rapidamente. Determinar a direção.

Resolução:

a) A taxa de variação é dada pela derivada direcional. Portanto, vamos determinar o vetor gradiente e, em seguida, calcular a derivada na direção do vetor dado:

$$\frac{\partial T}{\partial x} = \frac{y(x^2+y^2+1) - xy(2x)}{(x^2+y^2+1)^2} \rightarrow \frac{\partial T}{\partial x}(1,1) = \frac{3-2}{(3)^2} = \frac{1}{9}$$

$$\frac{\partial T}{\partial y} = \frac{x\left(x^2+y^2+1\right)-xy(2y)}{\left(x^2+y^2+1\right)^2} \rightarrow \frac{\partial T}{\partial y}(1,1) = \frac{3-2}{(3)^2} = \frac{1}{9}$$

$$\vec{\nabla}T(1,1) = \frac{1}{9}\vec{i} + \frac{1}{9}\vec{j}$$

Devemos, antes, determinar o versor do vetor dado:

$$\vec{u} = \frac{\vec{v}}{|\vec{v}|} = \frac{2\vec{i}-\vec{j}}{\sqrt{2^2+(-1)^2}} = \frac{2}{\sqrt{5}}\vec{i} - \frac{1}{\sqrt{5}}\vec{j}$$

$$D_{\vec{u}}f(x,y) = \vec{\nabla}f(x,y)\cdot\vec{u} = \left(\frac{1}{9}\vec{i}+\frac{1}{9}\vec{j}\right)\cdot\left(\frac{2}{\sqrt{5}}\vec{i}-\frac{1}{\sqrt{5}}\vec{j}\right) = \frac{2-1}{9\sqrt{5}} = \frac{1}{9\sqrt{5}}\times\frac{\sqrt{5}}{\sqrt{5}} = \frac{\sqrt{5}}{45}$$

Resposta: A taxa de variação é de $\frac{\sqrt{5}}{45}$°C.

b) A região em que a temperatura baixa mais rapidamente é o sentido oposto ao do vetor gradiente. Portanto,

$$\vec{u} = -\frac{\vec{\nabla}f(1,1)}{\left|\vec{\nabla}f(1,1)\right|} = -\frac{\frac{1}{9}\vec{i}+\frac{1}{9}\vec{j}}{\sqrt{\left(\frac{1}{9}\right)^2+\left(\frac{1}{9}\right)^2}} = \left(-\frac{1}{9}\vec{i}-\frac{1}{9}\vec{j}\right)\frac{9}{\sqrt{2}} = -\frac{1}{\sqrt{2}}\vec{i}-\frac{1}{\sqrt{2}}\vec{j}$$

Resposta: A direção é dada por $\vec{u} = -\frac{1}{\sqrt{2}}\vec{i}-\frac{1}{\sqrt{2}}\vec{j}$.

E 2.20 Considerando a função $w = f(x,y,z)$, uma superfície de nível desta função em k é dada por $f(x,y,z) = k$ (1). Se w for o número de volts do potencial elétrico no ponto $P(x,y,z)$, então, todos os pontos da superfície terão o mesmo potencial e a superfície será denominada uma superfície equipotencial. Se a Equação (1) for uma equação de uma superfície equipotencial, então, o vetor gradiente $\vec{\nabla}f(x,y,z)$ dará a direção da maior variação do potencial em $P(x,y,z)$. Seja o potencial elétrico dado por

$$V(x,y,z) = \frac{1}{\sqrt{x^2+y^2+z^2}}$$

onde V é medido em volts. Calcular:

a) A razão da variação de V no ponto $P(1,1,-1)$, na direção do vetor

$$\vec{v} = 2\vec{i} - 3\vec{j} + 6\vec{k};$$

b) A direção da variação máxima de V em $P(1,1,-1)$;

c) O valor da variação máxima de V em $P(1,1,-1)$.

Resolução:

a) A razão da variação de V no ponto dado e na direção dada é a derivada direcional. Então, vamos calcular o vetor gradiente e, em seguida, determinar a derivada direcional:

$$\frac{\partial V}{\partial x} = -\frac{x}{\left(\sqrt{x^2+y^2+z^2}\right)^3} \rightarrow \frac{\partial V}{\partial x}(1,1,-1) = -\frac{1}{\left(\sqrt{1^2+1^2+(-1)^2}\right)^3} = -\frac{1}{\left(\sqrt{3}\right)^3} = -\frac{\sqrt{3}}{9}$$

$$\frac{\partial V}{\partial y} = -\frac{y}{\left(\sqrt{x^2+y^2+z^2}\right)^3} \rightarrow \frac{\partial V}{\partial y}(1,1,-1) = -\frac{1}{\left(\sqrt{1^2+1^2+(-1)^2}\right)^3} = -\frac{1}{\left(\sqrt{3}\right)^3} = -\frac{\sqrt{3}}{9}$$

$$\frac{\partial V}{\partial z} = -\frac{z}{\left(\sqrt{x^2+y^2+z^2}\right)^3} \rightarrow \frac{\partial V}{\partial z}(1,1,-1) = -\frac{-1}{\left(\sqrt{1^2+1^2+(-1)^2}\right)^3} = \frac{1}{\left(\sqrt{3}\right)^3} = \frac{\sqrt{3}}{9}$$

$$\vec{\nabla} V(1,1,-1) = \left(-\frac{\sqrt{3}}{9}, -\frac{\sqrt{3}}{9}, \frac{\sqrt{3}}{9}\right)$$

Vamos determinar o versor do vetor direção:

$$\vec{u} = \frac{\vec{v}}{|\vec{v}|} = \frac{2\vec{i} - 3\vec{j} + 6\vec{k}}{\sqrt{2^2+(-3)^2+(-6)^2}} = \frac{2}{7}\vec{i} - \frac{3}{7}\vec{j} + \frac{6}{7}\vec{k}$$

A derivada direcional é dada por:

$$D_{\vec{u}}V(x,y,z) = \vec{\nabla} V(x,y,z) \cdot \vec{u} = \left(-\frac{\sqrt{3}}{9}, -\frac{\sqrt{3}}{9}, \frac{\sqrt{3}}{9}\right) \cdot \left(\frac{2}{7}, -\frac{3}{7}, \frac{6}{7}\right) = \frac{-2\sqrt{3}+3\sqrt{3}+6\sqrt{3}}{63}$$

$$= \frac{7\sqrt{3}}{63} = \frac{\sqrt{3}}{9} \cong 0{,}192.$$

Resposta: No ponto dado, o potencial cresce à razão de 0,192 volts por unidade de variação, na direção de $\vec{v}$.

b) A direção de variação máxima é a direção do vetor gradiente, portanto, vamos calcular o versor do vetor gradiente:

$$\vec{u}=\frac{\vec{\nabla}V(1,1,-1)}{\left|\vec{\nabla}V(1,1,-1)\right|}=\frac{-\frac{\sqrt{3}}{9}\vec{i}-\frac{\sqrt{3}}{9}\vec{j}+\frac{\sqrt{3}}{9}\vec{k}}{\sqrt{\left(-\frac{\sqrt{3}}{9}\right)^2+\left(-\frac{\sqrt{3}}{9}\right)^2+\left(\frac{\sqrt{3}}{9}\right)^2}}=\frac{-\frac{\sqrt{3}}{9}\vec{i}-\frac{\sqrt{3}}{9}\vec{j}+\frac{\sqrt{3}}{9}\vec{k}}{\sqrt{\frac{3}{27}}}$$

$$=\frac{-\frac{\sqrt{3}}{9}\vec{i}-\frac{\sqrt{3}}{9}\vec{j}+\frac{\sqrt{3}}{9}\vec{k}}{\sqrt{\frac{1}{9}}}=\left(-\frac{\sqrt{3}}{9}\vec{i}-\frac{\sqrt{3}}{9}\vec{j}+\frac{\sqrt{3}}{9}\vec{k}\right).3=-\frac{\sqrt{3}}{3}\vec{i}-\frac{\sqrt{3}}{3}\vec{j}+\frac{\sqrt{3}}{3}\vec{k}$$

Resposta: A direção é dada por $\vec{u}=-\frac{\sqrt{3}}{3}\vec{i}-\frac{\sqrt{3}}{3}\vec{j}+\frac{\sqrt{3}}{3}\vec{k}$.

c) O valor da variação máxima é o módulo do vetor gradiente:

$$\left|\vec{\nabla}V(1,1,-1)\right|=\sqrt{\left(-\frac{\sqrt{3}}{9}\right)^2+\left(-\frac{\sqrt{3}}{9}\right)^2+\left(\frac{\sqrt{3}}{9}\right)^2}=\sqrt{\frac{1}{9}}=\frac{1}{3}$$

Resposta: O valor da variação máxima é $\frac{1}{3}$.

2.7.3 IGUALDADES ALGÉBRICAS ENVOLVENDO O OPERADOR GRADIENTE

1) Regra da soma

$$\vec{\nabla}(f+g)=\vec{\nabla}f+\vec{\nabla}g$$

2) Regra da diferença

$$\vec{\nabla}(f-g)=\vec{\nabla}f-\vec{\nabla}g$$

3) Regra da multiplicação por constante $k\in\mathbb{R}$

$$\vec{\nabla}(k.f)=k.\vec{\nabla}f$$

4) Regra do produto

$$\vec{\nabla}(f.g)=g.\vec{\nabla}f+f.\vec{\nabla}g$$

5) Regra do quociente

$$\vec{\nabla}\left(\frac{f}{g}\right)=\frac{g.\vec{\nabla}f-f.\vec{\nabla}g}{g^2}$$

Observação

Se conhecermos os vetores gradientes das funções f e g em um ponto dado, as regras apresentadas aqui têm a mesma forma das regras de derivada para funções reais de uma variável real.

Exemplos:

E 2.21 Dadas as funções $f(x,y)=x-y$ e $g(x,y)=3y$, verificar que:

a) $\vec{\nabla}(f+g)=\vec{\nabla}f+\vec{\nabla}g$

b) $\vec{\nabla}(f.g)=g.\vec{\nabla}f+f.\vec{\nabla}g$

Resolução:

Vamos determinar o operador gradiente das funções dadas:

$$f(x,y)=x-y\rightarrow\vec{\nabla}f=1\vec{i}-1\vec{j}$$

$$g(x,y)=3y\rightarrow\vec{\nabla}g=0\vec{i}+3\vec{j}$$

a) Para qualquer ponto $(x,y)\in\mathbb{R}^2$, os operadores gradientes destas funções são vetores constantes. Agora, vamos comparar a soma:

$$f+g=x-y+3y=x+2y\rightarrow\vec{\nabla}(f+g)=1\vec{i}+2\vec{j}=\vec{\nabla}f+\vec{\nabla}g$$

b) Comparando o produto:

$$f.g=(x-y).3y=3xy-3y^2\rightarrow\vec{\nabla}(f.g)=3y\vec{i}+(3x-6y)\vec{j}$$

$$g.\vec{\nabla}f=3y\left(1\vec{i}-1\vec{j}\right)=3y\vec{i}-3y\vec{j}$$

$$f.\vec{\nabla}g=(x-y)3\vec{j}=(3x-3y)\vec{j}$$

$$g.\vec{\nabla}f+f.\vec{\nabla}g=3y\vec{i}-3y\vec{j}+(3x-3y)\vec{j}=3y\vec{i}+(3x-6y)\vec{j}=\vec{\nabla}(f.g)$$

2.8 PLANO TANGENTE

Dada uma função de duas variáveis, $P(x_0,y_0)$ um ponto do domínio da função e f_x e f_y as derivadas parciais da função, a equação do plano tangente à função $z = f(x,y)$, passando pelo ponto $P(x_0,y_0)$, é dada por:

$$z - z_0 = f_x(x_0,y_0)(x - x_0) + f_y(x_0,y_0)(y - y_0),$$

onde $z_0 = f(x_0,y_0)$.

Geometricamente,

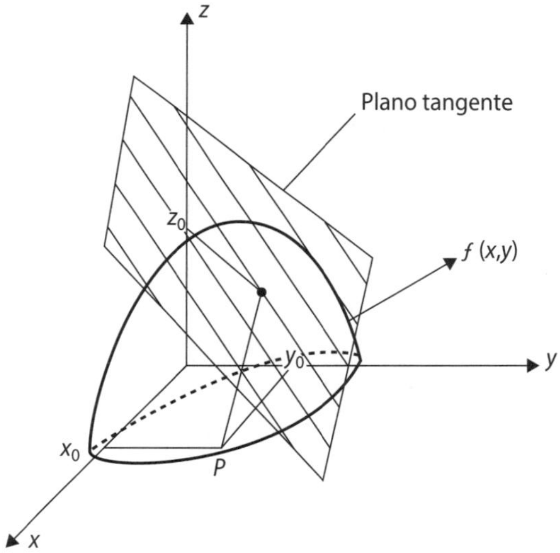

Figura 2.4

Exemplos:

E 2.22 Determinar a equação do plano tangente à função $f(x,y) = 3x^2 + 2y^2$, no ponto $P(1,1)$.

Resolução:

Vamos determinar as derivadas parciais para calcular no ponto dado.

$$f_x = 6x \rightarrow f_x(1,1) = 6.1 = 6$$

$$f_y = 4y \rightarrow f_y(1,1) = 4.1 = 4$$

$$z_0 = f(1,1) = 3.1^2 + 2.1^2 = 5$$

$$z-5=6(x-1)+4(y-1)\rightarrow 6x+4y-z-5=0$$

Resposta: A equação do plano tangente é dada por $6x+4y-z-5=0$.

E 2.23 Determinar a equação do plano tangente à função $f(x,y)=x^2y-2y$, que seja paralelo ao plano de equação $4x+2y-z+2=0$.

Resolução:

Vamos determinar as derivadas parciais e igualar aos coeficientes de x e de y, já que os planos são paralelos, portanto, têm o mesmo vetor normal.

$$f_x=2xy\rightarrow f_x(x_0,y_0)=2x_0y_0=4$$

$$f_y=x^2-2\rightarrow f_y(x_0,y_0)={x_0}^2-2=2$$

Ou seja, ${x_0}^2=4$, temos que $x_0=\pm 2$. Substituindo na equação anterior:

$$\text{Para } x_0=2\rightarrow 2x_0y_0=4\rightarrow 4.y_0=4\rightarrow y_0=1$$

$$\text{Para } x_0=-2\rightarrow 2x_0y_0=4\rightarrow -4.y_0=4\rightarrow y_0=-1$$

Neste caso, temos dois planos tangentes à função que são paralelos ao plano dado.

Para o plano tangente 1:

$$z_0=f(2,1)=2^2.1-2.1=4-2=2$$

$$z-2=4(x-2)+2(y-1)\rightarrow 4x+2y-z-8=0$$

Para o plano tangente 2:

$$z_0=f(-2,-1)=(-2)^2.(-1)-2.(-1)=-4+2=-2$$

$$z+2=4(x+2)+2(y+1)\rightarrow 4x+2y-z+8=0$$

Resposta: Os planos tangentes têm equações: $4x+2y-z-8=0$ e $4x+2y-z+8=0$.

2.9 MÁXIMOS E MÍNIMOS DE FUNÇÕES DE DUAS VARIÁVEIS

Seja $f\colon D \subset \mathbb{R}^2 \to \mathbb{R}$ uma função de duas variáveis, onde $z = f(x,y)$ e $(x_0,y_0) \in D$.

Dizemos que $P(x_0,y_0,f(x_0,y_0))$ é um ponto de máximo local da função $z = f(x,y)$, se existe um disco aberto $\mathcal{B}(P,r)$, com $(x_0,y_0) \in \mathcal{B}(P,r)$, tal que, para todo $(x,y) \in \mathcal{B}(P,r)$, temos $f(x,y) \leq f(x_0,y_0)$. O $f(x_0,y_0)$ é chamado de valor máximo local da função.

Ilustrando,

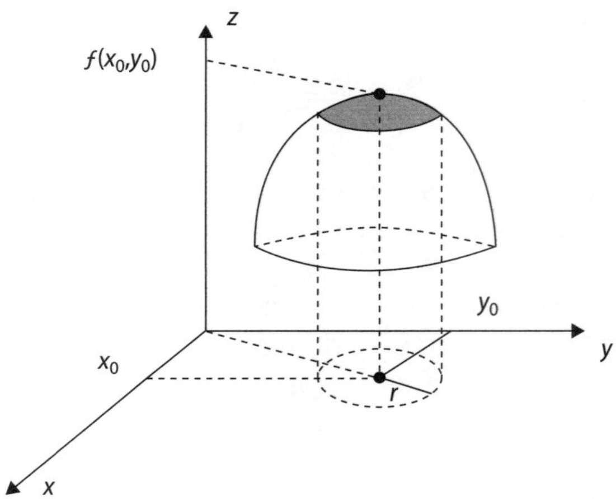

Figura 2.5

Dizemos que $P(x_0,y_0,f(x_0,y_0))$ é um ponto de mínimo local da função $z = f(x,y)$, se existe um disco aberto $\mathcal{B}(P,r)$, com $(x_0,y_0) \in \mathcal{B}(P,r)$, tal que, para todo $(x,y) \in \mathcal{B}(P,r)$, temos $f(x,y) \geq f(x_0,y_0)$. O $f(x_0,y_0)$ é chamado de valor mínimo local da função.

Ilustrando,

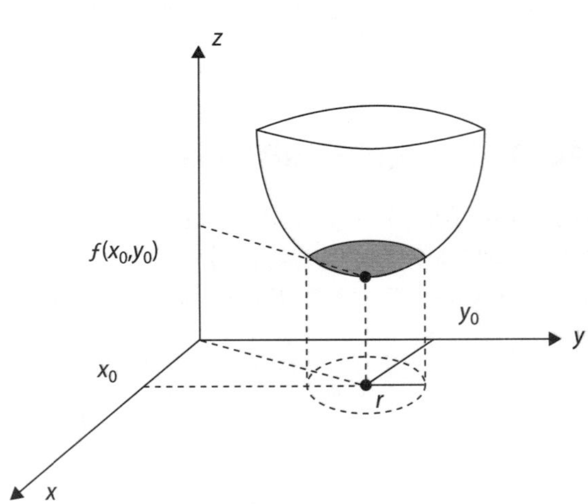

Figura 2.6

2.9.1 TEOREMA

Se $f\colon D \subset \mathbb{R}^2 \to \mathbb{R}$ é uma função de duas variáveis, com derivadas parciais f_x e f_y contínuas no domínio da função $(x_0,y_0) \in D$, e $P(x_0,y_0,f(x_0,y_0))$ é um ponto de máximo local ou mínimo local da função, então,

$$f_x(x_0,y_0) = f_y(x_0,y_0) = 0$$

o que é equivalente a dizer que o vetor gradiente no ponto (x_0,y_0) é o vetor nulo, ou seja, $\vec{\nabla} f(x_0,y_0) = \vec{0}$.

Observação

No estudo de máximos e mínimos de funções de uma variável, estudamos que quando tínhamos um máximo ou um mínimo em um ponto x_0, a derivada nesse ponto se anula, ou seja, $f'(x_0) = 0$ e, consequentemente, a reta tangente à função no ponto x_0 é paralela ao eixo dos x. No caso da função de duas variáveis, quando a função tem um ponto de máximo ou de mínimo em (x_0,y_0), o vetor gradiente se anula, $\vec{\nabla} f(x_0,y_0) = \vec{0}$ e o plano tangente passa a ser paralelo ao plano xy.

2.9.2 PONTO CRÍTICO

Se $f\colon D \subset \mathbb{R}^2 \to \mathbb{R}$ é uma função de duas variáveis, com derivadas parciais f_x e f_y contínuas no domínio da função, $(x_0,y_0) \in D$. Dizemos que $P(x_0,y_0,f(x_0,y_0))$ é um ponto crítico da função se

$$f_x(x_0,y_0) = f_y(x_0,y_0) = 0$$

Observemos que todos os pontos de máximos e mínimos locais da função são pontos críticos, mas nem todos os pontos críticos são necessariamente pontos de máximo ou mínimo da função.

2.9.3 CLASSIFICAÇÃO DOS PONTOS CRÍTICOS

Sejam $f\colon D \subset \mathbb{R}^2 \to \mathbb{R}$ uma função de duas variáveis, com derivadas parciais de primeira e segunda ordens contínuas em D, $(x_0,y_0) \in D$, e $P(x_0,y_0,f(x_0,y_0))$ um ponto crítico da função. Seja ainda a matriz hessiana da função, em cada ponto (x,y) do seu domínio,

$$H(x,y) = \begin{vmatrix} \dfrac{\partial^2 f}{\partial x^2}(x,y) & \dfrac{\partial^2 f}{\partial y \partial x}(x,y) \\ \dfrac{\partial^2 f}{\partial x \partial y}(x,y) & \dfrac{\partial^2 f}{\partial y^2}(x,y) \end{vmatrix}$$

Vamos representar por:

$$A = \frac{\partial^2 f}{\partial x^2}(x_0, y_0);\ B = \frac{\partial^2 f}{\partial y^2}(x_0, y_0);\ C = \frac{\partial^2 f}{\partial x \partial y}(x_0, y_0) = \frac{\partial^2 f}{\partial y \partial x}(x_0, y_0);$$

$$D = H(x_0, y_0) = A.B - C^2$$

Então,

1) Se $D > 0$ e $A > 0$, então $P(x_0, y_0, f(x_0, y_0))$ é um ponto de mínimo da função;
2) Se $D > 0$ e $A < 0$, então $P(x_0, y_0, f(x_0, y_0))$ é um ponto de máximo da função;
3) Se $D < 0$, então $P(x_0, y_0, f(x_0, y_0))$ é um ponto de sela;
4) Se $D = 0$, nada se pode afirmar.

Observação

Ponto de sela é um ponto em que as derivadas parciais de segunda ordem têm sinais contrários; parecendo, por uma direção que seria um ponto de mínimo e, por outra direção, que seria um ponto de máximo, dando, assim, a aparência de uma sela de cavalo. Ilustrando,

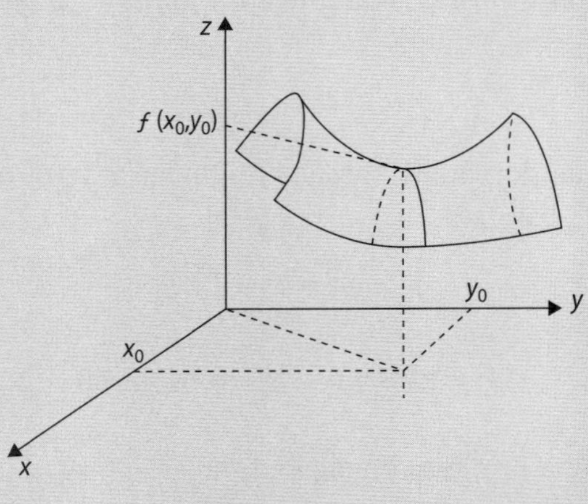

Figura 2.7

Exemplos:

E 2.24 Dada a função $f(x, y) = -x^2 - 2y^2 + 6x - 4y$, estudar seus pontos críticos.

Resolução:

Vamos determinar as derivadas parciais e igualar a zero, para procurar os pontos críticos.

$$f_x = -2x + 6 = 0 \to x = 3$$

$$f_y = -4y - 4 = 0 \to y = -1$$

Portanto, temos apenas um ponto crítico, que é $P(3,-1,f(3,-1))$. Vamos determinar as derivadas parciais de segunda ordem para poder classificar esse ponto crítico.

$$f_{xx} = -2$$

$$f_{yy} = -4$$

$$f_{xy} = 0$$

Então, $D = H(3,-1) = (-2)(-4) - 0^2 = 8 > 0$ e $A = f_{xx} = -2 < 0$. Portanto, $P(3,-1,f(3,-1))$ é um ponto de máximo da função e o seu valor máximo é dado por:

$$f(3,-1) = -3^2 - 2(-1)^2 + 6.3 - 4(-1) = -9 - 2 + 18 + 4 = 11$$

Resposta: $P(3,-1,11)$ é um ponto de máximo da função.

E 2.25 Classificar os pontos críticos da função $f(x,y) = xy^2 + \frac{1}{3}x^3 - x$.

Resolução:

Vamos determinar as derivadas parciais e igualar a zero, para procurar os pontos críticos.

$$f_x = y^2 + x^2 - 1 = 0$$

$$f_y = 2xy = 0 \to x = 0 \text{ ou } y = 0$$

Substituindo $x = 0$ na primeira equação, temos:

$$y^2 - 1 = 0 \to y = \pm 1$$

Portanto, para $x = 0$, temos como pontos críticos $P_1(0,-1,f(0,-1))$ e $P_2(0,1,f(0,1))$. Vamos agora substituir $y = 0$ na primeira equação:

$$x^2 - 1 = 0 \to x = \pm 1$$

Então, para $y = 0$, temos como pontos críticos $P_3(-1,0,f(-1,0))$ e $P_4(1,0,f(1,0))$.

Vamos calcular as derivadas parciais de segunda ordem para poder classificar os pontos críticos.

$$f_{xx} = 2x$$

$$f_{yy} = 2x$$

$$f_{xy} = 2y$$

$$H(x,y) = \begin{vmatrix} 2x & 2y \\ 2y & 2x \end{vmatrix} = 4x^2 - 4y^2$$

Ponto crítico	$D = H(x_0, y_0)$	A	Classificação
$P_1(0,-1,f(0,-1))$	-4		Ponto de sela
$P_2(0,1,f(0,1))$	-4		Ponto de sela
$P_3(-1,0,f(-1,0))$	4	-2	Ponto de máximo
$P_4(1,0,f(1,0))$	4	2	Ponto de mínimo

Então, o valor máximo da função é:

$$f(-1,0) = (-1).0^2 + \frac{1}{3}(-1)^3 - (-1) = -\frac{1}{3} + 1 = \frac{2}{3}$$

E o valor mínimo da função é:

$$f(1,0) = (1).0^2 + \frac{1}{3}(1)^3 - (1) = \frac{1}{3} - 1 = -\frac{2}{3}$$

2.10 MÁXIMOS E MÍNIMOS DE FUNÇÕES DE DUAS VARIÁVEIS COM RESTRIÇÕES

Estudamos os pontos críticos de funções de duas variáveis, mas se tivermos a presença de uma restrição, por exemplo, estudar os máximos e mínimos de $f(x,y) = x^2 + y^2$ sobre a reta $x + y = 1$, já não podemos aplicar o método anterior.

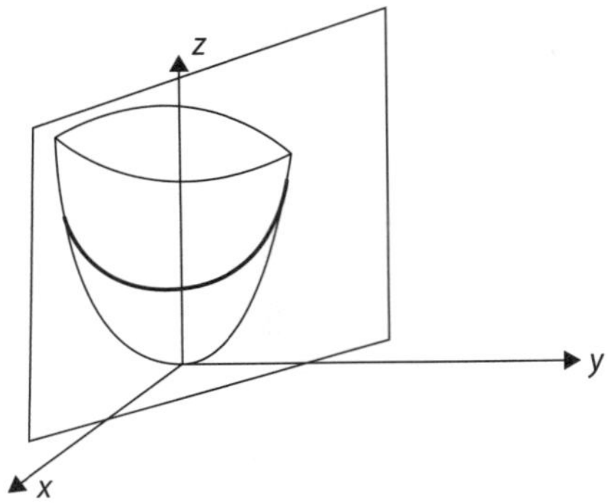

Figura 2.8

Devemos analisar o novo problema sob a restrição. Assim, escrevemos o problema da seguinte maneira:

$$\begin{cases} f(x,y) = x^2 + y^2 \\ g(x,y) = x + y - 1 = 0 \end{cases}$$

e estudamos os vetores gradientes de cada função. Esboçando o gráfico de $g(x,y) = 0$, traçamos as curvas de nível da função $f(x,y) = k$, variando o valor de k até encontrar o ponto de máximo/mínimo de $g(x,y) = 0$. Ou seja, os vetores gradiente das curvas no ponto procurado são paralelos:

$$\vec{\nabla} f(x,y) = \lambda \vec{\nabla} g(x,y).$$

Este método é chamado de multiplicadores de Lagrange e é equivalente a definir uma função de três variáveis $L(x,y) = f(x,y) - \lambda g(x,y)$ e resolver a equação:

$$\vec{\nabla} L(x,y,\lambda) = 0.$$

A função $L(x,y,\lambda)$ é chamada de função de Lagrange ou função lagrangeana.

JOSEPH LOUIS LAGRANGE
(1736-1813)

Matemático italiano, aos 16 anos já era professor de Matemática na Escola Real de Artilharia de Turim. Aos 23 anos, aplicou o cálculo diferencial à teoria das probabilidades. Aos 28 anos, recebeu um prêmio da Academia Francesa de Ciências por ter resolvido o problema de atração entre a Terra, o Sol e a Lua, conhecido como o problema de três corpos.

Foto: Wikipédia.

Observação

Embora tenhamos apresentado máximos e mínimos condicionados apenas para funções de duas variáveis, este conceito se estende para funções de três variáveis. Ou seja, se a função tem três variáveis com uma restrição, o problema se escreve:

$$\begin{cases} f(x,y,z) = \text{máx / mín} \\ g(x,y,z) = 0 \end{cases}$$

A função de Lagrange passa a ser:

$$L(x,y,z,\lambda) = f(x,y,z) - \lambda g(x,y,z)$$

e iremos resolver a seguinte equação:

$$\vec{\nabla} L(x,y,z,\lambda) = 0.$$

Agora, se a função tem três variáveis, com duas restrições, o problema se escreve:

$$\begin{cases} f(x,y,z) = \text{máx / mín} \\ g(x,y,z) = 0 \\ h(x,y,z) = 0 \end{cases}$$

A função de Lagrange passa a ser:

$$L(x,y,z,\lambda,\mu) = f(x,y,z) - \lambda g(x,y,z) - \mu h(x,y,z)$$

e iremos resolver a seguinte equação:

$$\vec{\nabla} L(x,y,z,\lambda,\mu) = 0.$$

Exemplos:

E 2.26 Estudar os máximos/mínimos da função $f(x,y) = x^2 + y^2$, restrita à reta $x + y = 1$.

Resolução: Vamos escrever a função de Lagrange:

$$L(x,y,\lambda) = f(x,y) - \lambda g(x,y) = x^2 + y^2 - \lambda(x + y - 1)$$

E agora vamos calcular as derivadas parciais e igualar a zero:

$$L_x = 2x - \lambda = 0 \qquad (1)$$

$$L_y = 2y - \lambda = 0 \qquad (2)$$

$$L_\lambda = -(x + y - 1) = 0 \qquad (3)$$

Da Equação (1), tiramos que $x = \dfrac{\lambda}{2}$ e, da Equação (2), $y = \dfrac{\lambda}{2}$. Substituindo em (3):

$$x+y-1=0 \to \frac{\lambda}{2}+\frac{\lambda}{2}=1 \to \lambda=1$$

Então, $x=y=\frac{\lambda}{2}=\frac{1}{2}$. O ponto dado pelo problema é $P\left(\frac{1}{2},\frac{1}{2}\right)$. Como já tínhamos o gráfico da função, claramente o ponto encontrado é um ponto de mínimo. Mas, se não houver figura, devemos comparar o valor com outro ponto qualquer da restrição, por exemplo, $Q(0,1)$, calcular o valor da função nos dois pontos e comparar:

$$f(P)=f\left(\frac{1}{2},\frac{1}{2}\right)=\left(\frac{1}{2}\right)^2+\left(\frac{1}{2}\right)^2=\frac{1}{4}+\frac{1}{4}=\frac{2}{4}=\frac{1}{2}$$

$$f(Q)=f(0,1)=(0)^2+(1)^2=1>\frac{1}{2}=f(P)$$

Resposta: Logo, $P\left(\frac{1}{2},\frac{1}{2},\frac{1}{2}\right)$ é o ponto de mínimo condicionado da função.

E 2.27 Determinar o ponto da parábola $y=x^2$ do 1° quadrante, que tem distância mínima do ponto $P(0,4)$.

Resolução:

Observe que a função que queremos minimizar é a função distância. Lembrando que a distância entre dois pontos $P(x_0,y_0)$ e $Q(x_1,y_1)$ é dada por:

$$d(P,Q)=\sqrt{(x_1-x_0)^2+(y_1-y_0)^2}$$

Como a função raiz quadrada é crescente, podemos estudar apenas a função radicando:

$$f(x,y)=(x-x_0)^2+(y-y_0)^2=(x-0)^2+(y-4)^2=x^2+y^2-8y+16$$

Vamos escrever a função de Lagrange:

$$L(x,y,\lambda)=f(x,y)-\lambda g(x,y)=x^2+y^2-8y+16-\lambda\left(y-x^2\right)$$

E agora vamos calcular as derivadas parciais e igualar a zero:

$$L_x=2x+2x\lambda=0 \to 2x(1+\lambda)=0 \quad (1)$$

$$L_y=2y-8-\lambda=0 \to 2y=8+\lambda \quad (2)$$

$$L_\lambda=-\left(y-x^2\right)=0 \quad (3)$$

Da Equação (1), tiramos que $x=0$ ou $\lambda=-1$, e da Equação (2), $y=4+\frac{\lambda}{2}$.

Substituindo em (3) para $x = 0$ e $y = 4 + \frac{\lambda}{2}$:

$$y - x^2 = 0 \rightarrow 4 + \frac{\lambda}{2} + 0^2 = 0 \rightarrow \lambda = -8$$

Nesse caso, temos $x = 0$ e $y = 0$. Se considerarmos $\lambda = -1$, temos $y = 4 + \frac{\lambda}{2} = 4 - \frac{1}{2} = \frac{7}{2}$

$$y - x^2 = 0 \rightarrow \frac{7}{2} - x^2 = 0 \rightarrow x = \pm\sqrt{\frac{7}{2}}$$

Aqui temos três pontos críticos, mas, como queremos distância mínima, com certeza esse ponto está no primeiro quadrante, portanto, vamos descartar o ponto de abscissa negativa. Vamos analisar a função nos outros dois pontos:

$$f\left(\sqrt{\frac{7}{2}}, \frac{7}{2}\right) = \left(\sqrt{\frac{7}{2}}\right)^2 + \left(\frac{7}{2}\right)^2 - 8\left(\frac{7}{2}\right) + 16 = \frac{7}{2} + \frac{49}{4} - \frac{56}{2} + 16 = \frac{14 + 49 - 112 + 64}{4} = \frac{15}{4}$$

$$f(0,0) = 0^2 + 0^2 - 8.0 + 16 = 16 > \frac{15}{4}$$

Resposta: Logo, $Q\left(\sqrt{\frac{7}{2}}, \frac{7}{2}\right)$ é o ponto de distância mínima do ponto $P(0,4)$ na parábola.

2.11 CAMPO VETORIAL

Consideremos D uma região do espaço tridimensional, ou seja, $D \subset \mathbb{R}^3$. Uma função vetorial $\vec{f}$ definida na região D é uma função que a cada ponto $P(x,y,z) \in D$ associa um vetor $\vec{f}(x,y,z) = f_1(x,y,z)\vec{i} + f_2(x,y,z)\vec{j} + f_3(x,y,z)\vec{k}$. A região D, junto com os vetores $\vec{f}(x,y,z)$, forma um campo vetorial.

Se a função f é uma função de três variáveis definida em uma região D do espaço, dizemos que D, junto com a imagem $f(D)$, forma um campo escalar.

Exemplos:

E 2.28 Consideremos um fluido em movimento em uma certa região D, de modo que a cada partícula em D corresponde um vetor velocidade $\vec{v}$. Neste caso, temos um campo vetorial definido nessa região.

E 2.29 Seja um certo tanque T, cheio de um certo combustível, e, em cada ponto $P(x,y,z) \in T$, medimos a pressão. Então, T é um campo vetorial.

E 2.30 Representar o campo vetorial dado pela função vetorial $\vec{f}(x,y) = x\vec{i} + y\vec{j}$.

Resolução:

Vamos traçar algumas retas que passam pela origem e algumas circunferências, já que:

$$\left|\vec{f}(x,y)\right| = \sqrt{x^2 + y^2} = k$$

é a equação de circunferências de centro na origem. Para cada ponto (x,y) do plano, temos o seu vetor posição $\vec{r} = x\vec{i} + y\vec{j}$.

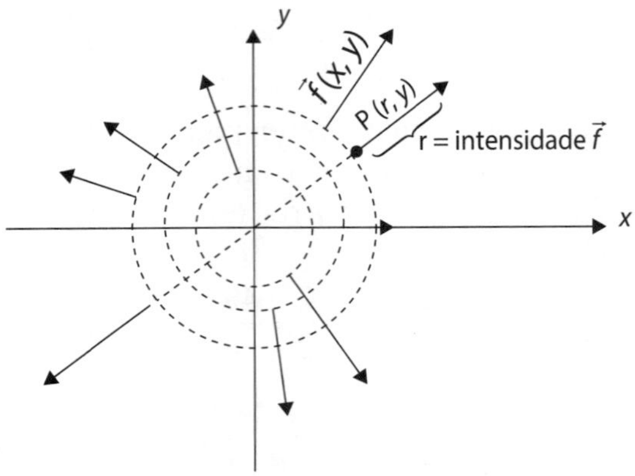

Figura 2.9

E 2.31 Representar o campo vetorial dado pela função vetorial $\vec{f}(x,y) = \vec{j}$.

Resolução:

Este campo vetorial associa, a cada ponto (x,y) do plano, o vetor posição $\vec{r} = \vec{j} = (0,1)$.

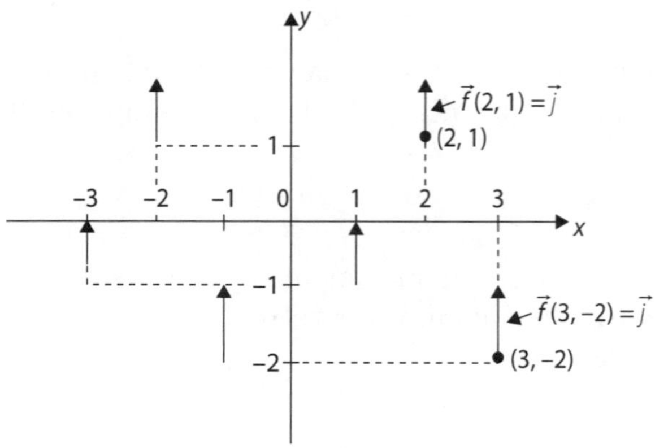

Figura 2.10

2.12 DIVERGENTE DE UM CAMPO VETORIAL

Seja $\vec{f}(x,y,z) = f_1(x,y,z)\vec{i} + f_2(x,y,z)\vec{j} + f_3(x,y,z)\vec{k}$ um campo vetorial definido em $D \subset \mathbb{R}^3$ e suponhamos que as suas coordenadas f_1, f_2 e f_3 admitam derivadas parciais contínuas em D. Denominamos divergente de $\vec{f}$ o campo escalar definido por:

$$div\,\vec{f} : D \to \mathbb{R}$$

$$div\,\vec{f} = \frac{\partial f_1}{\partial x} + \frac{\partial f_2}{\partial y} + \frac{\partial f_3}{\partial z}$$

Observemos que $div\,\vec{f}$ é um número real. Frequentemente, a notação

$$div\,\vec{f} = \vec{\nabla} \cdot \vec{f}$$

é usada, indicando o produto escalar entre o operador gradiente $\vec{\nabla} = \left(\frac{\partial}{\partial x}, \frac{\partial}{\partial y}, \frac{\partial}{\partial z} \right)$ e a função vetorial $\vec{f}$.

2.12.1 VAZÃO OU FLUXO DE UM FLUIDO OU GÁS

A noção de fluxo deriva do fenômeno de escoamento de um fluido através da seção normal de um tubo ou de um canal.

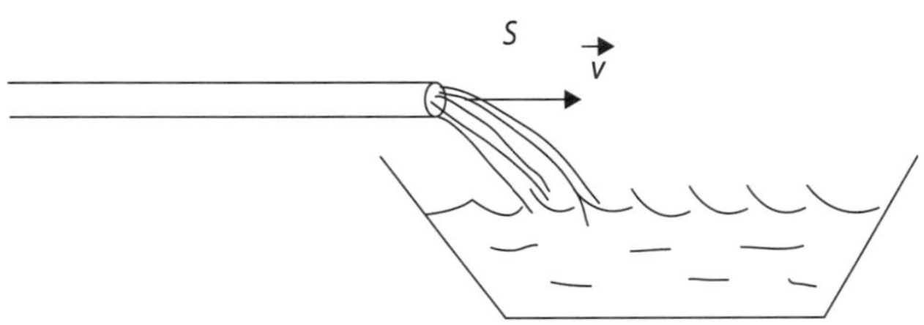

Figura 2.11

Seja S a área da seção de um tubo e suponhamos que a velocidade de escoamento seja a mesma para todas as partículas que atravessam a seção. Se designamos por $\vec{v}$ a velocidade em cm/s, o volume de fluido que escoa por segundo será:

$$V = \vec{v}.s = \left({cm}/{s} \right).cm^2 = {cm^3}/{s}$$

O nome divergente pode ser estendido no contexto da mecânica de fluidos. Se $\vec{f}(x,y,z)$ é a velocidade de um fluido (ou gás), então, $div\,\vec{f}$ representa a taxa de variação total (em relação ao tempo) da massa do fluido (ou gás) escoando no ponto (x,y,z) por unidade de volume. Em outras palavras, $div\,\vec{f}$ mede a tendência de o fluido divergir do ponto (x,y,z).

No estudo da mecânica dos fluidos utilizamos a equação da continuidade:

$$div\,\vec{u} + \frac{\partial \rho}{\partial t} = 0 \qquad (1)$$

onde $\vec{u} = \rho\vec{v}$, sendo $\rho = \rho(x,y,z,t)$ a densidade do fluido e $\vec{v} = \vec{v}(x,y,z,t)$ o vetor velocidade, onde t representa o tempo. De (1), podemos escrever

$$\frac{\partial \rho}{\partial t} = -div\,\vec{u}$$

e verificamos que o divergente de um campo vetorial é uma medida da taxa de variação da densidade do fluido em um ponto. Desta última equação, concluímos que:

1) Quando o divergente é positivo $(div\,\vec{u} > 0)$ em um ponto do fluido, então, a sua densidade está diminuindo com o tempo.
2) Quando o divergente é negativo $(div\,\vec{u} < 0)$ em um ponto do fluido, então, a sua densidade está aumentando com o tempo. Neste caso, dizemos que o fluido está se contraindo ou, ainda, que não existe fonte de fluxo no ponto.
3) Se o divergente é zero em todos os pontos de uma região, então, o fluxo de entrada na região é exatamente equilibrado pelo da saída. O fluxo não é criado nem destruído, ou seja, não existe fonte nem sumidouro na região.
4) Se $\rho =$ constante, isto é, a densidade não é função das coordenadas x, y e z e nem do tempo t, dizemos que o fluido é incompressível. Neste caso, a equação de continuidade toma a forma $div\,\vec{u} = 0$ e o campo vetorial é denominado solenoidal.

Exemplos:

E 2.32 Seja $\vec{f}(x,y) = Q(x,y)\vec{j}$. Suponha que, para todo $(x,y) \in \mathbb{R}^2$, temos $Q(x,y) > 0$. Represente graficamente um campo vetorial satisfazendo as condições dadas.

Resolução:

Pela expressão da função vetorial, concluímos que, para cada x fixo, a função $y \to Q(x,y)$ é estritamente crescente sobre cada reta paralela ao eixo dos y, pois $\vec{f}(x,y) = Q(x,y)\vec{j}$ e $div\,\vec{f} \neq 0$, já que, por hipótese, para todo $(x,y) \in \mathbb{R}^2$, $Q(x,y) > 0$. Logo,

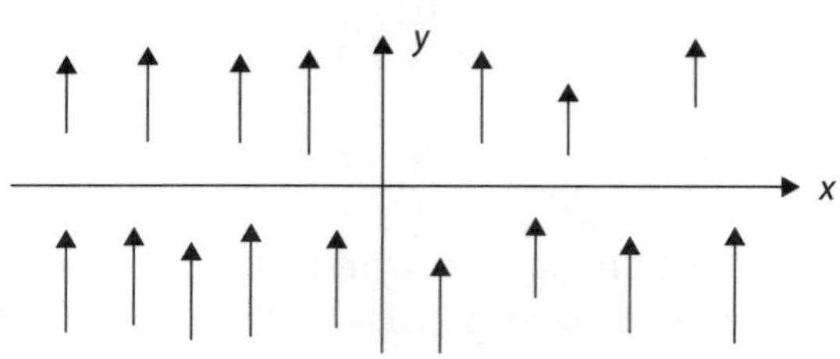

Figura 2.12

E 2.33 Seja $\vec{f}(x,y)=(x^2+5)\vec{i}-xy^2\vec{j}$, determinar $div\,\vec{f}$.

Resolução:

Vamos determinar as derivadas parciais da primeira coordenada com relação a x e da segunda coordenada com relação a y, e depois adicioná-las:

$$\frac{\partial f_1}{\partial x}=2x \text{ e } \frac{\partial f_2}{\partial y}=2xy$$

$$div\,\vec{f}=\frac{\partial f_1}{\partial x}+\frac{\partial f_2}{\partial y}=2x-2xy$$

Resposta: $div\,\vec{f}=2x(1-y)$.

E 2.34 Seja $\vec{f}(x,y,z)=(x^2+xy+z)\vec{i}-y^3\vec{j}+(2x+3y+z^2)\vec{k}$, determinar $div\,\vec{f}$.

Resolução:

Vamos determinar as derivadas parciais da primeira coordenada com relação a x, da segunda coordenada com relação a y e da terceira coordenada com relação a z, depois somá-las:

$$\frac{\partial f_1}{\partial x}=2x+y;\ \frac{\partial f_2}{\partial y}=-3y^2 \text{ e } \frac{\partial f_3}{\partial z}=2z$$

$$div\,\vec{f}=\frac{\partial f_1}{\partial x}+\frac{\partial f_2}{\partial y}+\frac{\partial f_3}{\partial z}=2x+y-3y^2+2z$$

Resposta: $div\,\vec{f}=2x+y-3y^2+2z$.

E 2.35 Se o escoamento de um fluido é representado pelo campo de velocidade dado por $\vec{v}(x,y,z)=10x\vec{i}-10y\vec{j}+30\vec{k}$, verificar se o escoamento é incompressível.

Resolução:

Vamos determinar as derivadas parciais da primeira coordenada com relação a x, da segunda coordenada com relação a y e da terceira coordenada com relação a z, depois adicioná-las para verificar se $div\,\vec{f}=0$:

$$\frac{\partial f_1}{\partial x}=10;\ \frac{\partial f_2}{\partial y}=-10 \text{ e } \frac{\partial f_3}{\partial z}=0$$

$$div\,\vec{f} = \frac{\partial f_1}{\partial x} + \frac{\partial f_2}{\partial y} + \frac{\partial f_3}{\partial z} = 10 - 10 + 0 = 0$$

Resposta: Logo, o escoamento é incompressível.

2.13 ROTACIONAL DE UM CAMPO VETORIAL

Seja $\vec{f}(x,y,z) = f_1(x,y,z)\vec{i} + f_2(x,y,z)\vec{j} + f_3(x,y,z)\vec{k}$ um campo vetorial definido em $D \subset \mathbb{R}^3$, suponhamos que as suas coordenadas f_1, f_2 e f_3 admitam derivadas parciais contínuas em D. O rotacional de $\vec{f}$, que se indica $rot\,\vec{f}$, é o campo vetorial definido em D e dado por:

$$rot\,\vec{f} = \begin{vmatrix} \vec{i} & \vec{j} & \vec{k} \\ \dfrac{\partial}{\partial x} & \dfrac{\partial}{\partial y} & \dfrac{\partial}{\partial z} \\ f_1 & f_2 & f_3 \end{vmatrix} = \left(\frac{\partial f_3}{\partial y} - \frac{\partial f_2}{\partial z}\right)\vec{i} + \left(\frac{\partial f_1}{\partial z} - \frac{\partial f_3}{\partial x}\right)\vec{j} + \left(\frac{\partial f_2}{\partial x} - \frac{\partial f_1}{\partial y}\right)\vec{k}$$

onde $\vec{\nabla}$ é o operador gradiente $\vec{\nabla} = \left(\frac{\partial}{\partial x}, \frac{\partial}{\partial y}, \frac{\partial}{\partial z}\right)$. Observemos que $rot\,\vec{f} = \vec{\nabla} \times \vec{f}$, ou seja, o rotacional é o produto vetorial entre o operador gradiente e a função vetorial $\vec{f}$.

PIERRE SIMON LAPLACE
(1749-1827)

Matemático, astrônomo e físico francês, trabalhou em mecânica clássica e em várias áreas da matemática aplicada. Formulou, dentre outras descobertas, a equação de Laplace, a transformada de Laplace e o operador diferencial de Laplace. Dentre as descobertas menores, inventou o determinante de matrizes.

Foto: Wikipédia.

Exemplo:

E 2.36 Dado o campo vetorial $\vec{f}(x,y,z) = xy^2z^3\vec{i} + 5xz\vec{j} + xyz\vec{k}$, determinar $rot\,\vec{f}$.

Resolução:

$$rot\,\vec{f} = \begin{vmatrix} \vec{i} & \vec{j} & \vec{k} \\ \dfrac{\partial}{\partial x} & \dfrac{\partial}{\partial y} & \dfrac{\partial}{\partial z} \\ xy^2z^3 & 5xz & xyz \end{vmatrix} = (xz - 5x)\vec{i} + \left(3y^2z^2 - yz\right)\vec{j} + \left(5z - 2xyz^3\right)\vec{k}$$

2.13.1 PROPRIEDADES DO ROTACIONAL

Sejam as funções vetoriais $\vec{f}(x,y,z)=(f_1(x,y,z),f_2(x,y,z),f_3(x,y,z))$ e $\vec{g}(x,y,z)=(g_1(x,y,z),g_2(x,y,z),g_3(x,y,z))$, definidas em um domínio D do $\mathbb{R}^3$, com derivadas parciais de primeira ordem em D. Seja $h:D\to\mathbb{R}$ uma função real de três variáveis reais, diferenciável em seu domínio. Então,

1) $rot(\vec{f}+\vec{g})=rot\,\vec{f}+rot\,\vec{g}$

2) $rot(h.\vec{f})=h.rot\,\vec{f}+\vec{\nabla}h\times\vec{f}$

Para verificar a primeira propriedade, basta verificar que é a soma de determinantes de duas matrizes. A segunda igualdade, deixamos a cargo do leitor.

2.13.2 INTERPRETAÇÃO FÍSICA DO ROTACIONAL

Temos aplicações do rotacional em um campo vetorial em diversas situações. Vamos destacar algumas:

1) No estudo de campos de velocidade, na mecânica dos fluidos;
2) No estudo de campos de forças eletromagnéticas;
3) No estudo da medida do movimento angular de um fluxo;
4) No estudo de campos elétricos. A equação $rot\,\vec{E}=\vec{0}$, onde $\vec{E}$ é a força elétrica, significa que somente forças eletrostáticas estão presentes no campo elétrico.

Dado um campo vetorial $\vec{f}$, dizemos que o campo é irrotacional se $rot\,\vec{f}=\vec{0}$.

Exemplo:

E 2.37 Um escoamento é representado pelo campo de velocidade $\vec{v}=10x\vec{i}-10y\vec{j}+30\vec{k}$. Verificar se o escoamento é irrotacional.

Resolução:

Devemos verificar se $rot\,\vec{v}=\vec{0}$. Então,

$$rot\,\vec{v}=\begin{vmatrix}\vec{i} & \vec{j} & \vec{k}\\ \dfrac{\partial}{\partial x} & \dfrac{\partial}{\partial y} & \dfrac{\partial}{\partial z}\\ 10x & -10y & 30\end{vmatrix}=(0-0)\vec{i}+(0-0)\vec{j}+(0-0)\vec{k}=\vec{0}$$

Resposta: O escoamento é irrotacional.

2.14 CAMPOS CONSERVATIVOS

Seja $\vec{f}(x,y,z) = f_1(x,y,z)\vec{i} + f_2(x,y,z)\vec{j} + f_3(x,y,z)\vec{k}$ um campo vetorial definido em $D \subset \mathbb{R}^3$. Se $u : D \to \mathbb{R}$ é uma função de três variáveis, diferenciável em D, tal que $\vec{\nabla} u = \vec{f}$, então, dizemos que $\vec{f}$ é um campo conservativo ou um campo gradiente em D. A função u é denominada função potência de $\vec{f}$ em D.

Exemplo:

E 2.38 Seja $\vec{f}(x,y,z) = \left(6xy + 5y^2z^2\right)\vec{i} + \left(3x^2 + 10xyz^2\right)\vec{j} + 10xy^2z\vec{k}$ um campo vetorial e a função $u(x,y,z) = 3x^2y + 5xy^2z^2$. Observe que $\vec{f}$ é um campo conservativo e u é a função potência de $\vec{f}$.

Resolução:

Vamos calcular as derivadas parciais da função u e compará-las com as coordenadas de $\vec{f}$:

$$\frac{\partial u}{\partial x} = 6xy + 5y^2z^2$$

$$\frac{\partial u}{\partial y} = 3x^2 + 10xyz^2$$

$$\frac{\partial u}{\partial z} = 10xy^2z$$

Resposta: Logo, o campo é conservativo e u é a sua função potência.

2.14.1 TEOREMA SOBRE CAMPOS CONSERVATIVOS

Seja $f\colon D \subset \mathbb{R}^3 \to \mathbb{R}$ uma função real, de três variáveis, com derivadas parciais de segunda ordem contínuas. Então, $rot\left(\vec{\nabla} f\right) = \vec{0}$.

Justificativa:

De fato, observe que,

$$rot\left(\vec{\nabla} f\right) = \vec{\nabla} \times \left(\vec{\nabla} f\right) = \begin{vmatrix} \vec{i} & \vec{j} & \vec{k} \\ \frac{\partial}{\partial x} & \frac{\partial}{\partial y} & \frac{\partial}{\partial z} \\ \frac{\partial f}{\partial x} & \frac{\partial f}{\partial y} & \frac{\partial f}{\partial z} \end{vmatrix}$$

$$= \left(\frac{\partial^2 f}{\partial y \partial z} - \frac{\partial^2 f}{\partial z \partial y} \right) \vec{i} + \left(\frac{\partial^2 f}{\partial z \partial x} - \frac{\partial^2 f}{\partial x \partial z} \right) \vec{j} + \left(\frac{\partial^2 f}{\partial x \partial y} - \frac{\partial^2 f}{\partial y \partial x} \right) \vec{k} = 0\vec{i} + 0\vec{j} + 0\vec{k} = \vec{0}$$

Aplicando o teorema de Clairaut, onde $\frac{\partial^2 f}{\partial y \partial z} = \frac{\partial^2 f}{\partial z \partial y}, \frac{\partial^2 f}{\partial z \partial x} = \frac{\partial^2 f}{\partial x \partial z}$ e $\frac{\partial^2 \text{f}}{\partial x \partial y} = \frac{\partial^2 \text{f}}{\partial y \partial x}$, seguindo o resultado.

Como um campo conservativo é da forma $\vec{f} = \vec{\nabla} u$, onde u é uma função real de três variáveis, segue do teorema que se $\vec{f}$ é conservativo, então, $rot\,\vec{f} = \vec{0}$.

Como nos nossos exemplos os campos estão definidos em $\mathbb{R}^3$, ou seja, regiões simplesmente conexas, então vale a recíproca do teorema acima.

Exemplos:

E 2.39 Verificar se o campo vetorial $\vec{f}(x,y,z) = xz\vec{i} + xyz\vec{j} - y^2\vec{k}$ é conservativo.

Resolução:

Vamos determinar $rot\,\vec{f}$:

$$rot\,\vec{f} = \begin{vmatrix} \vec{i} & \vec{j} & \vec{k} \\ \frac{\partial}{\partial x} & \frac{\partial}{\partial y} & \frac{\partial}{\partial z} \\ xz & xyz & -y^2 \end{vmatrix} = (-2y - xy)\vec{i} + (x - 0)\vec{j} + (yz - 0)\vec{k} = (-2y - xy)\vec{i} + x\vec{j} + yz\vec{k} \neq \vec{0}$$

Resposta: Logo, o campo vetorial não é conservativo.

E 2.40 Verificar se o campo vetorial $\vec{f}(x,y,z) = y^2z^3\vec{i} + 2xyz^3\vec{j} + 3xy^2z^2\vec{k}$ é conservativo. Se for conservativo, determinar a função potência.

Resolução:

Vamos determinar $rot\,\vec{f}$:

$$rot\,\vec{f} = \begin{vmatrix} \vec{i} & \vec{j} & \vec{k} \\ \frac{\partial}{\partial x} & \frac{\partial}{\partial y} & \frac{\partial}{\partial z} \\ y^2z^3 & 2xyz^3 & 3xy^2z^2 \end{vmatrix} = (6xyz^2 - 6xyz^2)\vec{i} + (3y^2z^2 - 3y^2z^2)\vec{j} + (2yz^3 - 2yz^3)\vec{k} = \vec{0}$$

Logo, o campo vetorial é conservativo e, segundo o teorema, existe uma função $u = u(x,y,z)$ tal que $\vec{f} = \vec{\nabla} u$. Ou seja,

$$\frac{\partial u}{\partial x} = y^2z^3 \quad (1)$$

$$\frac{\partial u}{\partial y} = 2xyz^3 \qquad (2)$$

$$\frac{\partial u}{\partial z} = 3xy^2z^2 \qquad (3)$$

Vamos integrar a Equação (1) com relação a x:

$$u(x,y,z) = \int y^2z^3dx = xy^2z^3 + h(y,z) \qquad (*)$$

Observe que $h(y,z)$ é uma função que é constante com relação a x. Vamos derivar (*) com relação a y e igualar à Equação (2):

$$\frac{\partial u}{\partial y} = 2xyz^3 + \frac{\partial h}{\partial y} \overset{(2)}{=} 2xyz^3$$

Ou seja, $\frac{\partial h}{\partial y} = 0$, a função $h(y,z)$ é constante, também em relação a y, ou seja, $h(y,z) = g(z)$. Então,

$$u(x,y,z) = xy^2z^3 + g(z) \qquad (**)$$

Derivando (**) com relação a z e igualando à Equação (3), temos:

$$\frac{\partial u}{\partial z} = 3xy^2z^2 + g'(z) \overset{(3)}{=} 3xy^2z^2$$

Seguindo que $g'(z) = 0$, ou seja, $g(z) = c$, onde $c \in \mathbb{R}$. Por fim, temos que a função potencial de $\vec{f}$ é dada por:

$$u(x,y,z) = xy^2z^3 + c$$

Resposta: $\vec{f}$ é conservativo e sua função potência é $u(x,y,z) = xy^2z^3 + c$.

2.15 ROTEIRO DE ESTUDOS COM EXERCÍCIOS RESOLVIDOS E EXERCÍCIOS PROPOSTOS

R 2.1 Calcular as derivadas parciais de $f(x,y) = x^2y - 2xy$ pela definição.

Resolução:

Pela definição de derivada parcial com relação a x, devemos calcular o seguinte limite:

$$f_x(x,y) = \lim_{\Delta x \to 0} \frac{f(x+\Delta x,y) - f(x,y)}{\Delta x} = \lim_{\Delta x \to 0} \frac{(x+\Delta x)^2 y - 2(x+\Delta x)y - (x^2y - 2xy)}{\Delta x}$$

$$= \lim_{\Delta x \to 0} \frac{x^2y + 2x\Delta x.y + (\Delta x)^2 y - 2xy - 2\Delta x.y - x^2y + 2xy}{\Delta x}$$

$$= \lim_{\Delta x \to 0} \frac{\Delta x\left[2xy + \Delta x.y - 2y\right]}{\Delta x} = \lim_{\Delta x \to 0}\left[2xy + \Delta x.y - 2y\right] = 2xy - 2y$$

Agora, aplicando a definição de derivada parcial com relação a y, vamos calcular o seguinte limite:

$$f_y(x,y) = \lim_{\Delta y \to 0} \frac{f(x,y+\Delta y) - f(x,y)}{\Delta y} = \lim_{\Delta y \to 0} \frac{x^2(y+\Delta y) - 2x(y+\Delta y) - (x^2y - 2xy)}{\Delta y}$$

$$= \lim_{\Delta y \to 0} \frac{x^2y + x^2\Delta y - 2xy - 2x\Delta y - x^2y + 2xy}{\Delta y} = \lim_{\Delta y \to 0} \frac{\Delta y\left[x^2 - 2x\right]}{\Delta y} = x^2 - 2x$$

Resposta: $f_x(x,y) = 2xy - 2y$ e $f_y(x,y) = x^2 - 2x$.

P 2.2 Calcular as derivadas parciais pela definição de:

a) $f(x,y) = 3x^2 + 4xy^3$

b) $f(x,y) = e^{x+y}$

R 2.3 Calcular as derivadas parciais de $f(x,y) = x^2y - 2xy$, aplicando as regras de derivação.

Resolução:

Fazendo $y = y_0$ constante, temos $f(x,y_0) = x^2y_0 - 2xy_0$. Aplicando as regras de derivação para a variável x,

$$f_x(x,y_0) = 2xy_0 - 2y_0 \rightarrow f_x(x,y) = 2xy - 2y$$

Agora, fazendo $x = x_0$ constante, temos $f(x_0,y) = {x_0}^2y - 2x_0y$. Aplicando as regras de derivação para a variável y,

$$f_y(x_0,y) = {x_0}^2 - 2x_0 \rightarrow f_y(x,y) = x^2 - 2x$$

Resposta: $f_x(x,y) = 2xy - 2y$ e $f_y(x,y) = x^2 - 2x$.

P 2.4 Calcular as derivadas parciais aplicando as regras de derivação de:

a) $f(x,y) = x^2y^3 + 2xy^2 - 2x$ b) $f(x,y) = e^{xy^2} + \cos(2xy^2)$

c) $f(x,y) = \ln\left(\dfrac{xy}{x^2+y^2}\right)$

d) $f(x,y) = e^{\text{sen}(3x+2y)}$

e) $f(x,y) = \dfrac{3x^2y^3}{x^2+y^2}$

f) $f(x,y) = x.\text{arctg}\left(\dfrac{2y}{x}\right)$

g) $f(x,y) = \ln\left(\sqrt{x^2+y^2}\right)$

h) $f(x,y) = y.e^{\cos(\pi x)}$

i) $f(x,y) = x.\sec(x^2y)$

j) $f(x,y) = 2^{\ln(x+2y)}$

R 2.5 Calcular as derivadas parciais de $f(x,y) = x^3y^2 - 3xy$ no ponto $(-1,2)$.

Resolução:

Fazendo $y = y_0$ constante, temos $f(x,y_0) = x^3{y_0}^2 - 3xy_0$.

Aplicando as regras de derivação para a variável x,

$$f_x(x,y_0) = 3x^2{y_0}^2 - 3.1.y_0 \rightarrow f_x(x,y) = 3x^2y^2 - 3y$$

Substituindo no ponto $(-1,2)$,

$$f_x(-1,2) = 3(-1)^2(2)^2 - 3(2) = 12 - 6 = 6$$

Agora, fazendo $x = x_0$ constante, temos $f(x_0,y) = {x_0}^3y^2 - 3x_0y$. Aplicando as regras de derivação para a variável y,

$$f_y(x_0,y) = {x_0}^3.\,2y - 3x_0 \rightarrow f_y(x,y) = 2x^3y - 3x$$

Substituindo no ponto $(-1,2)$,

$$f_y(-1,2) = 2(-1)^3(2) - 3(-1) = -4 + 3 = -1$$

Resposta: $f_x(-1,2) = 6$ e $f_y(-1,2) = -1$.

P 2.6 Calcular as derivadas parciais das funções a seguir, nos pontos indicados:

a) $f(x,y) = \dfrac{(x-6y)^3}{xy}$ no ponto $(5,1)$.

b) $f(x,y) = y^2.\,\text{sen}(\pi x)$ no ponto $(1,1)$.

c) $f(x,y) = 2^{3xy^2} + \ln(x^2y) - 3xy$ no ponto $(1,1)$.

R 2.7 Calcular, usando as regras de derivação, as derivadas parciais da função de três variáveis $f(x,y,z)=3x^2y+\dfrac{x^3y}{z^2}$.

Resolução:

Fazendo $y=y_0$ e $z=z_0$ constantes, temos $f(x,y_0,z_0)=3x^2y_0+\dfrac{x^3y_0}{z_0^{\,2}}$. Aplicando as regras de derivação para a variável x,

$$f_x(x,y_0,z_0)=3.2x.y_0+\frac{3x^2y_0}{z_0^{\,2}}=6xy+\frac{3x^2y}{z^2}$$

Agora, fazendo $x=x_0$ e $z=z_0$ constantes, temos $f(x_0,y,z_0)=3x_0^{\,2}y+\dfrac{x_0^{\,3}y}{z_0^{\,2}}$. Aplicando as regras de derivação para a variável y,

$$f_y(x_0,y,z_0)=3x_0^{\,2}+\frac{x_0^{\,3}}{z_0^{\,2}}=3x^2+\frac{x^3}{z^2}$$

Fazendo $x=x_0$ e $y=y_0$ constantes, temos $f(x_0,y_0,z)=3x_0^{\,2}y_0+\dfrac{x_0^{\,3}y_0}{z^2}$.

Aplicando as regras de derivação para a variável z,

$$f_z(x_0,y_0,z)=0+\left(x_0^{\,3}y_0z^{-2}\right)'=-2x_0^{\,3}y_0z^{-3}=-\frac{2x^3y}{z^3}$$

Resposta: $f_x(x,y,z)=6xy+\dfrac{3x^2y}{z^2}$; $f_y(x,y,z)=3x^2+\dfrac{x^3}{z^2}$ e $f_z(x_0,y_0,z)=-\dfrac{2x^3y}{z^3}$.

P 2.8 Calcular, usando as regras de derivação, as derivadas parciais da função de três variáveis a seguir:

a) $f(x,y,z)=\ln(3x+2y-4z)$

b) $f(x,y,z)=y^{x^2z}+x\sqrt{2x+z}$

c) $f(x,y,z)=e^{xz}.\,\mathrm{tg}\left(3xy^2z^2\right)$

d) $f(x,y,z)=x.\cos\left(x^2+3yz\right)$

e) $f(x,y,z)=x^2yz^3e^{y-z}+\ln(xyz)$

P 2.9 Dada a função $z=f(x,y)=y.\cos\left(\dfrac{y}{x}\right)$, mostrar que $x.f_x+y.f_y=z$.

R 2.10 Determinar as derivadas parciais de 2ª ordem da função $f(x,y)=3x^4y^3+x^2y-3xy^4$.

Resolução:

As derivadas parciais de 1ª ordem são:

$$f_x=3.\left(4x^3\right)y^3+(2x)y-3.1.y^4=12x^3y^3+2xy-3y^4$$

$$f_y = 3x^4\left(3y^2\right) + x^2.1 - 3x\left(4y^3\right) = 9x^4y^2 + x^2 - 12xy^3$$

E as derivadas parciais de 2ª ordem são,

$$f_{xx} = \left(12x^3y^3 + 2xy - 3y^4\right)_x = 12\left(3x^2\right)y^3 + 2.1.y - 0 = 36x^2y^3 + 2y$$

$$f_{xy} = \left(12x^3y^3 + 2xy - 3y^4\right)_y = 12x^3\left(3y^2\right) + 2x.1 - 3\left(4y^3\right) = 36x^3y^2 + 2x - 12y^3$$

$$f_{yx} = \left(9x^4y^2 + x^2 - 12xy^3\right)_x = 9\left(4x^3\right)y^2 + 2x - 12.1.y^3 = 36x^3y^2 + 2x - 12y^3$$

$$f_{yy} = \left(9x^4y^2 + x^2 - 12xy^3\right)_y = 9x^4\left(2y\right) + 0 - 12x\left(3y^2\right) = 18x^4y - 36xy^2$$

Resposta: $f_{xx} = 36x^2y^3 + 2y$; $f_{xy} = f_{yx} = 36x^3y^2 + 2x - 12y^3$ e $f_{yy} = 18x^4y - 36xy^2$

P 2.11 Determinar as derivadas parciais de 2ª ordem de:

a) $f\left(x,y\right) = \ln\left(3x + 4y\right)$

b) $f\left(x,y\right) = e^{x^2y^2}$

c) $f\left(x,y\right) = x^2ye^{x^2} + \dfrac{1}{x^2y^3}$

P 2.12 Dizemos que uma função é harmônica se $f_{xx} + f_{yy} = 0$. Verificar se a função $f\left(x,y\right) = \ln\left(\sqrt{x^2 + y^2}\right)$ é harmônica.

P 2.13 Dada a função $z = f\left(x,y\right) = \sqrt{x^2 + y^2}$, verificar que $f_{xx} + f_{yy} = \dfrac{1}{z}$.

P 2.14 Verificar se a função $u\left(x,t\right) = \left(x - at\right)^6 + \left(x + at\right)^6$ satisfaz a equação da onda $u_{tt} = a^2u_{xx}$.

P 2.15 Dada a função $f\left(x,y,z\right) = \text{sen}\left(3x + 2y + 4z\right)$, calcular f_{yxx}.

P 2.16 Dada a função $f\left(x,y\right) = 2x^4y^2 + x^2y - 12xy^3$, calcular f_{yyy}.

R 2.17 Sejam $z = x^3y^4 + 2xe^y$ uma função de duas variáveis, onde $x = 2t + 1$ e $y = \ln\left(2t\right)$. Calcular a derivada $\dfrac{dz}{dt}$.

Resolução:

Antes de aplicar a regra da cadeia para funções de duas variáveis, vamos calcular as derivadas envolvidas:

$$\frac{\partial z}{\partial x} = 3x^2y^4 + 2e^y$$

$$\frac{\partial z}{\partial y} = 4x^3y^3 + 2xe^y$$

$$\frac{dx}{dt} = 2$$

$$\frac{dy}{dt} = \frac{2}{2t} = \frac{1}{t}$$

Agora, pela regra da cadeia para funções de duas variáveis,

$$\frac{dz}{dt} = \frac{\partial z}{\partial x}\frac{dx}{dt} + \frac{\partial z}{\partial y}\frac{dy}{dt} = \left(3x^2y^4 + 2e^y\right)2 + \left(4x^3y^3 + 2xe^y\right)\left(\frac{1}{t}\right)$$

Substituindo $x = 2t + 1$ e $y = \ln(2t)$,

$$\frac{dz}{dt} = 6(2t+1)^2\left(\ln(2t)\right)^4 + 4e^{\ln(2t)} + \frac{4(2t+1)^3\left(\ln(2t)\right)^3 + 2(2t+1)e^{\ln(2t)}}{t}$$

$$= 6(2t+1)^2\left(\ln(2t)\right)^4 + 8t + \frac{4(2t+1)^3\left(\ln(2t)\right)^3 + 2(2t+1).2t}{t}$$

Resposta: $\dfrac{dz}{dt} = 6(2t+1)^2\left(\ln(2t)\right)^4 + 8t + \dfrac{4(2t+1)^3\left(\ln(2t)\right)^3 + 4t(2t+1)}{t}$

P 2.18 Sejam $z = \ln(3xy)$ uma função de duas variáveis, onde $x = t^2$ e $y = 3t - 1$. Calcular a derivada $\dfrac{dz}{dt}$.

P 2.19 Seja $z = x.\cos\left(2y^2\right)$ uma função de duas variáveis, onde $x = t^3$ e $y = t^2$. Calcular a derivada $\dfrac{dz}{dt}$.

R 2.20 Dada a função $f(x,y) = x^2 + 4xy + y^3$, calcular $\vec{\nabla} f(1,2)$.

Resolução:

Vamos, primeiro, determinar as derivadas parciais de 1ª ordem,

$$f_x = 2x + 4y$$

$$f_y = 4x + 3y^2$$

Agora, vamos substituir no ponto dado,

$$f_x(1,2) = 2(1) + 4(2) = 10$$

$$f_y(1,2) = 4(1) + 3(2)^2 = 16$$

Portanto, o vetor gradiente da função, no ponto dado, é:

$$\vec{\nabla} f_P = (10,16) = 10\vec{i} + 16\vec{j}$$

Resposta: $\vec{\nabla} f_P = 10\vec{i} + 16\vec{j}$.

P 2.21 Dada a função $f(x,y) = y^2 + y\sqrt{2x-1}$, calcular $\vec{\nabla} f(1,1)$.

R 2.22 Dada a função $f(x,y,z) = x^2yz^3 + \ln(xyz)$ e o vetor $\vec{v} = 2\vec{i} - \vec{j} + \vec{k}$, determinar a derivada direcional $D_{\vec{u}} f(1,1,1)$, utilizando o vetor gradiente. Calcular também a derivada direcional máxima.

Resolução:

O vetor gradiente é dado por:

$$\vec{\nabla} f(x,y,z) = \frac{\partial f}{\partial x}\vec{i} + \frac{\partial f}{\partial y}\vec{j} + \frac{\partial f}{\partial z}\vec{k}$$

Então,

$$\frac{\partial f}{\partial x} = 2xyz^3 + \frac{1}{x} \rightarrow \frac{\partial f}{\partial x}(1,1,1) = 2 + 1 = 3$$

$$\frac{\partial f}{\partial y} = x^2z^3 + \frac{1}{y} \rightarrow \frac{\partial f}{\partial y}(1,1,1) = 1 + 1 = 2$$

$$\frac{\partial f}{\partial z} = 3x^2yz^2 + \frac{1}{z} \rightarrow \frac{\partial f}{\partial z}(1,1,1) = 3 + 1 = 4$$

Logo,

$\vec{\nabla} f(1,1,1) = 3\vec{i} + 2\vec{j} + 4\vec{k}$ e o vetor unitário é

$$\vec{u} = \frac{\vec{v}}{|\vec{v}|} = \frac{2\vec{i} - \vec{j} + \vec{k}}{\sqrt{2^2 + (-1)^2 + 1^2}} = \frac{2}{\sqrt{6}}\vec{i} - \frac{1}{\sqrt{6}}\vec{j} + \frac{1}{\sqrt{6}}\vec{k}.$$

Portanto,

$$D_{\vec{u}}f(1,1,1)=\vec{\nabla}f(1,1,1)\cdot\vec{u}=3.\frac{2}{\sqrt{6}}+2.\left(-\frac{2}{\sqrt{6}}\right)+4.\frac{1}{\sqrt{6}}=\frac{6}{\sqrt{6}}\times\frac{\sqrt{6}}{\sqrt{6}}=\frac{6\sqrt{6}}{6}=\sqrt{6}$$

A derivada direcional máxima é o módulo do vetor gradiente, portanto:

$$D_{MÁX}=\sqrt{3^2+2^2+4^2}=\sqrt{9+4+16}=\sqrt{29}$$

Resposta: $D_{\vec{u}}f(1,1,1)=\sqrt{6}$ e $D_{MÁX}=\sqrt{29}$.

P 2.23 Dada a função e o vetor, determinar a derivada direcional no ponto indicado, utilizando o vetor gradiente. Calcular também a derivada direcional máxima.

a) $f(x,y)=x^{\operatorname{sen}y}+x^2;\vec{v}=2\vec{i}-\vec{j}$ no ponto $P\left(1,\frac{\pi}{2}\right)$;

b) $f(x,y)=e^{y.\operatorname{sen}x}+\ln(2x+y);\vec{v}=4\vec{i}-3\vec{j}$ no ponto $P(0,1)$;

c) $f(x,y)=y^{\operatorname{tg}x};\vec{v}=\vec{i}+\vec{j}$ no ponto $P\left(\frac{\pi}{4},e\right)$;

d) $f(x,y,z)=e^{x^2y}-\frac{z}{x^3}+y.\operatorname{sen}(x^2-2z);\vec{v}=2\vec{i}+\vec{j}+2\vec{k}$ no ponto $P(2,0,2)$;

e) $f(x,y,z)=3x^2yz+\frac{x^3y}{z^2}+\ln(xz^2);\vec{v}=\vec{i}-2\vec{j}+\overrightarrow{2k}$ no ponto $P(1,1,1)$.

R 2.24 Determinar a equação do plano tangente à função $f(x,y)=3xy-x^3-y^2$, no ponto $P(0,1)$.

Resolução:

Vamos determinar as derivadas parciais para calcular no ponto dado.

$$f_x=3y-3x^2\rightarrow f_x(0,1)=3.1-3.0^2=3$$

$$f_y=3x-2y\rightarrow f_y(0,1)=3.0-2.1=-2$$

$$z_0=f(0,1)=3.0.1-0^3-1^2=-1$$

$$z+1=3(x-0)-2(y-1)\rightarrow 3x-2y-z+1=0$$

Resposta: A equação do plano tangente é dada por $3x-2y-z+1=0$.

P 2.25 Determinar a equação do plano tangente à função dada, no ponto indicado.

a) $f(x,y) = e^{x^2-y^2}$ no ponto $P(1,-1)$;

b) $f(x,y) = e^{\text{tg}x} + x^2 \ln y$ no ponto $P(0,1)$;

c) $f(x,y) = x^2y + 2xy$ no ponto $P(1,1)$;

d) $f(x,y) = \ln(3x + y^2)$ no ponto $P(2,-1)$.

P 2.26 Determinar a equação do plano tangente à função $f(x,y) = x^2 + 3y^2 - 4x + 4y - 5$, que seja paralela ao plano de equação geral $8x - 4y - 2z + 5 = 0$.

P 2.27 Determinar a equação do plano tangente a $f(x,y) = 2x^2 + 2xy + y^2 + 2x - 3$, que seja paralela ao plano de equação geral $3x - 2y - z + 1 = 0$.

P 2.28 Determinar a equação do plano que passa pelos pontos $A(1,1,2)$ e $B(1,-1,1)$ e seja tangente à função $f(x,y) = 2xy$.

R 2.29 Classificar os pontos críticos da função $f(x,y) = x^3 - 3x^2y + 4y$.

Resolução:

Vamos determinar as derivadas parciais e igualar a zero, para procurar os pontos críticos.

$$f_x = 3x^2 - 6xy = 0$$

$$f_y = -3x^2 + 4 = 0 \rightarrow 3x^2 = 4 \rightarrow x = \pm\frac{2\sqrt{3}}{3}$$

Substituindo $x = \frac{2\sqrt{3}}{3}$ na primeira equação, temos:

$$3.\frac{4}{3} - 6\frac{2\sqrt{3}}{3}y = 0 \rightarrow 4 - 4\sqrt{3}\,y = 0 \rightarrow y = \frac{\sqrt{3}}{3}$$

Portanto, para $x = \frac{2\sqrt{3}}{3}$, temos como ponto crítico $P_1\left(\frac{2\sqrt{3}}{3}, \frac{\sqrt{3}}{3}, f\left(\frac{2\sqrt{3}}{3}, \frac{\sqrt{3}}{3}\right)\right)$.

Vamos agora substituir $x = -\frac{2\sqrt{3}}{3}$ na primeira equação:

$$3.\frac{4}{3} - 6\left(-\frac{2\sqrt{3}}{3}\right)y = 0 \rightarrow 4 + 4\sqrt{3}\,y = 0 \rightarrow y = -\frac{\sqrt{3}}{3}$$

Então, para $x = -\frac{2\sqrt{3}}{3}$, temos como ponto crítico $P_2\left(-\frac{2\sqrt{3}}{3}, -\frac{\sqrt{3}}{3}, f\left(-\frac{2\sqrt{3}}{3}, -\frac{\sqrt{3}}{3}\right)\right)$.

Vamos calcular as derivadas parciais de segunda ordem para poder classificar os pontos críticos.

$$f_{xx} = 6x - 6y$$

$$f_{yy} = 0$$

$$f_{xy} = -6x$$

$$H(x,y) = \begin{vmatrix} 6x - 6y & -6x \\ -6x & 0 \end{vmatrix} = -36x^2$$

Ponto crítico	$D = H(x_0, y_0)$	A	Classificação
$P_1\left(\frac{2\sqrt{3}}{3}, \frac{\sqrt{3}}{3}, f\left(\frac{2\sqrt{3}}{3}, \frac{\sqrt{3}}{3}\right)\right)$	–48		Ponto de sela
$P_2\left(-\frac{2\sqrt{3}}{3}, -\frac{\sqrt{3}}{3}, f\left(-\frac{2\sqrt{3}}{3}, -\frac{\sqrt{3}}{3}\right)\right)$	–48		Ponto de sela

Resposta: Os dois pontos críticos são pontos de sela.

P 2.30 Classificar os pontos críticos de:

a) $f(x,y) = x^2 + 2y^2 + 2x - 4y + 2$

b) $f(x,y) = x^2y - 2x^2 + 2y^2 - 12y + 3$

c) $f(x,y) = 2x^3 + 3y^2 - 12xy + 3$

d) $f(x,y) = 6xy - x^3 - y^3 + 4$

e) $f(x,y) = x^4 - 2x^2y + 2y^2 - 8y$

f) $f(x,y) = x^3 - 2xy + y - y^2$

R 2.31 Estudar os máximos/mínimos da função $f(x,y) = x^2y$, restrita à elipse de equação $x^2 + 2y^2 = 4$.

Resolução:

Vamos escrever a função de Lagrange:

$$L(x,y,\lambda) = f(x,y) - \lambda g(x,y) = x^2y - \lambda\left(x^2 + 2y^2 - 4\right)$$

E agora vamos calcular as derivadas parciais e igualar a zero:

$$L_x = 2xy - 2x\lambda = 0 \tag{1}$$

$$L_y = x^2 - 4y\lambda = 0 \tag{2}$$

$$L_\lambda = -\left(x^2 + 2y^2 - 4\right) = 0 \tag{3}$$

Da Equação (1), podemos escrever:

$$2xy - 2x\lambda = 0 \rightarrow 2x(y - \lambda) = 0 \rightarrow x = 0 \text{ ou } y = \lambda$$

Se $x = 0$ e da Equação (3),

$$2y^2 - 4 = 0 \rightarrow y^2 = 2 \rightarrow y = \pm\sqrt{2}$$

Então, temos $P_1\left(0,\sqrt{2}\right)$ e $P_2\left(0,-\sqrt{2}\right)$. Se $y = \lambda$, da Equação (2) temos que:

$$x^2 - 4\lambda^2 = 0 \rightarrow x^2 = 4\lambda^2 \rightarrow x = \pm 2\lambda$$

Substituindo na Equação (3),

$$4\lambda^2 + 2\lambda^2 = 4 \rightarrow \lambda = \pm\sqrt{\frac{2}{3}}$$

Ainda teremos os seguintes pontos, que devemos analisar:

$$P_3\left(2\sqrt{\frac{2}{3}},\sqrt{\frac{2}{3}}\right);\ P_4\left(-2\sqrt{\frac{2}{3}},\sqrt{\frac{2}{3}}\right);\ P_5\left(2\sqrt{\frac{2}{3}},-\sqrt{\frac{2}{3}}\right) \text{ e } P_6\left(-2\sqrt{\frac{2}{3}},-\sqrt{\frac{2}{3}}\right).$$

$$f(P_1) = f\left(0,\sqrt{2}\right) = 0^2.\sqrt{2} = 0$$

$$f(P_2) = f\left(0,-\sqrt{2}\right) = 0^2\left(-\sqrt{2}\right) = 0$$

$$f(P_3) = f\left(2\sqrt{\frac{2}{3}},\sqrt{\frac{2}{3}}\right) = \left(2\sqrt{\frac{2}{3}}\right)^2\left(\sqrt{\frac{2}{3}}\right) = \frac{8\sqrt{2}}{3\sqrt{3}}$$

$$f(P_4) = f\left(-2\sqrt{\frac{2}{3}},\sqrt{\frac{2}{3}}\right) = \left(-2\sqrt{\frac{2}{3}}\right)^2\left(\sqrt{\frac{2}{3}}\right) = \frac{8\sqrt{2}}{3\sqrt{3}}$$

$$f(P_5) = f\left(2\sqrt{\frac{2}{3}},-\sqrt{\frac{2}{3}}\right) = \left(2\sqrt{\frac{2}{3}}\right)^2\left(-\sqrt{\frac{2}{3}}\right) = -\frac{8\sqrt{2}}{3\sqrt{3}}$$

$$f(P_6)=f\left(-2\sqrt{\frac{2}{3}},-\sqrt{\frac{2}{3}}\right)=\left(-2\sqrt{\frac{2}{3}}\right)^2\left(-\sqrt{\frac{2}{3}}\right)=-\frac{8\sqrt{2}}{3\sqrt{3}}$$

Resposta: Logo, P_3 e P_4 são pontos de máximo e P_5 e P_6 são pontos de mínimo condicionados da função.

P 2.32 Determinar o ponto do plano $x+2y+4z-3=0$ mais próximo da origem.

P 2.33 Determinar o ponto da curva $y^2=2x$, no 1º quadrante, de distância mínima até o ponto $A(1,2)$.

P 2.34 Determinar os pontos de máximos/mínimos do plano $z=4x+6y$ restrito à circunferência $x^2+y^2=4$.

P 2.35 Dentre todos os retângulos de perímetro 20 cm, determinar as dimensões do retângulo de área máxima.

P 2.36 Determinar o ponto do plano $x+3y+2z+6=0$ cuja distância do ponto $A(1,1,1)$ seja mínima.

P 2.37 Determinar os valores máximos/mínimos do paraboloide $f(x,y)=x^2+y^2$, restrito ao plano $x+y=4$.

R 2.38 Se o escoamento de um fluido é representado pelo campo de velocidade dado por $\vec{v}(x,y,z)=(4x-2z)\vec{i}-(z^2+4y)\vec{j}+3x\vec{k}$, verificar se o escoamento é incompressível.

Resolução:

Devemos verificar se $div\,\vec{v}=0$.

$$\frac{\partial v_1}{\partial x}=4;\ \frac{\partial v_2}{\partial y}=-4 \text{ e } \frac{\partial v_3}{\partial z}=0$$

$$div\,\vec{v}=\frac{\partial v_1}{\partial x}+\frac{\partial v_2}{\partial y}+\frac{\partial v_3}{\partial z}=4-4+0=0$$

Resposta: Logo, o escoamento é incompressível.

P 2.39 Dado o campo de velocidade, verificar se o escoamento é incompressível:

a) $\vec{v}(x,y)=(x^2+y)\vec{i}-(3xy)\vec{j}$

b) $\vec{v}(x,y,z)=x\vec{i}+2y\vec{j}-3z\vec{k}$

c) $\vec{v}(x,y,z)=(x^2+2y)\vec{i}-(3x+2y^2)\vec{j}-(2xz-4yz)\vec{k}$

d) $\vec{v}(x,y,z)=2xz\vec{i}-2yz\vec{j}+(x^2+3y)\vec{k}$

e) $\vec{v}(x,y,z)=(4xy-2z)\vec{i}+(z^2+4y^2)\vec{j}-12yz\vec{k}$

R 2.40 Verificar se o campo vetorial $\vec{f}(x,y,z)=(yz+2)\vec{i}+(xz-2y)\vec{j}+(xy+3z^2)\vec{k}$ é conservativo. Se for conservativo, determinar a função potência.

Resolução:

Vamos determinar $rot\vec{f}$:

$$rot\,\vec{f}=\begin{vmatrix}\vec{i} & \vec{j} & \vec{k}\\ \dfrac{\partial}{\partial x} & \dfrac{\partial}{\partial y} & \dfrac{\partial}{\partial z}\\ yz+2 & xz-2y & xy+3z^2\end{vmatrix}=(x-x)\vec{i}+(y-y)\vec{j}+(z-z)\vec{k}=\vec{0}$$

Logo, o campo vetorial é conservativo e, segundo o teorema, existe uma função $u=u(x,y,z)$ tal que $\vec{f}=\vec{\nabla}u$. Ou seja,

$$\frac{\partial u}{\partial x}=yz+2 \qquad (1)$$

$$\frac{\partial u}{\partial y}=xz-2y \qquad (2)$$

$$\frac{\partial u}{\partial z}=xy+3z^2 \qquad (3)$$

Vamos integrar a Equação (1) com relação a x:

$$u(x,y,z)=\int(yz+2)dx=xyz+2x+h(y,z)(*)$$

Observe que $h(y,z)$ é uma função constante com relação a x. Vamos derivar (*) com relação a y e igualar à Equação (2):

$$\frac{\partial u}{\partial y}=xz+\frac{\partial h}{\partial y}\overset{(2)}{=}xz-2y$$

Ou seja, $\dfrac{\partial h}{\partial y} = -2y$, a função $h(y,z) = \int -2y dy = -y^2 + g(z)$. Então,

$$u(x,y,z) = xyz + 2x - y^2 + g(z)(**)$$

Derivando (**) com relação a z e igualando à Equação (3), temos:

$$\frac{\partial u}{\partial z} = xy + g'(z) \overset{(3)}{=} xy + 3z^2$$

Seguindo que $g'(z) = 3z^2$, ou seja, $g(z) = \int 3z^2 dz = z^3 + c$. Por fim, temos que a função potência de $\vec{f}$ é dada por:

$$u(x,y,z) = xyz + 2x - y^2 + z^3 + c$$

Resposta: $\vec{f}$ é conservativo e sua função potencial é $u(x,y,z) = xyz + 2x - y^2 + z^3 + c$.

P 2.41 Verificar se o campo vetorial é conservativo. Se for conservativo, determinar a função potência.

a) $\vec{f}(x,y,z) = (yze^x + 2)\vec{i} + (ze^x + 3y)\vec{j} + (ye^x - 2z)\vec{k}$

b) $\vec{f}(x,y,z) = (2xyz + 2x)\vec{i} + (x^2z + 3)\vec{j} + (x^2y + 4z)\vec{k}$

c) $\vec{f}(x,y,z) = (ze^x \operatorname{sen} y - 1)\vec{i} + (ze^x \cos y + 3y)\vec{j} + (e^x \operatorname{sen} y + 2z^2)\vec{k}$

d) $\vec{f}(x,y,z) = (6xz + y.\operatorname{sen}(xy))\vec{i} + (x.\operatorname{sen}(xy) + 2y)\vec{j} + (3x^2 + 1)\vec{k}$

RESPOSTAS DOS EXERCÍCIOS PROPOSTOS

P 2.2

a) $f_x = 6x + 4y^3$; $f_y = 12xy^2$

b) $f_x = f_y = e^{x+y}$

P 2.4

a) $f_x = 2xy^3 + 2y^2 - 2$; $f_y = 3x^2y^2 + 4xy$

b) $f_x = y^2e^{xy^2} - 2y^2\operatorname{sen}(2xy^2)$; $f_y = 2xye^{xy^2} - 4xy\operatorname{sen}(2xy^2)$

c) $f_x = \dfrac{y^2 - x^2}{x\left(x^2 + y^2\right)}$; $f_y = \dfrac{x^2 - y^2}{y\left(x^2 + y^2\right)}$

d) $f_x = 3\cos\left(3x + 2y\right)e^{\text{sen}(3x+2y)}$; $\text{f}_y = 2\cos\left(3x + 2y\right)e^{\text{sen}(3x+2y)}$

e) $f_x = \dfrac{6xy^5}{\left(x^2 + y^2\right)^2}$; $f_y = \dfrac{9x^4y^2 + 3x^2y^4}{\left(x^2 + y^2\right)^2}$

f) $f_x = \text{arctg}\left(\dfrac{2y}{x}\right) - \dfrac{2xy}{x^2 + 4y^2}$; $f_y = \dfrac{2x^2}{x^2 + 4y^2}$

g) $f_x = \dfrac{x}{x^2 + y^2}$; $f_y = \dfrac{y}{x^2 + y^2}$

h) $f_x = -\pi\text{sen}\left(\pi x\right)y.e^{\cos(\pi x)}$; $f_y = e^{\cos(\pi x)}$

i) $f_x = \sec\left(x^2y\right) + 2x^2y.\sec\left(x^2y\right).\text{tg}\left(x^2y\right)$; $f_y = x^3\sec\left(x^2y\right).\text{tg}\left(x^2y\right)$

j) $f_x = 2^{\ln(x+2y)}\dfrac{\ln 2}{x + 2y}$; $f_y = 2^{\ln(x+2y)}\dfrac{2\ln 2}{x + 2y}$

P 2.6

a) $f_x\left(5,1\right) = \dfrac{16}{25}$; $f_y\left(5,1\right) = -\dfrac{17}{5}$

b) $f_x\left(1,1\right) = -\pi$; $f_y\left(1,1\right) = 0$

c) $f_x\left(1,1\right) = 24.\ln 2 - 1$; $f_y\left(1,1\right) = 48.\ln 2 - 2$

P 2.8

a) $f_x = \dfrac{3}{3x + 2y - 4z}$; $f_y = \dfrac{2}{3x + 2y - 4z}$; $f_z = \dfrac{-4}{3x + 2y - 4z}$

b) $f_x = y^{x^2z}.\ln y.2xz + \sqrt{2x + z} + \dfrac{x}{\sqrt{2x + z}}$; $f_y = x^2z.y^{x^2z-1}$;

$f_x = y^{x^2z}.\ln y.x^2 + \dfrac{x}{2\sqrt{2x + z}}$

c) $f_x = z \,.\, e^{xz}.\text{tg}\left(3xy^2z^2\right) + 3y^2z^2.\, e^{xz}.\, \sec^2\left(3xy^2z^2\right);\ f_y = 6xyz^2.\, e^{xz}.\, \sec^2\left(3xy^2z^2\right);$

$f_z = x \,.\, e^{xz}.\, \text{tg}\left(3xy^2z^2\right) + 6xy^2z \,.\, e^{xz}.\, \sec^2\left(3xy^2z^2\right)$

d) $f_x = \cos\left(x^2 + 3yz\right) - 2x^2.\, \text{sen}\left(x^2 + 3yz\right); f_y - 3xz \,.\, \text{sen}\left(x^2 + 3yz\right);$

$f_z = -3xy \,.\, \text{sen}\left(x^2 + 3yz\right)$

e) $f_x = 2xyz^3e^{y-z} + \dfrac{1}{x};\ f_y = x^2z^3e^{y-z} + x^2yz^3e^{y-z} + \dfrac{1}{y};$

$f_z = 3x^2yz^2e^{y-z} - x^2yz^3e^{y-z} + \dfrac{1}{z}$

P 2.11

a) $f_{xx} = \dfrac{-9}{(3x+4y)^2};\ f_{yy} = \dfrac{-16}{(3x+4y)^2};\ f_{xy} = f_{yx} = \dfrac{-12}{(3x+4y)^2}$

b) $f_{xx} = \left(2y^2 + 4x^2y^4\right)e^{x^2y^2};\ f_{yy} = \left(2x^2 + 4x^4y^2\right)e^{x^2y^2};$

$f_{xy} = f_{yx} = \left(4xy + 4x^3y^3\right)e^{x^2y^2}$

c) $f_{xx} = \left(2y + 10x^2y + 4x^4y\right)e^{x^2} + \dfrac{6}{x^4y^3};\ f_{yy} = \dfrac{12}{x^2y^5};$

$f_{xy} = f_{yx} = \left(2x + 2x^3\right)e^{x^2} + \dfrac{6}{x^3y^4}$

P 2.12 É harmônica.

P 2.14 Satisfaz.

P 2.15 $f_{yxx} = -18\cos\left(3x + 2y + 4z\right)$

P 2.16 $f_{yyy} = -72x$

P 2.18 $\frac{dz}{dt} = \frac{2}{t} + \frac{3}{3t-1}$

P 2.19 $\frac{dz}{dt} = 3t^2 . \cos\left(2t^4\right) - 8t^6 \operatorname{sen}\left(2t^4\right)$

P 2.21 $\vec{\nabla} f(1,1) = \vec{i} + 3\vec{j}$.

P 2.23

a) $D_{\vec{u}} f\left(1, \frac{\pi}{2}\right) = \frac{6\sqrt{5}}{5}$ e $D_{MÁX} = 3$.

b) $D_{\vec{u}} f(0,1) = \frac{9}{5}$ e $D_{MÁX} = \sqrt{10}$.

c) $D_{\vec{u}} f\left(\frac{\pi}{4}, e\right) = \frac{(1+2e)\sqrt{2}}{2}$ e $D_{MÁX} = \sqrt{1+4e^2}$.

d) $D_{\vec{u}} f(2,0,2) = \frac{3}{2}$ e $D_{MÁX} = \frac{\sqrt{1034}}{8}$.

e) $D_{\vec{u}} f(1,1,1) = \frac{8}{3}$ e $D_{MÁX} = 5\sqrt{5}$.

P 2.25

a) $2x - 2y - z - 3 = 0$;

b) $x - z + 1 = 0$;

c) $4x + 3y - z - 4 = 0$;

d) $3x - 2y - 7z + 7.\ln 7 - 8 = 0$.

P 2.26 $4x - 2y - z - 24 = 0$.

P 2.27 $12x - 8y - 4z - 25 = 0$.

P 2.28 $4x + y - 2z - 1 = 0$.

P 2.30

a) $\mathrm{P}\left(-1,1,f\left(-1,1\right)\right)$ – ponto de mínimo

b) $P_1\left(0,3,f\left(0,3\right)\right)$ – ponto de mínimo; $P_2\left(2,2,f\left(2,2\right)\right)$ – ponto de sela;
$P_3\left(-2,2,f\left(-2,2\right)\right)$ – ponto de sela.

c) $P_1\left(0,0,3\right)$ – ponto de sela; $P_2\left(4,8,f\left(4,8\right)\right)$ – ponto de mínimo.

d) $P_1\left(0,0,4\right)$ – ponto de sela; $P_2\left(2,2,f\left(2,2\right)\right)$ – ponto de máximo.

e) $P_1\left(0,2,f\left(0,2\right)\right)$ – ponto de sela; $P_2\left(2,4,f\left(2,4\right)\right)$ – ponto de mínimo;
$P_3\left(-2,4,f\left(-2,4\right)\right)$ – ponto de mínimo.

f) $P_1\left(-1,\frac{3}{2},f\left(-1,\frac{3}{2}\right)\right)$ – ponto de máximo; $P_2\left(\frac{1}{3},\frac{1}{6},f\left(\frac{1}{3},\frac{1}{6}\right)\right)$ – ponto de sela.

P 2.32 $P\left(\frac{1}{7},\frac{2}{7},\frac{4}{7}\right).$

P 2.33 $P\left(\sqrt[3]{2},\sqrt[3]{4}\right).$

P 2.34 $P_1\left(-\frac{4}{\sqrt{13}},-\frac{6}{\sqrt{13}},-\frac{52}{\sqrt{13}}\right)$ – ponto de mínimo;

$P_2\left(\frac{4}{\sqrt{13}},\frac{6}{\sqrt{13}},\frac{52}{\sqrt{13}}\right)$ – ponto de máximo.

P 2.35 $x = y = 5.$

P 2.36 $P\left(\frac{1}{7},-\frac{11}{7},-\frac{5}{7}\right).$

P 2.37 $P\left(2,2\right)$ – ponto de mínimo.

P 2.39

a) O escoamento não é incompressível.

b) O escoamento é incompressível.

c) O escoamento é incompressível.

d) O escoamento é incompressível.

e) O escoamento é incompressível.

P 2.41 Verificar se o campo vetorial é conservativo. Se for conservativo, determinar a função potência.

a) $\vec{f}$ é conservativo e sua função potencial é $u(x,y,z) = yze^x + 2x + \dfrac{3y^2}{2} - z^2 + c.$

b) $\vec{f}$ é conservativo e sua função potencial é $u(x,y,z) = x^2yz + x^2 + 3y + 2z^2 + c.$

c) $\vec{f}$ é conservativo e sua função potencial é

$$u(x,y,z) = ze^x \text{sen } y - x + \frac{3y^2}{2} + \frac{2z^3}{3} + c.$$

d) $\vec{f}$ é conservativo e sua função potencial é
$u(x,y,z) = 3x^2z - \cos(xy) + y^2 + z + c.$

3 INTEGRAIS DUPLAS E TRIPLAS

Neste capítulo, estenderemos a ideia de integrais definidas para integrais duplas de funções de duas variáveis $f(x,y)$ sobre uma região no plano e integrais triplas de funções de três variáveis $f(x,y,z)$ sobre uma região no espaço. Essas ideias serão utilizadas para calcular volumes, áreas de superfícies e para muitas outras aplicações tecnológicas.

3.1 INTEGRAIS DUPLAS

Seja uma função $f{:}D \subset \mathbb{R}^2 \to \mathbb{R}$, de duas variáveis, contínua, definida em uma região D fechada, limitada e simples, ou seja, sem autointerseções. Passemos retas paralelas aos eixos dos x e dos y, formando, assim, uma rede de retângulos. Considerando apenas os retângulos inteiramente contidos na região D, vamos numerá-los de 1 a n.

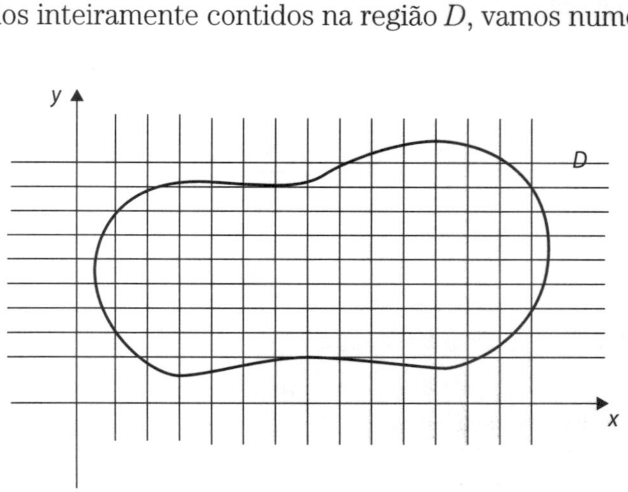

Figura 3.1

Observamos que cada retângulo tem área $\Delta A_i = \Delta x_i \Delta y_i$, para $i = 1 \ldots n$. Em cada retângulo D_i, escolhemos o ponto médio (x_i, y_i) e calculamos a função neste ponto: $f(x_i, y_i)$. Se $f(x,y) \geq 0$, para cada $i = 1 \ldots n$, a quantidade $f(x_i, y_i)\Delta A_i$ representa o volume do paralelepípedo de base retangular D_i e altura $f(x_i, y_i)$.

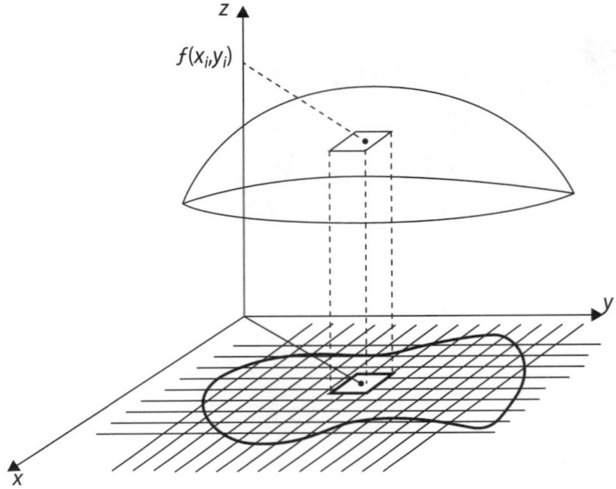

Figura 3.2

Se adicionarmos os volumes de todos os paralelepípedos de $i = 1 \ldots n$, temos a soma de Riemann, que é dada por:

$$S = \sum_{i=1}^{n} f(x_i, y_i)\Delta A_i$$

Observe que esta soma aproxima o volume do sólido formado entre a função e a região do plano D. Quanto maior o número de retângulos, mais próximo do volume real estará a soma. Definimos a integral dupla de $f(x,y)$ sobre D, ao limite da soma, se o limite existir e for finito:

$$\iint_D f(x,y)\,dA = \lim_{n \to \infty} \sum_{i=1}^{n} f(x_i, y_i)\Delta A_i$$

Foto: Wikipédia.

Matemático alemão e gênio da matemática moderna, além de trabalhar com cálculo, fez diversas descobertas na geometria, demonstrando que existem diferentes tipos de espaços de três dimensões.

GEORG FRIEDRICH BERNHARD RIEMANN

(1826-1866)

3.1.1 CÁLCULO DAS INTEGRAIS DUPLAS EM REGIÕES RETANGULARES

Dada uma função $f: D \subset \mathbb{R}^2 \to \mathbb{R}$, de duas variáveis, como vimos no Capítulo 2, as derivadas parciais de $f(x,y)$ são calculadas mantendo-se uma das variáveis fixa e diferenciando a função em relação a outra variável. Analogamente, para integrais parciais temos:

a) $\int_a^b f(x,y)dx$ é denominada integral parcial definida em relação a x, e é calculada mantendo-se y fixo e olhando $f(x,y)$ como uma função apenas de x;

b) $\int_c^d f(x,y)dy$ é denominada integral parcial definida em relação a y, e é calculada mantendo-se x fixo e olhando $f(x,y)$ como uma função apenas de y.

Esse processo de integração em dois estágios é denominado integração iterada (ou repetida).

$$\iint_R f(x,y)dA = \int_c^d \left[\int_a^b f(x,y)dx \right] dy$$

E pelo Teorema de Fubini, no caso de a região ser retangular, a integral iterada pode ser escrita do seguinte modo,

$$\iint_R f(x,y)dA = \int_c^d \left[\int_a^b f(x,y)dx \right] dy = \int_a^b \left[\int_c^d f(x,y)dy \right] dx$$

GUIDO FUBINI
(1879-1943)

Matemático italiano, é mais conhecido pelo seu teorema, mas trabalhou em análise, equações diferenciais, matemática aplicada e várias outras áreas da matemática. Mudou-se para os Estados Unidos em 1939, pois era judeu e havia uma perseguição do fascismo de Mussolini.

Foto: Wikipédia.

3.1.2 PROPRIEDADES OPERATÓRIAS DAS INTEGRAIS DUPLAS

Dadas $f(x,y)$ e $g(x,y)$ funções de duas variáveis, contínuas, definidas em uma região fechada e limitada $R \subset \mathbb{R}^2$ e $c \in \mathbb{R}$, então, as seguintes propriedades são válidas:

1) $\iint_R c.f(x,y)dA = c.\iint_R f(x,y)dA$;

2) $\iint_R [f(x,y) + g(x,y)]dA = \iint_R f(x,y)dA + \iint_R g(x,y)dA$;

3) Se $f(x,y) \geq 0$ em R, então, $\iint_R f(x,y)dA \geq 0$;

4) Se $f(x,y) \geq g(x,y)$ em R, então, $\iint_R f(x,y)dA \geq \iint_R g(x,y)dA$;

5) Sejam R_1 e R_2 duas regiões contidas em R tais que $R = R_1 \cup R_2$ e $R_1 \cap R_2 = \varnothing$, então, $\iint_R f(x,y)dA = \iint_{R_1} f(x,y)dA + \iint_{R_2} f(x,y)dA$.

Exemplos:

E 3.1 Calcular a integral dupla $\iint_R (2x^2 + 3y)dA$, onde R é a região de pontos no plano tais que $-1 \leq x \leq 2$ e $1 \leq y \leq 4$.

Resolução:

Aplicando as integrais iteradas,

$$\iint_R (2x^2 + 3y)dA = \int_1^4 \left[\int_{-1}^2 (2x^2 + 3y)dx \right] dy = \int_1^4 \left[\frac{2x^3}{3} + 3xy \right] \Bigg|_{-1}^{2} dy$$

$$= \int_1^4 \left[\left(\frac{2.2^3}{3} + 3.2y \right) - \left(\frac{2.(-1)^3}{3} + 3.(-1)y \right) \right] dy$$

$$= \int_1^4 \left[\left(\frac{16}{3} + 6y \right) - \left(\frac{-2}{3} - 3y \right) \right] dy = \int_1^4 (6 + 9y)dy = \left(6y + \frac{9y^2}{2} \right) \Bigg|_1^4$$

$$= \left[\left(6.4 + \frac{9.4^2}{2} \right) - \left(6.1 + \frac{9.1^2}{2} \right) \right] = 24 + 72 - 6 - \frac{9}{2} = 90 - \frac{9}{2}$$

$$= \frac{171}{2} = 85{,}5$$

Como exercício, vamos calcular o mesmo exemplo, mudando os limites de integração e

$$\iint_R (2x^2 + 3y)dA = \int_{-1}^2 \left[\int_1^4 (2x^2 + 3y)dy \right] dx = \int_{-1}^2 \left[2x^2y + \frac{3y^2}{2} \right] \Bigg|_1^4 dx$$

$$= \int_{-1}^2 \left[\left(2x^2.4 + \frac{3.4^2}{2} \right) - \left(2x^2.1 + \frac{3.1^2}{2} \right) \right] dx$$

$$= \int_{-1}^2 \left[(8x^2 + 24) - \left(2x^2 + \frac{3}{2} \right) \right] dx = \int_{-1}^2 \left(6x^2 + \frac{45}{2} \right) dx$$

$$= \left(\frac{6x^3}{3} + \frac{45x}{2} \right) \Bigg|_{-1}^{2} = \left[\left(2.2^3 + \frac{45.2}{2} \right) - \left(2.(-1)^3 + \frac{45(-1)}{2} \right) \right]$$

$$= 16 + 45 + 2 + \frac{45}{2} = 63 + \frac{45}{2} = \frac{126 + 45}{2} = \frac{171}{2} = 85{,}5$$

Resposta: 85,5.

E 3.2 Calcular o volume do sólido limitado pela superfície $f(x,y) = 4 - \frac{1}{9}x^2 - \frac{1}{16}y^2$, os planos $x = 3$ e $y = 2$ e os três planos coordenados.

Resolução:

Observe que a superfície é um paraboloide, pois, fixando valores para x ou para y, temos parábolas como cortes. Como a limitação está entre os planos coordenados e os planos $x = 3$ e $y = 2$, temos que as variações nos limites de integração são

$$0 \leq x \leq 3 \text{ e } 0 \leq y \leq 2$$

Então,

$$V = \int_0^3 \int_0^2 \left(4 - \frac{1}{9}x^2 - \frac{1}{16}y^2 \right) dydx = \int_0^3 \left[\int_0^2 \left(4 - \frac{1}{9}x^2 - \frac{1}{16}y^2 \right) dy \right] dx$$

$$= \int_0^3 \left[4y - \frac{1}{9}x^2 y - \frac{y^3}{48} \right] \Bigg|_0^2 dx$$

$$= \int_0^3 \left[\left(4.2 - \frac{1}{9}x^2.2 - \frac{2^3}{48} \right) - \left(4.0 - \frac{1}{9}x^2.0 - \frac{0^3}{48} \right) \right] dx$$

$$= \int_0^3 \left[\left(-\frac{2}{9}x^2 + \frac{47}{6} \right) \right] dx = \left(-\frac{2x^3}{27} + \frac{47x}{6} \right) \Bigg|_0^3$$

$$= \left[\left(-\frac{2.3^3}{27} + \frac{47.3}{6} \right) - \left(-\frac{2.0^3}{27} + \frac{47.0}{6} \right) \right] = -2 + \frac{47}{2} = \frac{-4 + 47}{2} = \frac{43}{2}$$

$$= 21{,}5$$

Resposta: O volume é 21,5 unidades cúbicas.

E 3.3 Calcular o volume da região delimitada superiormente pelo paraboloide elíptico $z = 10 + x^2 + 3y^2$ e inferiormente pelo retângulo R: $0 \leq x \leq 1$ e $0 \leq y \leq 2$.

Resolução:

A integral se resume em

$$V = \int_0^1 \int_0^2 \left(10 + x^2 + 3y^2\right) dy dx = \int_0^1 \left[\int_0^2 \left(10 + x^2 + 3y^2\right) dy \right] dx$$

$$= \int_0^1 \left[10y + x^2 y + y^3\right]\Big|_0^2 dx = \int_0^1 \left[\left(10.2 + x^2.2 + 2^3\right) - \left(10.0 + x^2.0 + 0^3\right)\right]\Big|_0^2 dx$$

$$= \int_0^1 \left(28 + 2x^2\right) dx = \left(28x + \frac{2x^3}{3}\right)\Bigg|_0^1 = 28 + \frac{2}{3} = \frac{84 + 2}{3} = \frac{86}{3}$$

Resposta: O volume é $\frac{86}{3}$ unidades cúbicas.

3.1.3 INTEGRAIS EM REGIÕES ESPECIAIS

Vamos calcular as integrais duplas em regiões em que uma das variáveis está limitada entre constantes e a outra variável, entre expressões algébricas.

Seja R a região descrita da seguinte forma:

$$R = \left\{(x,y) \in \mathbb{R}^2 \,/\, a \leq x \leq b \quad \text{e} \quad g_1(x) \leq y \leq g_2(x)\right\}$$

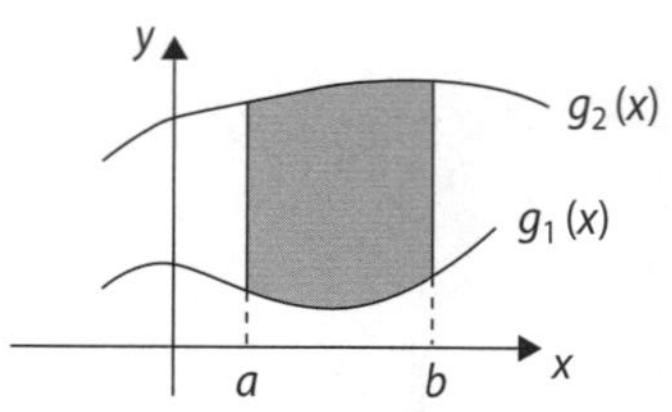

Figura 3.3

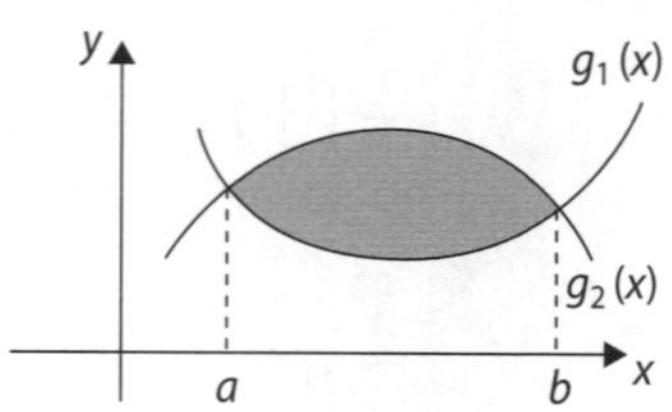

Figura 3.4

Então, a integral dupla de uma função $f(x,y)$ contínua, de modo que $R \subset D(f)$, é dada por:

$$\iint_R f(x,y) dA = \int_a^b \left[\int_{g_1(x)}^{g_2(x)} f(x,y) dy \right] dx$$

Mas, se a região R é descrita da seguinte forma:

$$R = \{(x,y) \in \mathbb{R}^2 / h_1(y) \le x \le h_2(y) \ e \ c \le y \le d\}$$

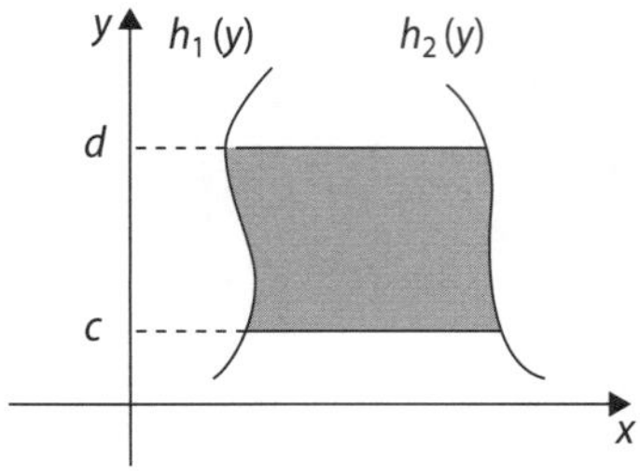

Figura 3.5

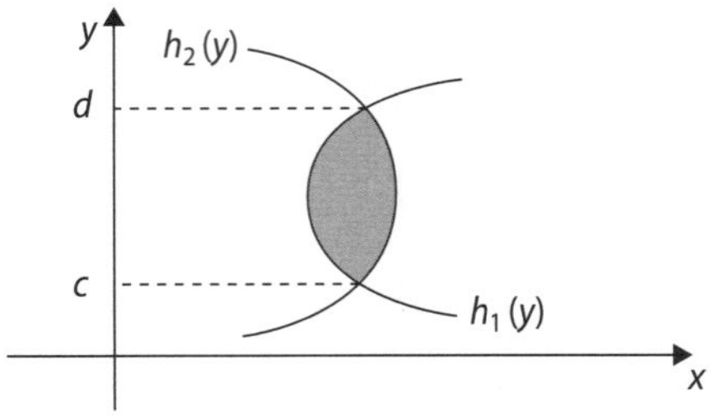

Figura 3.6

Então, a integral dupla de uma função $f(x,y)$ contínua, de modo que $R \subset \mathrm{D}(\mathrm{f})$, é dada por:

$$\iint_R f(x,y)dA = \int_c^d \left[\int_{h_1(y)}^{h_2(y)} f(x,y)dx \right] dy$$

Exemplos:

E 3.4 Calcular a integral dupla $\iint_R xydA$, onde R é a região limitada pelas retas

$$y = 0; \ y = 2x \ \text{e} \ x = 2.$$

Resolução:

Representando graficamente a região,

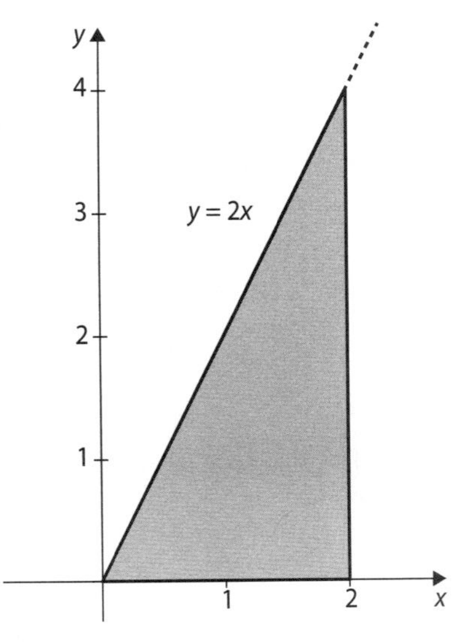

Observamos que a região é um triângulo e

$$0 \le x \le 2 \text{ e } 0 \le y \le 2x$$

Logo,

$$\iint_R xy\,dA = \int_0^2 \left[\int_0^{2x} xy\,dy \right] dx = \int_0^2 \left[x \frac{y^2}{2} \right] \Bigg|_0^{2x} dx$$

$$= \int_0^2 \left[\left(x \frac{(2x)^2}{2} \right) - \left(x \frac{0^2}{2} \right) \right] dx = 2\int_0^2 x^3 dx = 2\left[\frac{x^4}{4} \right] \Bigg|_0^2 = \frac{1}{2} \,.\, 2^4 = 8$$

Resposta: A integral dupla vale 8.

E 3.5 Calcular a integral dupla $\iint_R \left(x^2 + 2xy\right) dA$, onde R é a região limitada pelas retas

$$x = 0;\ x = 2;\ y = 0 \text{ e } y = 1.$$

Resolução:

Representando graficamente a região,

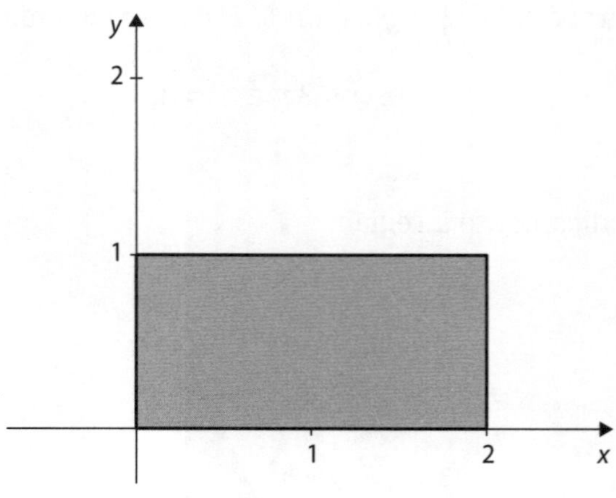

Observamos que a região é um retângulo e $0 \le x \le 2$ e $0 \le y \le 1$.

Logo,

$$I = \iint_R \left(x^2 + 2xy\right) dA = \int_0^2 \left[\int_0^1 \left(x^2 + 2xy\right) dy \right] dx = \int_0^2 \left[x^2 y + xy^2 \right] \Bigg|_0^1 dx$$

$$= \int_0^2 \left[\left(x^2.1 + x1^2\right) - \left(x^2.0 + x\,.\,0^2\right)\right] dx = \int_0^2 \left(x^2 + x\right) dx = \left[\frac{x^3}{3} + \frac{x^2}{2}\right]\Bigg|_0^2 = \frac{8}{3} + 2 = \frac{8+6}{3} = \frac{14}{3}$$

Resposta: $I = \dfrac{14}{3}$.

E 3.6 Calcular $\iint_R (x.\cos y)\,dA$, onde R é a região limitada por

$$y = 0;\ y = x^2 \text{ e } x = \sqrt{\frac{\pi}{2}}.$$

Resolução:

Representando graficamente a região,

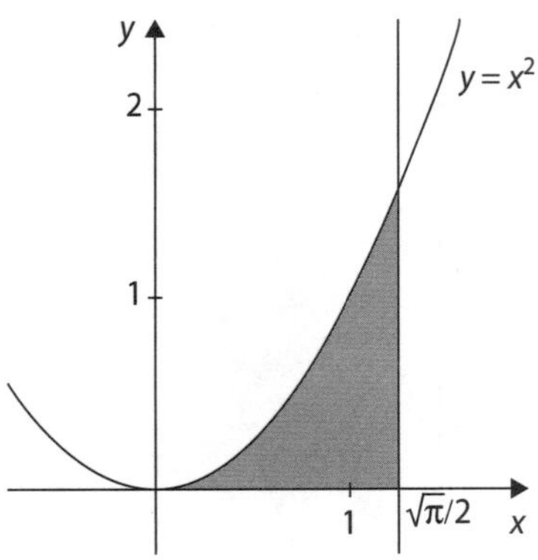

Observamos que a região varia da seguinte maneira,

$$0 \le x \le \sqrt{\frac{\pi}{2}} \text{ e } 0 \le y \le x^2$$

Logo,

$$I = \iint_R (x \cdot \cos y)\,dA = \int_0^{\sqrt{\frac{\pi}{2}}} \left[\int_0^{x^2} (x \cdot \cos y)\,dy\right] dx = \int_0^{\sqrt{\frac{\pi}{2}}} \left[x \cdot \operatorname{sen} y\right]\Bigg|_0^{x^2} dx$$

$$= \int_0^{\sqrt{\frac{\pi}{2}}} \left[\left(x \cdot \operatorname{sen}\, x^2\right) - \left(x \cdot \operatorname{sen}\, 0\right)\right] dx = \int_0^{\sqrt{\frac{\pi}{2}}} \left(x \cdot \operatorname{sen}\, x^2\right) dx$$

Fazendo substituição de variável,

$$t = x^2 \rightarrow dt = 2x\,dx \rightarrow x\,dx = \frac{dt}{2}$$

$$I = \int_0^{\sqrt{\frac{\pi}{2}}} \left(x.\text{sen}\, x^2\right) dx = -\frac{1}{2}\left[\cos x^2\right]_0^{\sqrt{\frac{\pi}{2}}} = -\frac{1}{2}\left[\cos\left(\frac{\pi}{2}\right) - \cos 0\right] = -\frac{1}{2}[0-1] = \frac{1}{2}$$

Resposta: $I = \frac{1}{2}$.

E 3.7 Calcular por integral dupla a área da região no plano xy, limitada pelas curvas $y = x^2$ e $y = 4x - x^2$.

Resolução:

Representando graficamente a região, vamos determinar os pontos de interseção das curvas, $x^2 = 4x - x^2 \rightarrow 2x^2 - 4x = 0 \rightarrow 2x(x-2) = 0 \rightarrow x = 0$ ou $x = 2$.

Logo, a variação da região pode ser dada por $0 \leq x \leq 2$ e $x^2 \leq y \leq 4x - x^2$.

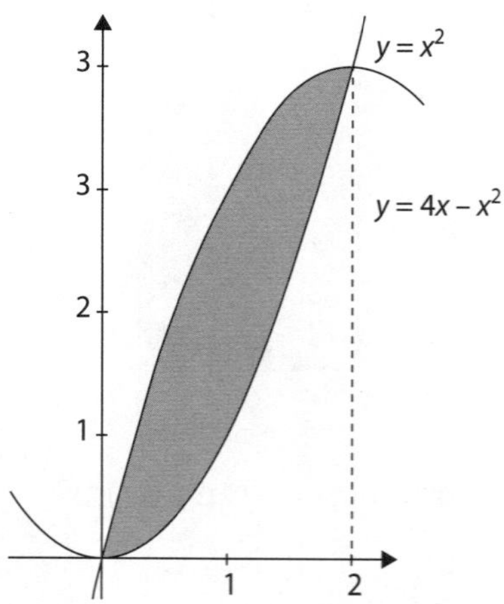

Então,

$$A = \iint_R 1 dA = \int_0^2 \left[\int_{x^2}^{4x-x^2} 1 dy\right] dx = \int_0^2 \left[\left(4x - x^2\right) - x^2\right] dx$$

$$= \int_0^2 \left(4x - 2x^2\right) dx = \left[4\frac{x^2}{2} - 2\frac{x^3}{3}\right]_0^2 = 2.2^2 - 2.\frac{8}{3} = \frac{24-16}{3} = \frac{8}{3}$$

Resposta: A área da região é dada por $A = \frac{8}{3}$ unidades de área.

3.1.4 INTEGRAL DUPLA EM COORDENADAS POLARES

Vamos estudar integrais duplas em regiões circulares, mas, para isso, devemos relembrar as coordenadas polares, conteúdo abordado no Volume 2 desta obra. Algumas integrais expressas em coordenadas retangulares podem ser calculadas com maior facilidade se mudarmos as coordenadas para polares.

Como já vimos no Volume 2, um ponto do plano pode ser representado em coordenadas cartesianas, $P(x,y)$, ou em coordenadas polares, $P(r,\theta)$, onde r é a distância do ponto P à origem do sistema de coordenadas e θ é o ângulo que o segmento de reta $\overline{OP}$ faz com o semieixo horizontal, que tem início na origem do sistema de coordenadas.

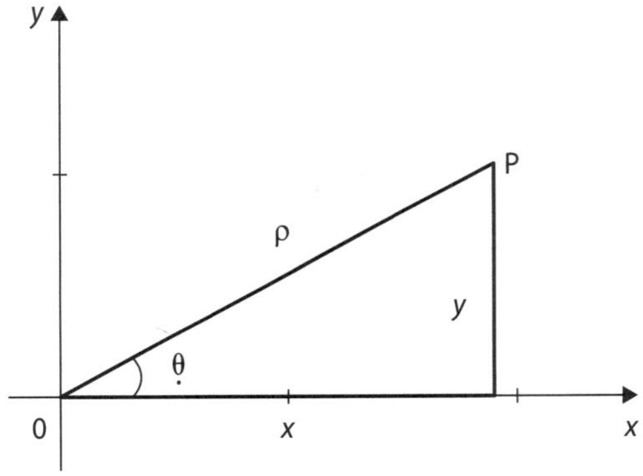

Figura 3.7

Pelo triângulo retângulo, temos

$$\begin{cases} x = r \cdot \cos\theta \\ y = r \cdot \operatorname{sen}\theta \end{cases}$$

e

$$x^2 + y^2 = r^2\left(\cos^2\theta + \operatorname{sen}^2\theta\right) = r^2$$

Então, se R é a região de integração delimitada por raios r_1 e r_2 e equações polares,

$$r_1 = g_1(\theta) \text{ e } r_2 = g_2(\theta), \text{ para } \alpha \le \theta \le \beta$$

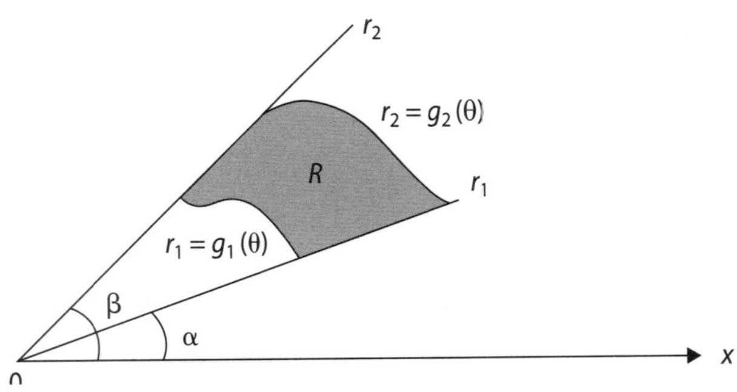

Figura 3.8

Quando fazemos a partição para calcular a integral dupla em sub-regiões elementares Δr_i e $\Delta\theta_i$, a área elementar $\Delta A_i = r_i \Delta r_i \Delta\theta_i$, pois $\Delta A_i = \Delta r_i \Delta l_i$ e $l = \alpha . r$ (comprimento de um arco de circunferência), ou seja, $\Delta l_i = \Delta\theta_i r_i$

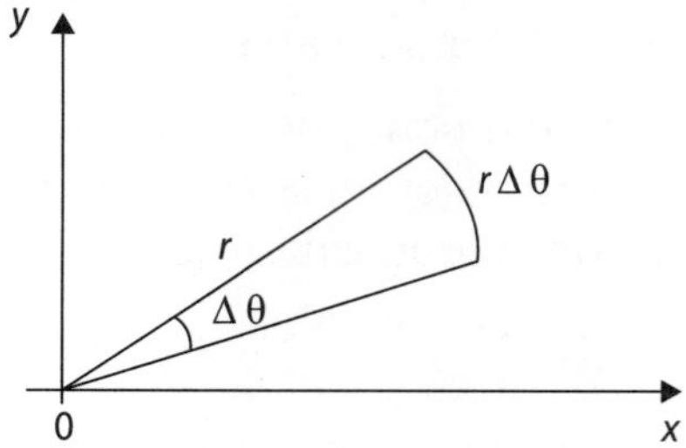

Figura 3.9

Então, se $f(x,y)$ é uma função contínua, de modo que $R \subset \mathrm{D(f)}$ é dada por:

$$R = \{(r,\theta) \in \mathbb{R}^2 / \theta_1 \leq \theta \leq \theta_2 \, e \, g_1(\theta) \leq r \leq g_2(\theta)\}$$

A integral em coordenadas polares é dada por

$$\iint_R f(x,y) dA = \int_{\theta_1}^{\theta_2} \int_{g_1(\theta)}^{g_2(\theta)} f(r.\cos\theta, r.\mathrm{sen}\,\theta) r dr d\theta$$

Exemplos:

E 3.8 Utilizando integral dupla, determinar a área da região R da figura a seguir, ou seja, a circunferência de centro (0,0) e raio 1.

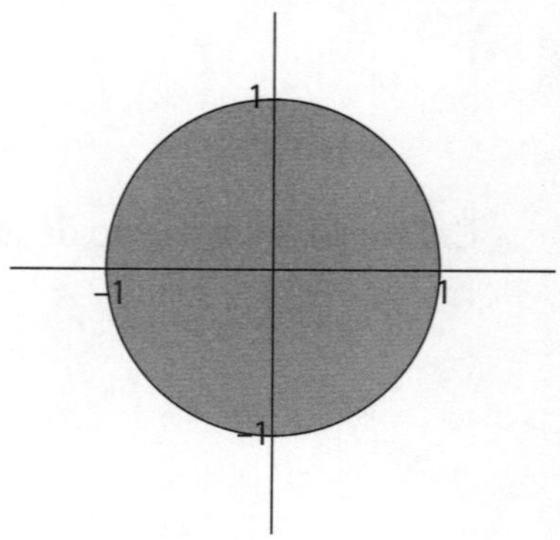

Resolução:

Aplicando o mesmo raciocínio anterior,

$$A = \iint_R dA$$

Escrevendo em coordenadas polares,

$$\begin{cases} x = r.\cos\theta \\ y = r.\mathrm{sen}\,\theta \end{cases}$$

E os limites de integração das novas variáveis são:

$$0 \leq r \leq 1 \text{ e } 0 \leq \theta \leq 2\pi$$

Logo,

$$A = \iint_R dA = \int_0^{2\pi}\int_0^1 r dr d\theta = \int_0^{2\pi} \frac{r^2}{2}\Bigg|_0^1 d\theta = \frac{1}{2}\theta\Bigg|_0^{2\pi} = \pi$$

Resposta: A área vale π unidades de área.

E 3.9 Calcular a integral dupla $\iint_R (2x + y)dA$, onde R é a região $-3 \leq x \leq 3$ e $0 \leq y \leq \sqrt{9 - x^2}$. Aplicar coordenadas polares.

Resolução:

Fazendo o esboço da região, percebemos que é um semicírculo de centro (0,0) e raio 3.

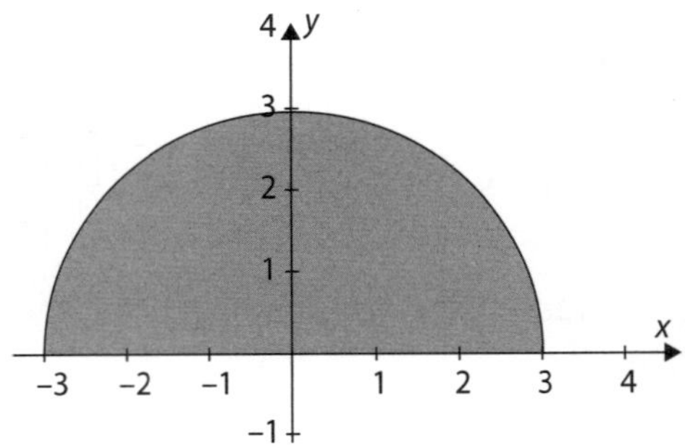

Então, aplicando a mudança de variável para coordenadas polares,

$$\begin{cases} x = r.\cos\theta \\ y = r.\text{sen}\,\theta \end{cases}$$

E os limites de integração das novas variáveis são:

$$0 \leq r \leq 3 \text{ e } 0 \leq \theta \leq \pi$$

Logo,

$$\iint_R (2x + y)dA = \int_0^{\pi}\int_0^3 (2r.\cos\theta + r.\text{sen}\,\theta) r dr d\theta$$

$$= \int_0^{\pi}\left[\int_0^3 (2r^2.\cos\theta dr) + \int_0^3 (r^2.\text{sen}\,\theta dr)\right] d\theta$$

$$= \int_0^{\pi}\left[2\frac{r^3}{3}.\cos\theta + \frac{r^3}{3}.\text{sen}\,\theta\right]\Bigg|_0^3 d\theta = \int_0^{\pi}[18.\cos\theta + 9.\text{sen}\,\theta] d\theta$$

$$= [18\,\text{sen}\,\theta - 9\cos\theta]\Bigg|_0^{\pi}$$

$$= [(18\,\text{sen}\,\pi - 9\cos\pi) - (18\,\text{sen}\,0 - 9\cos 0)] = 18$$

Resposta: 18.

E 3.10 Calcular a integral dupla $\iint_R \sqrt{1-x^2-y^2}\,dA$, onde R é o círculo de centro na origem e raio 1.

Resolução:

Vamos passar para coordenadas polares,

$$\begin{cases} x = r.\cos\theta \\ y = r.\operatorname{sen}\theta \end{cases}$$

E os limites de integração das novas variáveis são:

$$0 \le r \le 1 \text{ e } 0 \le \theta \le 2\pi$$

Logo,

$$\iint_R \sqrt{1-x^2-y^2}\,dA = \int_0^{2\pi}\int_0^1 \sqrt{1-(r.\cos\theta)^2-(r.\operatorname{sen}\theta)^2}\,r\,dr\,d\theta = \int_0^{2\pi}\int_0^1 \sqrt{1-r^2}\,r\,dr\,d\theta$$

Vamos fazer mudança de variável,

$$t = 1-r^2 \to dt = -2r\,dr \to r\,dr = \frac{dt}{-2}$$

$$\int_0^{2\pi}\int_0^1 \sqrt{1-r^2}\,r\,dr\,d\theta = -\frac{1}{2}\int_0^{2\pi}\left[\frac{(1-r^2)^{3/2}}{3/2}\right]\Bigg|_0^1 d\theta = \frac{1}{3}\int_0^{2\pi} d\theta = \frac{2\pi}{3}$$

Resposta: $\dfrac{2\pi}{3}$.

E 3.11 Calcular a área contida pela porção da cardioide $r = 2(1+\cos\theta)$, situada no quarto e no primeiro quadrantes.

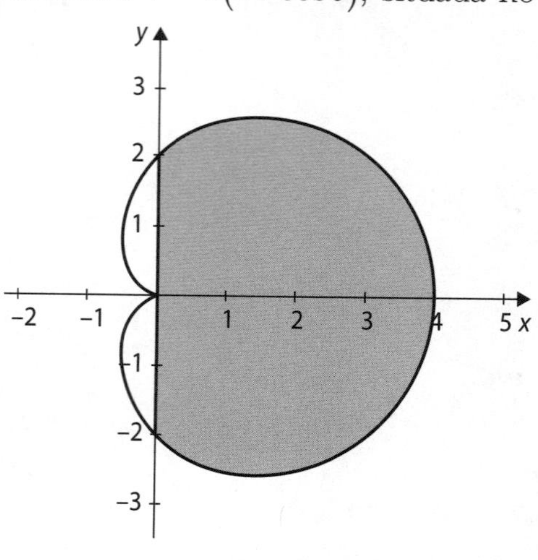

Resolução:

Pela figura, temos

$$0 \le r \le 2(1+\cos\theta) \text{ e } -\frac{\pi}{2} \le \theta \le \frac{\pi}{2}$$

Então,

$$A = \iint_R dA = \int_{-\frac{\pi}{2}}^{\frac{\pi}{2}} \int_0^{2(1+\cos\theta)} r dr d\theta = \int_{-\frac{\pi}{2}}^{\frac{\pi}{2}} \left[\frac{r^2}{2}\right]_0^{2(1+\cos\theta)} d\theta = \frac{1}{2}\int_{-\frac{\pi}{2}}^{\frac{\pi}{2}} \left[4(1+\cos\theta)^2\right] d\theta$$

$$= 2\int_{-\frac{\pi}{2}}^{\frac{\pi}{2}} \left[1 + 2\cos\theta + (\cos\theta)^2\right] d\theta$$

$$= 2\left[\theta + 2.\text{sen}\theta + \frac{\theta}{2} + \frac{\text{sen}(2\theta)}{4}\right]\Bigg|_{-\frac{\pi}{2}}^{\frac{\pi}{2}}$$

$$= 2\left[\left(\frac{\pi}{2} + 2.\text{sen}\left(\frac{\pi}{2}\right) + \frac{\pi}{4} + \frac{\text{sen}(\pi)}{4}\right) - \left(\left(-\frac{\pi}{2}\right) + 2.\text{sen}\left(-\frac{\pi}{2}\right) - \frac{\pi}{4} + \frac{\text{sen}(-\pi)}{4}\right)\right]$$

$$= 2\left(\frac{\pi}{2} + 2 + \frac{\pi}{4} + \frac{\pi}{2} + 2 + \frac{\pi}{4}\right) = 2\left(\frac{6\pi}{4} + 4\right) = 3\pi + 8$$

Resposta: $(3\pi + 8)$ unidades de área.

3.2 INTEGRAIS TRIPLAS

Podemos dizer que a integral tripla é uma extensão do conceito da integral dupla. Agora vamos ter uma função de três variáveis, $f(x,y,z)$, definida em uma região fechada e limitada T do espaço. Passando planos paralelos aos planos coordenados, formamos uma rede de paralelepípedos. Considerando ainda apenas os paralelepípedos inteiramente contidos na região T, numeramos de 1 a n.

Observando que cada paralelepípedo tem volume $\Delta V_i = \Delta x_i \Delta y_i \Delta z_i$, para $i = 1 \ldots n$, em cada paralelepípedo T_i escolhemos o ponto médio (x_i, y_i, z_i) e calculamos a função neste ponto: $f(x_i, y_i, z_i)$. A soma de Riemann é dada por:

$$S = \sum_{i=1}^{n} f(x_i, y_i, z_i)\Delta V_i$$

Observe que não há interpretação geométrica para a integral tripla, mas existem muitas aplicações físicas para ela. Assim, definimos a integral tripla de $f(x,y,z)$ sobre T, ao limite da soma, se o limite existir e for finito:

$$\iiint_T f(x,y,z)dV = \lim_{n\to\infty} \sum_{i=1}^{n} f(x_i, y_i, z_i)\Delta V_i$$

Observações

1) Se $f(x,y,z)=1$ em T, então, a integral tripla é a medida do volume da região T;
2) As propriedades da integral tripla são as mesmas da integral dupla.

3.2.1 INTEGRAL TRIPLA EM REGIÕES SIMPLES

Se a região de integração é um paralelepípedo, ou seja,

$$T=\{(x,y,z)\in\mathbb{R}^3 \,/\, a\le x\le b;\ c\le y\le d;\ e\le z\le f\}$$

e a função $f(x,y,z)$ é contínua na região de integração, então a integral tripla é dada por:

$$\iiint_T f(x,y,z)dV=\int_e^f\int_c^d\int_a^b f(x,y,z)dxdydz$$

Nesse caso, podemos aplicar o teorema de Fubini, mudando a ordem dos limites de integração. Ou seja,

$$\int_e^f\int_c^d\int_a^b f(x,y,z)dxdydz=\int_a^b\int_c^d\int_e^f f(x,y,z)dzdydx$$

ou outra ordem qualquer.

Exemplo:

E 3.12 Calcular a integral tripla $\iiint_T zdV$, onde T é o paralelepípedo delimitado por

$$0\le x\le 1;\ 0\le y\le 2 \text{ e } 0\le z\le 3.$$

Resolução:

A integral tripla pode ser calculada assim:

$$\iiint_T f(x,y,z)dV=\int_0^3\int_0^2\int_0^1 zdxdydz=\int_0^3\int_0^2 xz\Big|_0^1 dydz=\int_0^3\int_0^2 zdydz=\int_0^3 yz\Big|_0^2 dz=\int_0^3 2zdz=z^2\Big|_0^3=3^2=9$$

Resposta: 9.

3.2.2 INTEGRAL TRIPLA EM REGIÕES ESPECIAIS

Se a região de integração da função contínua $f\colon T\subset\mathbb{R}^3\to\mathbb{R}$ é uma região do tipo

$$T=\{(x,y,z)\in\mathbb{R}^3 \,/\, (x,y)\in D;\ g_1(x,y)\le z\le g_2(x,y)\}$$

onde D é a projeção de T sobre o plano xy, a integral tripla recai em uma integral dupla em região especial e é calculada por

$$\iiint_T f(x,y,z)dV = \iint_D \left[\int_{g_1(x,y)}^{g_2(x,y)} f(x,y,z)dz \right] dA$$

ou se a região é do tipo

$$T = \{(x,y,z) \in \mathbb{R}^3 / (x,z) \in D;\ h_1(x,z) \le y \le h_2(x,z)\}$$

onde D é a projeção de T sobre o plano xz, a integral tripla recai em uma integral dupla em região especial e é calculada por

$$\iiint_T f(x,y,z)dV = \iint_D \left[\int_{h_1(x,z)}^{h_2(x,z)} f(x,y,z)dy \right] dA$$

ou, ainda, se a região de integração é do tipo

$$T = \{(x,y,z) \in \mathbb{R}^3 / (y,z) \in D;\ j_1(y,z) \le x \le j_2(y,z)\}$$

onde D é a projeção de T sobre o plano xz , a integral tripla recai em uma integral dupla em região especial e é calculada por

$$\iiint_T f(x,y,z)dV = \iint_D \left[\int_{j_1(y,z)}^{j_2(y,z)} f(x,y,z)dx \right] dA$$

Exemplos:

E 3.13 Calcular o volume da região E, onde E é o tetraedro sólido limitado pelos quatro planos $x = 0$; $y = 0$; $z = 0$ e $x + y + z = 1$.

Resolução:

Pelo esboço da figura, podemos fazer a variável z variar entre duas funções.

Da expressão $x + y + z = 1$, temos que $z = 1 - x - y$ é o limite superior da região e 0 é o limite inferior da região de integração. Assim,

$$0 \le z \le 1 - x - y.$$

Agora, fazendo $z = 0$, nesta expressão, temos no plano xy a região limitada pelos eixos coordenados e pela reta $1 - x - y = 0$, ou seja, $x + y = 1$:

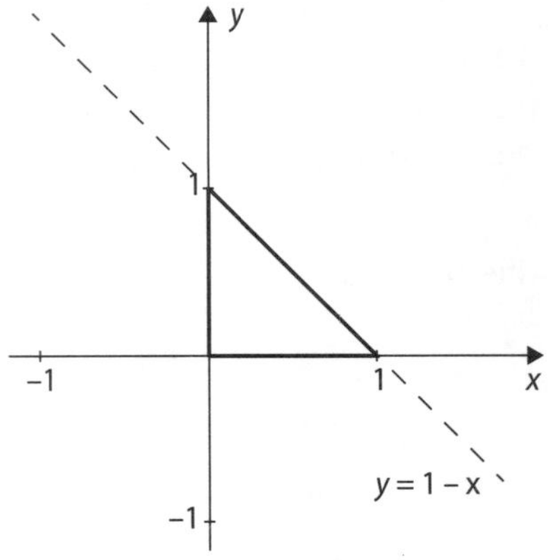

É uma região onde $0 \leq y \leq 1-x$ e $0 \leq x \leq 1$. Logo, a integral tripla para calcular o volume do tetraedro é dada por:

$$\iiint_T 1dV = \iint_D \left[\int_0^{1-x-y} 1dz \right] dA = \int_0^1 \int_0^{1-x} \left[\int_0^{1-x-y} 1dz \right] dydx$$

$$= \int_0^1 \int_0^{1-x} \left[z \Big|_0^{1-x-y} \right] dydx = \int_0^1 \int_0^{1-x} (1-x-y) dydx$$

$$= \int_0^1 \left[y - xy - \frac{y^2}{2} \right] \Bigg|_0^{1-x} dx = \int_0^1 \left[(1-x) - x(1-x) - \frac{(1-x)^2}{2} \right] dx$$

$$= \int_0^1 \left[1 - x - x + x^2 - \frac{1}{2}(1 - 2x + x^2) \right] dx = \int_0^1 \left(\frac{1}{2} - x + \frac{x^2}{2} \right) dx$$

$$= \left[\frac{x}{2} - \frac{x^2}{2} + \frac{x^3}{6} \right] \Bigg|_0^1 = \frac{1}{2} - \frac{1}{2} + \frac{1}{6} = \frac{1}{6}$$

Resposta: O volume do tetraedro é $\frac{1}{6}$ unidade de volume.

E 3.14 Calcular a integral tripla $\iiint_T \sqrt{x^2+y^2}\,dV$, onde T é a região delimitada pelo paraboloide $z = x^2 + y^2$ e pelo plano $z = 1$.

Resolução:

Claramente, a variável z está definida entre $1 \leq z \leq x^2 + y^2$. Então, projetando no plano xy, temos que a região de integração é uma circunferência de centro (0,0) e raio 1, conforme a figura ao lado.

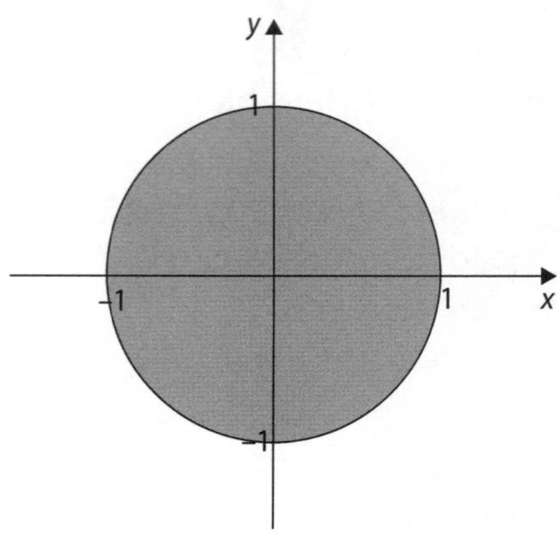

Neste caso, podemos resolver como coordenadas polares:

$$\begin{cases} x = r.\cos\theta \\ y = r.\text{sen}\,\theta \end{cases} \text{ onde } \begin{array}{c} 0 \leq r \leq 1 \\ 0 \leq \theta \leq 2\pi \end{array}$$

Portanto, a integral tripla

$$\int_0^{2\pi}\int_0^1\int_1^{r^2}\sqrt{r^2}\,dz\cdot r\,dr\,d\theta=\int_0^{2\pi}\int_0^1 z\Big|_0^{r^2}\,r\,dr\,d\theta$$

$$=\int_0^{2\pi}\int_0^1 r^3\,dr\,d\theta=\int_0^{2\pi}\frac{r^4}{4}\Bigg|_0^1 d\theta=\frac{1}{4}\int_0^{2\pi}d\theta=\frac{1}{4}\theta\Bigg|_0^{2\pi}=\frac{\pi}{2}$$

Resposta: $\frac{\pi}{2}$.

3.2.3 INTEGRAL TRIPLA EM COORDENADAS CILÍNDRICAS

A representação de um ponto em coordenadas cilíndricas é dada pela terna (r,θ,z), onde (r,θ) são as coordenadas polares no plano xy. Geometricamente,

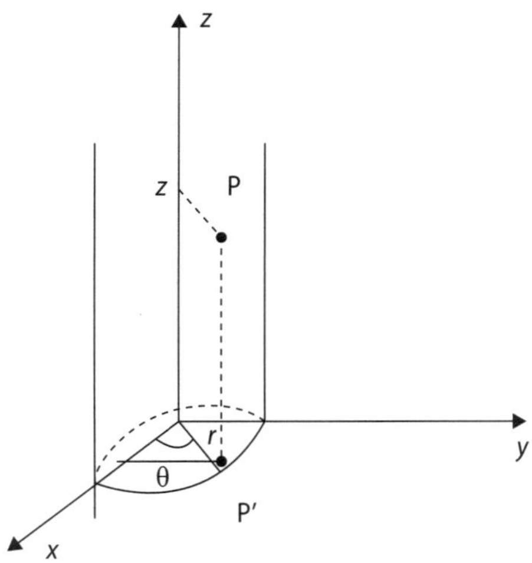

Figura 3.10

Neste caso, as coordenadas cilíndricas de um ponto, representadas em coordenadas retangulares, são

$$\begin{cases} x = r\cdot\cos\theta \\ y = r\cdot\operatorname{sen}\theta \\ z = z \end{cases}$$

Por outro lado, as relações entre as coordenadas retangulares e as cilíndricas são:

$$x^2+y^2=r^2 \text{ e } \operatorname{tg}\theta=\frac{y}{x}$$

Na verdade, a integral tripla em coordenadas cilíndricas é um caso particular da integral tripla em regiões especiais, onde a projeção no plano xy é dada em coordenadas polares. E, neste caso, a integral é dada por:

$$\iiint_T f(x,y,z)dV = \int_{\theta_1}^{\theta_2}\int_{g_1(\theta)}^{g_2(\theta)}\int_{f_1(r,\theta)}^{f_2(r,\theta)} f(r.\cos\theta, r.\,\text{sen}\theta, z)\,rdzdrd\theta$$

Exemplos:

E 3.15 Calcular $\iiint_E ydV$, onde E está limitado pelos planos $z=0$; $z=x+y+1$ e pelos cilindros $x^2+y^2=1$ e $x^2+y^2=4$.

Resolução:

Pelos dados da região, temos que

$$0 \le z \le x+y+1 \rightarrow 0 \le z \le r.\cos\theta + r.\,\text{sen}\,\theta + 1$$
$$1 \le r \le 2$$
$$0 \le \theta \le 2\pi$$

Então, a integral tripla é dada por:

$$\iiint_E ydV = \int_0^{2\pi}\int_1^2\left[\int_0^{r.\cos\theta+r.\text{sen}\,\theta+1}(r.\text{sen}\,\theta)dz\right]rdrd\theta$$

$$= \int_0^{2\pi}\int_1^2\left[z\Big|_0^{r.\cos\theta+r.\text{sen}\,\theta+1}\right]r^2\text{sen}\,\theta drd\theta$$

$$= \int_0^{2\pi}\int_1^2 (r.\cos\theta + r.\text{sen}\,\theta + 1)r^2\text{sen}\,\theta drd\theta$$

$$= \int_0^{2\pi}\left[\int_1^2 (r^3\text{sen}\,\theta.\cos\theta + r^3\text{sen}^2\theta + r^2\text{sen}\,\theta)dr\right]d\theta$$

$$= \int_0^{2\pi}\left[\frac{r^4}{4}\text{sen}\,\theta.\cos\theta + \frac{r^4}{4}\text{sen}^2\theta + \frac{r^3}{3}\text{sen}\,\theta\right]\Bigg|_1^2 d\theta$$

$$= \int_0^{2\pi}\left[\left(\frac{2^4}{4}-\frac{1^4}{4}\right)\text{sen}\,\theta.\cos\theta + \left(\frac{2^4}{4}-\frac{1^4}{4}\right)\text{sen}^2\theta + \left(\frac{2^3}{3}-\frac{1^3}{3}\right)\text{sen}\,\theta\right]d\theta$$

$$= \int_0^{2\pi} \left[\frac{15}{4} \operatorname{sen}\theta.\cos\theta + \frac{15}{4} \operatorname{sen}^2\theta + \frac{7}{3} \operatorname{sen}\theta \right] d\theta$$

$$= \left[\frac{15}{4} \frac{\operatorname{sen}^2\theta}{2} + \frac{15}{4}\left(\frac{\theta}{2} - \frac{1}{4}\operatorname{sen}(2\theta) \right) - \frac{7}{3}\cos\theta \right]\Bigg|_0^{2\pi}$$

$$= \frac{15}{8}\left(\operatorname{sen}^2(2\pi) - \operatorname{sen}^2 0\right) + \frac{15}{8}(2\pi - 0) - \frac{15}{16}\frac{\left(\operatorname{sen}(4\pi) - \operatorname{sen} 0\right)}{0}$$

$$-\frac{7}{3}\left(\cos(2\pi) - \cos 0\right) = \frac{15\pi}{4}$$

Resposta: $\frac{15\pi}{4}$.

E 3.16 Calcular $\iiint_E \sqrt{x^2 + y^2}\, dV$, onde E está limitado pelo cilindro $x^2 + y^2 = 1$, abaixo do plano $z = 4$ e acima do paraboloide $z = 1 - x^2 - y^2$.

Resolução:

Pelos dados da região, temos que

$$4 \le z \le 1 - x^2 - y^2 \rightarrow 4 \le z \le 1 - r^2$$
$$0 \le r \le 1$$
$$0 \le \theta \le 2\pi$$

Então, a integral tripla é dada por:

$$\iiint_E \sqrt{x^2 + y^2}\, dV = \int_0^{2\pi}\int_0^1 \left[\int_4^{1-r^2} r\,dz \right] r\,dr\,d\theta = \int_0^{2\pi}\int_0^1 \left[z \Big|_4^{1-r^2} \right] r^2\,dr\,d\theta$$

$$= \int_0^{2\pi}\int_0^1 \left(1 - r^2 - 4\right) r^2\,dr\,d\theta = \int_0^{2\pi}\left[\int_0^1 \left(-3r^2 - r^4\right) dr \right] d\theta = \int_0^{2\pi}\left[-3\frac{r^3}{3} - \frac{r^5}{5} \right]\Bigg|_0^1 d\theta$$

$$= \int_0^{2\pi} -\frac{6}{5}\,d\theta = \left[-\frac{6}{5}\,d\theta \right]\Bigg|_0^{2\pi} = -\frac{12\pi}{5}$$

Resposta: $-\frac{12\pi}{5}$.

3.2.4 INTEGRAL TRIPLA EM COORDENADAS ESFÉRICAS

A representação de um ponto P em coordenadas esféricas é dada pela terna $P=(\rho,\varphi,\theta)$, onde ρ é a distância do ponto P à origem dos eixos $O=(0,0,0)$, φ é o ângulo que a semirreta OP faz com o eixo z e θ é o ângulo que a projeção de OP no plano xy faz com o eixo x.

Neste caso, as coordenadas esféricas de um ponto, representadas em coordenadas retangulares, são

$$\begin{cases} x=\rho\cdot\operatorname{sen}\varphi\cdot\cos\theta \\ y=\rho\cdot\operatorname{sen}\varphi\cdot\operatorname{sen}\theta \\ z=\rho\cdot\cos\varphi \end{cases}$$

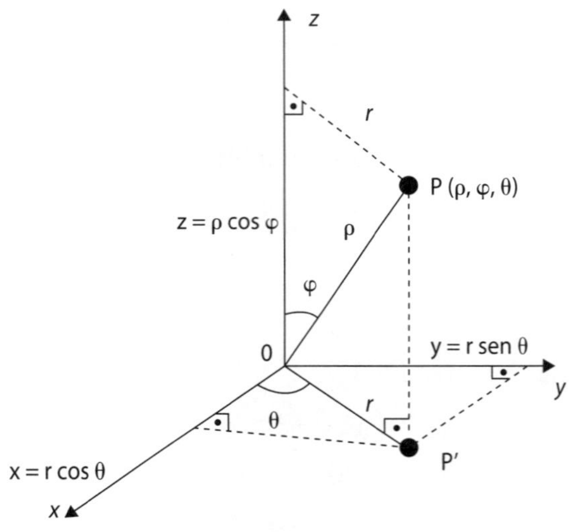

Figura 3.11

Observe que o ângulo φ tem variação entre 0 e π, e θ tem variação entre 0 e 2π.

Note que o módulo da projeção de OP no plano xy é o mesmo r das coordenadas polares, ou seja,

$$\begin{cases} x=r\cdot\cos\theta \\ y=r\cdot\operatorname{sen}\theta \end{cases} \text{ e } x^2+y^2=r^2$$

Ainda, observamos que

$$\begin{cases} r=\rho\cdot\operatorname{sen}\varphi \\ z=\rho\cdot\cos\varphi \end{cases}$$

Substituindo r nas equações de x e y, temos as coordenadas esféricas.

Ainda,

$$x^2 + y^2 + z^2 = \rho^2$$

Pois,

$$x^2 + y^2 + z^2 = (\rho.\text{sen}\,\varphi.\cos\theta)^2 + (\rho.\text{sen}\,\varphi.\text{sen}\,\theta)^2 + (\rho.\cos\varphi)^2$$

$$= \rho^2\left[\text{sen}^2\varphi\left(\cos^2\theta + \text{sen}^2\theta\right) + \cos^2\varphi\right] = \rho^2\left[\text{sen}^2\varphi(1) + \cos^2\varphi\right]$$

$$= \rho^2\left[\text{sen}^2\varphi + \cos^2\varphi\right] = \rho^2$$

3.2.4.1 Diferencial de volume em coordenadas esféricas

$$dV = \rho^2.\text{sen}\,\varphi.d\rho d\varphi d\theta$$

Justificativa

Para calcularmos integrais triplas sobre uma região T em coordenadas esféricas, temos que calcular a diferencial dV. Partimos a região em n cunhas esféricas cuja forma se aproxima de um paralelepípedo, cujas dimensões representamos a seguir:

Logo,

$$dV = \rho d\varphi \cdot r d\theta \cdot d\rho$$

Como $r = \rho \cdot \text{sen}\,\varphi$, segue que:

$$dV = \rho^2 \cdot \text{sen}\,\varphi \cdot d\rho d\varphi d\theta$$

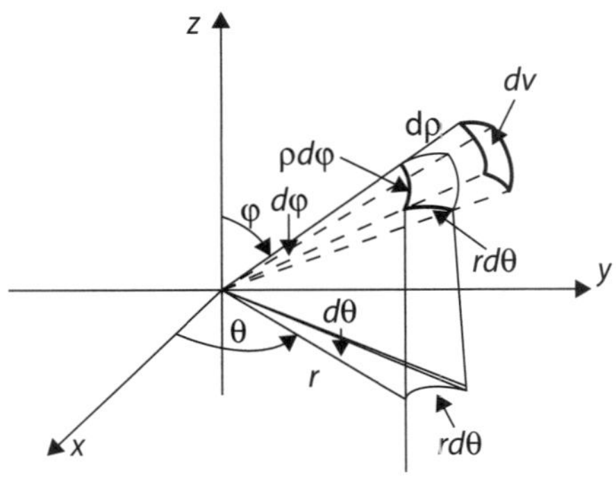

Figura 3.12

Portanto,

$$\iiint_T f(x,y,z)dV = \int_{\theta_1}^{\theta_2}\int_{\varphi_1}^{\varphi_2}\int_{g_1(\varphi,\theta)}^{g(\varphi,\theta)} f(\rho.\text{sen}\,\varphi.\cos\theta,\ \rho.\text{sen}\,\varphi.\text{sen}\,\theta,\ \rho.\cos\varphi)\rho^2.\text{sen}\,\varphi.d\rho d\varphi d\theta$$

Exemplo:

E 3.17 Calcular $\iiint_E \sqrt{x^2+y^2+z^2}\,dV$, onde E é a esfera $x^2+y^2+z^2 \le 1$.

Resolução:

Descrevendo a região em coordenadas esféricas,

$$\begin{cases} x = \rho \cdot \operatorname{sen}\varphi \cdot \cos\theta \\ y = \rho \cdot \operatorname{sen}\varphi \cdot \operatorname{sen}\theta \\ z = \rho \cdot \cos\varphi \end{cases}$$

onde

$$0 \le \rho \le 1$$
$$0 \le \varphi \le \pi$$
$$0 \le \theta \le 2\pi$$

Então, a integral tripla é

$$\iiint_E f(x,y,z)\,dV = \int_0^{2\pi}\int_0^{\pi}\int_0^{1} \sqrt{\rho^2}\,\rho^2.\operatorname{sen}\varphi.d\rho d\varphi d\theta = \int_0^{2\pi}\int_0^{\pi}\int_0^{1} \rho^3.\operatorname{sen}\varphi.d\rho d\varphi d\theta$$

$$= \int_0^{2\pi}\int_0^{\pi} \frac{\rho^4}{4}.\operatorname{sen}\varphi \Bigg|_0^1 d\varphi d\theta = \frac{1}{4}\int_0^{2\pi}\int_0^{\pi} \operatorname{sen}\varphi d\varphi d\theta = \frac{1}{4}\int_0^{2\pi} (-\cos\varphi)\Bigg|_0^{\pi} d\theta$$

$$= \frac{1}{4}\int_0^{2\pi} (-\cos\pi + \cos 0)\,d\theta = \frac{1}{2}\int_0^{2\pi} d\theta = \frac{1}{2}\theta\Bigg|_0^{2\pi} = \pi$$

Resposta: π.

E 3.18 Calcular $\iiint_E e^{\sqrt{(x^2+y^2+z^2)^3}}\,dV$, onde E está entre as esferas $x^2+y^2+z^2=1$ e $x^2+y^2+z^2=9$.

Resolução:

Descrevendo a região em coordenadas esféricas,

$$\begin{cases} x = \rho \cdot \operatorname{sen}\varphi \cdot \cos\theta \\ y = \rho \cdot \operatorname{sen}\varphi \cdot \operatorname{sen}\theta \\ z = \rho \cdot \cos\varphi \end{cases}$$

onde

$$1 \le \rho \le 3$$
$$0 \le \varphi \le \pi$$
$$0 \le \theta \le 2\pi$$

Então, a integral tripla é

$$\iiint_E f(x,y,z)\,dV = \int_0^{2\pi}\int_0^{\pi}\int_1^{3} e^{(\rho^2)^{3/2}} \rho^2.\text{sen}\,\varphi.d\rho d\varphi d\theta$$

$$= \int_0^{2\pi}\int_0^{\pi}\int_1^{3} e^{\rho^3} \rho^2.\text{sen}\,\varphi.d\rho d\varphi d\theta$$

Fazendo substituição de variável, resolvemos a integral em ρ,

$$\int_0^{2\pi}\int_0^{\pi}\int_1^{3} e^{\rho^3} \rho^2.\text{sen}\,\varphi.d\rho d\varphi d\theta = \frac{1}{3}\int_0^{2\pi}\int_0^{\pi} e^{\rho^3}.\Big|_1^3 \text{sen}\,\varphi d\varphi d\theta$$

$$= \frac{1}{3}\left(e^{27}-e\right)\int_0^{2\pi}\int_0^{\pi}\text{sen}\,\varphi d\varphi d\theta = \frac{1}{3}\left(e^{27}-e\right)\int_0^{2\pi}\left(-\cos\varphi\right)\Big|_0^{\pi} d\theta$$

$$= \frac{1}{3}\left(e^{27}-e\right)\int_0^{2\pi}\left(-\cos\pi+\cos 0\right)d\theta = \frac{2}{3}\left(e^{27}-e\right)\int_0^{2\pi}d\theta = \frac{2}{3}\left(e^{27}-e\right).\theta\Big|_0^{2\pi}$$

$$= \frac{4\pi}{3}\left(e^{27}-e\right)$$

Resposta: $\frac{4\pi}{3}\left(e^{27}-e\right)$.

3.3 ROTEIRO DE ESTUDOS COM EXERCÍCIOS RESOLVIDOS E EXERCÍCIOS PROPOSTOS

R 3.1 Calcular a integral $I = \int_0^1 \int_1^2 \left(x^2 + y^2\right) dydx$.

Resolução:

$$I = \int_0^1 \int_1^2 \left(x^2 + y^2\right) dydx = \int_0^1 \left(x^2 y + \frac{y^3}{3} \right) \Bigg|_1^2 dx = \int_0^1 \left(x^2 (2-1) + \frac{1}{3}\left(2^3 - 1^3\right) \right) dx$$

$$= \int_0^1 \left(x^2 + \frac{7}{3} \right) dx = \left(\frac{x^3}{3} + \frac{7x}{3} \right) \Bigg|_0^1 = \frac{1}{3} + \frac{7}{3} = \frac{8}{3}$$

Resposta: $\frac{8}{3}$.

P 3.2 Calcular as integrais a seguir:

a) $I = \int_0^1 \int_0^2 (x+2) dydx$

b) $I = \int_1^2 \int_0^2 \left(x^2 y + y\right) dxdy$

c) $I = \int_0^1 \int_0^1 (x-y) dydx$

R 3.3 Calcular a integral $I = \int_0^1 \int_x^1 (x+y) dydx$.

Resolução:

$$I = \int_0^1 \int_x^1 (x+y) dydx = \int_0^1 \left(xy + \frac{y^2}{2} \right) \Bigg|_x^1 dx = \int_0^1 \left(x(1-x) + \frac{1}{2}\left(1^2 - x^2\right) \right) dx$$

$$= \int_0^1 \left(x - x^2 + \frac{1}{2} - \frac{x^2}{2} \right) dx = \int_0^1 \left(x + \frac{1}{2} - \frac{3x^2}{2} \right) dx$$

$$= \left(\frac{x^2}{2} + \frac{x}{2} - \frac{3}{2} . \frac{x^3}{3} \right) \Bigg|_0^1 = \frac{1}{2} + \frac{1}{2} - \frac{1}{2} = \frac{1}{2}$$

Resposta: $\frac{1}{2}$.

P 3.4 Calcular as integrais a seguir:

a) $I = \int_0^1 \int_0^{y^2} (x^2 + y^2)\,dx\,dy$

c) $I = \int_0^1 \int_0^{y^2} e^{x/y}\,dx\,dy$

b) $I = \int_1^2 \int_0^{2x} xy^3\,dy\,dx$

d) $I = \int_0^1 \int_{y^2}^{y} \sqrt{\frac{y}{x}}\,dx\,dy$

R 3.5 Determinar o domínio D do plano xy, limitado por $y = x^2$, $y = 1$ e $x = 2$.

Resolução:

Observe que, se fixarmos y variando de 1 a x^2, temos que:

$$1 \le x \le 2$$

Logo,

$$\begin{cases} 1 \le x \le 2 \\ 1 \le y \le x^2 \end{cases}$$

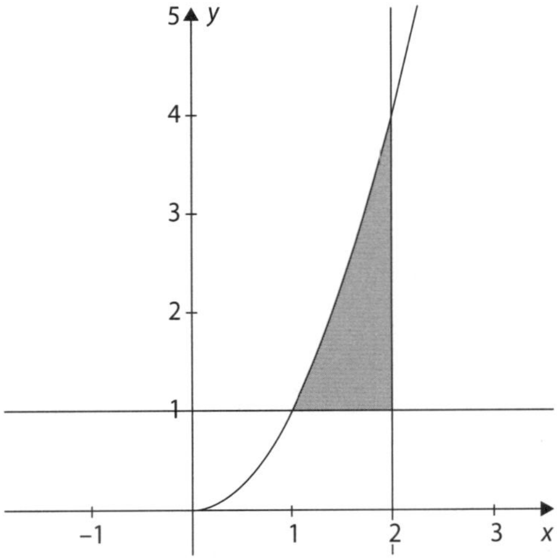

P 3.6 Determinar o domínio D do plano xy, limitado por $y = 0$, $y = x^2$ e $x = 2$.

R 3.7 Calcular $I = \iint_A \sqrt{1 + x^2}\,dA$, onde A é a região limitada por $y = 0$, $y = x$ e $x = 2$.

Resolução:

Vamos esboçar a região de integração para determinar a variação de x e y.

Observe que,

$$0 \le x \le 2$$

$$0 \le y \le x$$

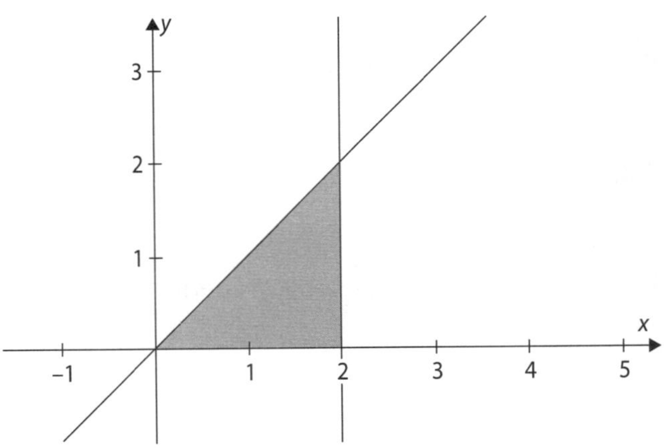

Neste caso,

$$I=\int_0^2\int_0^x\sqrt{1+x^2}\,dydx=\int_0^2 y\sqrt{1+x^2}\Big|_0^x dx=\int_0^2 x\sqrt{1+x^2}\,dx$$

Fazendo substituição de variável,

$$t=1+x^2\rightarrow dt=2xdx\rightarrow xdx=\frac{dt}{2}$$

Os limites de integração são,

$$x=0\rightarrow t=1+0^2=1$$

$$x=2\rightarrow t=1+2^2=5$$

$$I=\int_0^2 x\sqrt{1+x^2}\,dx=\frac{1}{2}\int_1^5\sqrt{t}\,dt=\frac{1}{2}\frac{t^{3/2}}{3/2}\Big|_1^5=\frac{1}{3}\left(5\sqrt{5}-1\right)$$

Resposta: $\frac{1}{3}\left(5\sqrt{5}-1\right)$.

P 3.8 Calcular $I=\iint_A (x+y)dA$, onde A é a região limitada por $y=0, y=x^3$ e $x=2$.

P 3.9 Calcular $I=\iint_A (x^2+y)dA$, onde A é limitada por $x=0, y=x^3$ e $y=8$.

P 3.10 Calcular $I=\iint_A (2x+y)dA$, onde A está limitada por $y=1, y=x^2$ e $x=2$.

P 3.11 Calcular $I=\iint_A \sqrt{1+y}\,dA$, onde A é limitada por $x=1, y=x$ e $y=3x$.

P 3.12 Calcular $I=\iint_A dA$, onde A é a região limitada por $y=x$ e $y=x\sqrt{x}$.

P 3.13 Calcular $I=\iint_A 2xy\,dA$, onde A está entre as parábolas $y=2x^2$ e $y=x^2+1$.

P 3.14 Calcular $I=\iint_A xy^2 dA$, onde A está entre a parábola $y=x^2$ e a reta $y=2x$.

R 3.15 Utilizando integral dupla, calcular o volume do sólido limitado pelo paraboloide $z = x^2 + y^2$ e pelas retas $x = 1, y = x$ e $y = 2x$.

Resolução:

Vamos esboçar a região de integração para determinar a variação de x e y.

Observe que,

$$0 \leq x \leq 2$$

$$0 \leq y \leq x$$

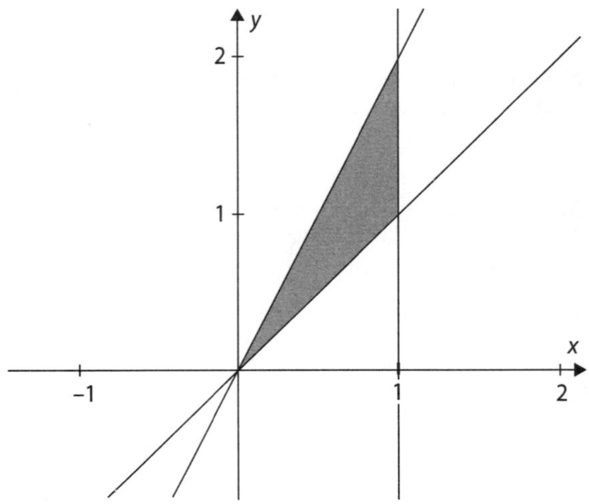

Neste caso,

$$I = \int_0^1 \int_x^{2x} \left(x^2 + y^2\right) dy dx = \int_0^1 \left(x^2 y + \frac{y^3}{3} \right) \Bigg|_x^{2x} dx = \int_0^1 \left[x^2 (2x - x) + \frac{1}{3} \left((2x)^3 - x^3 \right) \right] dx$$

$$= \int_0^1 \left(x^3 + \frac{7}{3} x^3 \right) dx = \int_0^1 \frac{10}{3} x^3 dx = \frac{10}{3} \frac{x^4}{4} \Bigg|_0^1 = \frac{10}{12} = \frac{5}{6}$$

Resposta: $\frac{5}{6} u.v.$

P 3.16 Utilizando integral dupla, calcular o volume do tetraedro limitado pelos planos $x + 2y + z - 2 = 0, x = 0, y = 0$ e $z = 0$.

P 3.17 Utilizando integral dupla, calcular o volume do sólido que está abaixo do plano $x + 2y - z = 0$ e acima da região limitada por $y = x$ e $y = x^2$.

P 3.18 Utilizando integral dupla, calcular o volume do sólido que está abaixo da superfície $z = xy$ e acima do triângulo com vértices (0,0), (0,2) e (2,0).

P 3.19 Utilizando integral dupla, calcular o volume do sólido limitado pelo plano $z = y$ e pela região do plano xy, limitada pelo triângulo de vértices (0,1), (2,1) e (1,0).

P 3.20 Utilizando integral dupla, calcular o volume do tetraedro limitado pelo plano $x+y+2z-2=0$ e pelo triângulo de vértices (0,0), (0,2) e (1,1).

R 3.21 Passando por coordenadas polares, calcular a integral dupla $\iint_D \sqrt{1-x^2-y^2}\,dA$, onde D é o disco de centro (0,0) e raio 1.

Resolução:

Lembrando que,

$$\begin{cases} x = r.\cos\theta \\ y = r.\operatorname{sen}\theta \end{cases}$$

Os limites de integração das novas variáveis são:

$$0 \le r \le 1 \text{ e } 0 \le \theta \le 2\pi$$

Logo,

$$\iint_D \sqrt{1-x^2-y^2}\,dA = \int_0^{2\pi}\int_0^1 \sqrt{1-r^2}\,r\,dr\,d\theta$$

Fazendo mudança de variável,

$$t = 1-r^2 \rightarrow dt = -2r\,dr \rightarrow dr = \frac{dt}{-2r}$$

$$\int_0^{2\pi}\int_0^1 \sqrt{1-r^2}\,r\,dr\,d\theta = \int_0^{2\pi}\int_{t_1}^{t_2} \sqrt{t}\,\frac{dt}{-2}\,d\theta = -\frac{1}{2}\int_0^{2\pi} \left.\frac{t^{3/2}}{3/2}\right|_{t_1}^{t_2} d\theta$$

$$= -\frac{1}{3}\int_0^{2\pi} \left.\left(1-r^2\right)^{3/2}\right|_0^1 d\theta = \frac{1}{3}\int_0^{2\pi} d\theta = \left.\frac{1}{3}\theta\right|_0^{2\pi} = \frac{2\pi}{3}$$

Resposta: $\frac{2\pi}{3}$.

P 3.22 Aplicando coordenadas polares, calcular a integral dupla $\iint_D x\,dA$, onde D é o disco de centro (0,0) e raio 1.

P 3.23 Aplicando coordenadas polares, calcular $\iint_D \sqrt{x^2+y^2}\,dA$, onde D é o primeiro quadrante do plano xy limitado pela circunferência $x^2+y^2=4$.

P 3.24 Aplicando coordenadas polares, calcular $\iint_D \cos\left(x^2+y^2\right)dA$, onde D é limitada por $x^2+y^2=4$ e $x=0$.

P 3.25 Aplicando coordenadas polares, calcular $\iint_D e^{x^2+y^2}dA$, onde D é limitada por $x^2+y^2=1$ e $y=0$.

P 3.26 Aplicando coordenadas polares, calcular $\iint_D (x+y)dA$, onde D é a região entre os discos $x^2+y^2=1$ e $x^2+y^2=4$.

P 3.27 Aplicando coordenadas polares, calcular o volume do sólido limitado pelo paraboloide $z=1-x^2-y^2$ e pelo plano xy.

R 3.28 Sabendo que a carga elétrica distribuída sobre uma região D é calculada por

$$Q=\iint\limits_D \sigma(x,y)dA$$

onde $\sigma(x,y)$ é a densidade de carga (em unidade de carga por unidade de área), calcular a carga total de uma região retangular $D=\{0\le x\le 2\le x\le 2 \text{ e } 0\le y\le 1\}$, onde a densidade $\sigma(x,y)=2xy$ é medida em coulombs por metro quadrado (C/m^2).

Resolução:

$$Q=\iint_D \sigma(x,y)dA=\int_0^2\int_0^1 2xydydx=\int_0^2 xy^2\Big|_0^1 dx=\int_0^2 xdx=\frac{x^2}{2}\Big|_0^2=2$$

Resposta: $Q=2C$.

P 3.29 Uma a carga elétrica é distribuída sobre um disco $x^2+y^2=1$, onde a densidade de carga é dada por $\sigma(x,y)=\sqrt{1-x^2-y^2}$ (em coulombs por metro quadrado). Determinar a carga total.

R 3.30 No estudo da dinâmica dos corpos, um dos cálculos mais importantes é o da determinação do seu centro de massa. A dificuldade na determinação do centro de massa reside no fato de a forma dos corpos em geral ser de geometria não simples e de a densidade do corpo não ser constante. Para exemplificar, vamos considerar um corpo em formato de placa com espessura constante, com geometria mostrada a seguir:

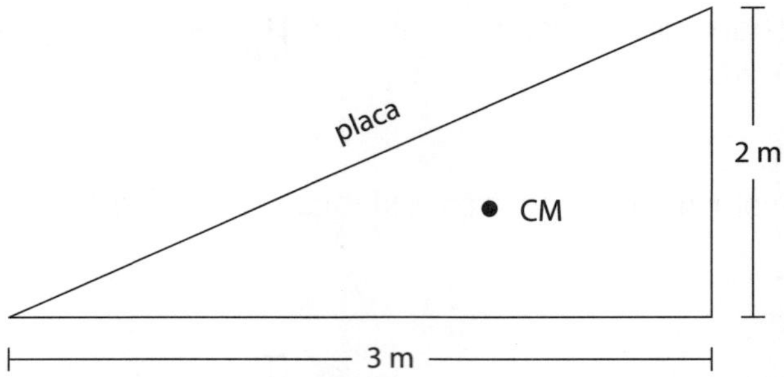

A função que representa a massa da placa por unidade de área $d(x,y)$ é dada por:

$$d(x,y) = 2x + y^2 + 3$$

A representação se dá a partir da disposição da placa situada no plano xy, mostrada a seguir:

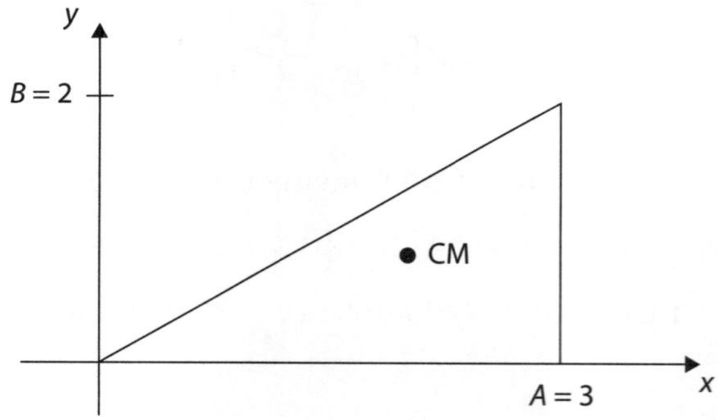

Vamos determinar a posição do centro de massa da placa.

Resolução:

As expressões para a determinação do centro de massa são:

$$\bar{x} = \frac{1}{m}\iint_D x.d(x,y)dA \text{ e } \bar{y} = \frac{1}{m}\iint_D y.d(x,y)dA$$

onde a massa m é dada por $m = \iint_D d(x,y)dA$ e D é a região da placa. Assim, antes, teremos que escrever a equação da reta que passa pelos pontos (0,0) e (3,2).

$$y = ax + b$$

$$0 = a.0 + b \rightarrow b = 0$$

$$2 = a.3 + 0 \rightarrow a = \frac{2}{3}$$

Portanto, a variação dos limites de integração é:

$$0 \le x \le 3$$

$$0 \le y \le \frac{2x}{3}$$

Então, a massa é dada por

$$m = \iint_D d(x,y)dA = \int_0^3 \int_0^{\frac{2x}{3}} \left(2x + y^2 + 3\right)dydx = \int_0^3 \left(2xy + \frac{y^3}{3} + 3y\right)\Bigg|_0^{\frac{2x}{3}} dx$$

$$= \int_0^3 \left[2x\left(\frac{2x}{3}\right) + \frac{\left(\frac{2x}{3}\right)^3}{3} + 3\left(\frac{2x}{3}\right)\right]dx = \frac{1}{3}\int_0^3 \left(4x^2 + \frac{8x^3}{27} + 6x\right)dx$$

$$= \frac{1}{3}\left(4\frac{x^3}{3} + \frac{8}{27}\frac{x^4}{4} + 6\frac{x^2}{2}\right)\Bigg|_0^3 = \frac{1}{3}\left(4\frac{3^3}{3} + \frac{2.3^4}{27} + 3.3^2\right)$$

$$= \frac{1}{3}(36 + 6 + 27) = 23$$

E as coordenadas do centro de massa são:

$$\bar{x} = \frac{1}{m}\iint_D x.d(x,y)dA \text{ e } \bar{y} = \frac{1}{m}\iint_D y.d(x,y)dA$$

$$\bar{x} = \frac{1}{23}\int_0^3 \int_0^{\frac{2x}{3}} x\left(2x + y^2 + 3\right)dydx$$

$$= \frac{1}{23}\int_0^3 \int_0^{\frac{2x}{3}} \left(2x^2 + xy^2 + 3x\right)dydx$$

$$= \frac{1}{23}\int_0^3 \left(2x^2y + x\frac{y^3}{3} + 3xy\right)\Bigg|_0^{\frac{2x}{3}} dx$$

$$= \frac{1}{23}\int_0^3 \left(2x^2\left(\frac{2x}{3}\right) + x\frac{\left(\frac{2x}{3}\right)^3}{3} + 3x\left(\frac{2x}{3}\right) \right) dx = \frac{1}{69}\int_0^3 \left(4x^3 + \frac{8}{27}x^4 + 6x^2 \right) dx$$

$$= \frac{1}{69}\left(x^4 + \frac{8}{27}\frac{x^5}{5} + 6\frac{x^3}{3} \right)\Bigg|_0^3 = \frac{1}{69}\left(3^4 + \frac{8}{27}\frac{3^5}{5} + 2.3^3 \right) = \frac{1}{69}\left(81 + \frac{72}{5} + 54 \right) = \frac{747}{345} = \frac{249}{115}$$

$$\overline{y} = \frac{1}{23}\int_0^3\int_0^{\frac{2x}{3}} y\left(2x + y^2 + 3\right) dydx$$

$$= \frac{1}{23}\int_0^3\int_0^{\frac{2x}{3}} \left(2xy + y^3 + 3y\right) dydx = \frac{1}{23}\int_0^3 \left(xy^2 + \frac{y^4}{4} + 3\frac{y^2}{2} \right)\Bigg|_0^{\frac{2x}{3}} dx$$

$$= \frac{1}{23}\int_0^3 \left(x\left(\frac{2x}{3}\right)^2 + \frac{\left(\frac{2x}{3}\right)^4}{4} + \frac{3}{2}\left(\frac{2x}{3}\right)^2 \right) dx$$

$$= \frac{1}{23}\int_0^3 \left(\frac{4}{9}x^3 + \frac{16}{81}\frac{x^4}{4} + \frac{3.4}{2.9}x^2 \right) dx = \frac{1}{23}\left(\frac{4}{9}\frac{x^4}{4} + \frac{4}{81}\frac{x^5}{5} + \frac{2}{3}\frac{x^3}{3} \right)\Bigg|_0^3$$

$$= \frac{1}{23}\left(\frac{3^4}{9} + \frac{4}{81}\frac{3^5}{5} + \frac{2}{9}3^3 \right) = \frac{1}{23}\left(9 + \frac{12}{5} + 6 \right) = \frac{87}{115}$$

Resposta: Massa: 23 kg; centro de massa: $\left(\frac{249}{115}, \frac{87}{115}\right)$.

R 3.31 Sabendo que as coordenadas do centro de massa de uma lâmina que ocupa uma região *D*, tendo como função densidade $\rho(x,y)$, são calculadas por

$$\overline{x} = \frac{1}{m}\iint_D x.\rho(x,y)dA \text{ e } \overline{y} = \frac{1}{m}\iint_D y.\rho(x,y)dA$$

onde a massa m é dada por $m = \iint_D \rho(x,y)\,dA$, determinar a massa e o centro de massa de uma lâmina triangular cujos vértices são (0,0), (0,1) e (1,0), com a função densidade $\rho(x,y) = x + y$.

Resolução:

Vamos esboçar o gráfico da região:

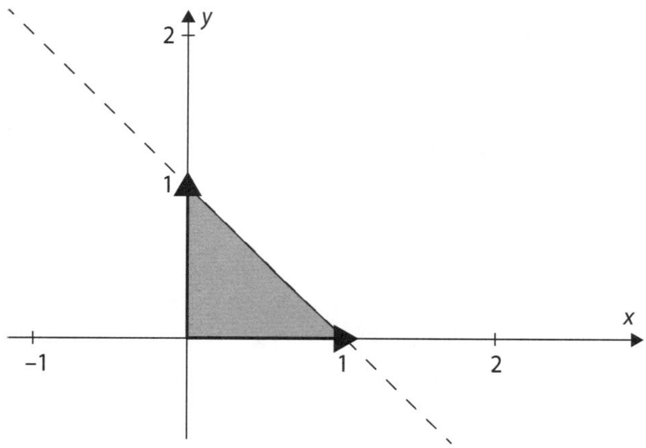

Observe que teremos que escrever a equação da reta que passa pelos pontos (0,1) e (1,0).

$$y = ax + b$$

$$1 = a.0 + b \rightarrow b = 1$$

$$1 = a.1 + b \rightarrow a = -1$$

Logo, a equação da reta que passa pelos pontos (0,1) e (1,0) é $y = 1 - x$. Portanto, a variação dos limites de integração é:

$$0 \le x \le 1$$

$$0 \le y \le 1 - x$$

Então, a massa é dada por

$$m = \iint_D \rho(x,y)\,dA = \int_0^1 \int_0^{1-x} (x+y)\,dy\,dx = \int_0^1 \left(xy + \frac{y^2}{2} \right)\Bigg|_0^{1-x} dx$$

$$= \int_0^1 \left[x(1-x) + \frac{(1-x)^2}{2} \right] dx = \frac{1}{2}\int_0^1 \left(2x - 2x^2 + 1 - 2x + x^2\right) dx$$

$$= \frac{1}{2}\int_0^1 \left(1 - x^2\right) dx = \frac{1}{2}\left(x - \frac{x^3}{3} \right)\Bigg|_0^1 = \frac{1}{2}\left(1 - \frac{1^3}{3} \right) = \frac{1}{3}$$

As coordenadas do centro de massa são

$$\bar{x} = \frac{1}{m}\iint_D x.\rho(x,y)\,dA \text{ e } \bar{y} = \frac{1}{m}\iint_D y.\rho(x,y)\,dA$$

$$\bar{x} = 3\int_0^1\int_0^{1-x} x(x+y)\,dy\,dx = 3\int_0^1\int_0^{1-x} \left(x^2+xy\right)dy\,dx = 3\int_0^1 \left(x^2y + x\frac{y^2}{2}\right)\Bigg|_0^{1-x} dx$$

$$= 3\int_0^1 \left(x^2(1-x) + x\frac{(1-x)^2}{2}\right)dx = \frac{3}{2}\int_0^1 \left(2x^2 - 2x^3 + x(1-2x+x^2\right)dx$$

$$= \frac{3}{2}\int_0^1 \left(x - x^3\right)dx = \frac{3}{2}\left(\frac{x^2}{2} - \frac{x^4}{4}\right)\Bigg|_0^1 = \frac{3}{2}\left(\frac{1}{2} - \frac{1}{4}\right) = \frac{3}{8}$$

$$\bar{y} = 3\int_0^1\int_0^{1-x} y(x+y)\,dy\,dx = 3\int_0^1\int_0^{1-x} \left(xy+y^2\right)dy\,dx = 3\int_0^1 \left(x\frac{y^2}{2} + \frac{y^3}{3}\right)\Bigg|_0^{1-x} dx$$

$$= \frac{3}{6}\int_0^1 \left(3x(1-x)^2 + 2(1-x)^3\right)dx$$

$$= \frac{1}{2}\int_0^1 \left(3x\left(1-2x+x^2\right) + 2(1-3x+3x^2-x^3\right)dx$$

$$= \frac{1}{2}\int_0^1 \left(3x - 6x^2 + 3x^3 + 2 - 6x + 6x^2 - 2x^3\right)dx$$

$$= \frac{1}{2}\int_0^1 \left(x^3 - 3x + 2\right)dx = \frac{1}{2}\left(\frac{x^4}{4} - 3\frac{x^2}{2} + 2x\right)\Bigg|_0^1 = \frac{1}{2}\left(\frac{1}{4} - \frac{3}{2} + 2\right)$$

$$= \frac{1}{2}\left(\frac{1}{4} - \frac{6}{4} + \frac{8}{4}\right) = \frac{3}{8}$$

Resposta: Massa: $\frac{1}{3}$; centro de massa: $\left(\frac{3}{8},\frac{3}{8}\right)$.

P 3.32 Determinar a massa e o centro de massa de uma lâmina que ocupa a região D que é o quarto de círculo $x^2+y^2=4$, situado no 1º quadrante, e a função densidade $\rho(x,y) = xy$.

R 3.33 Consideremos uma barragem suportando uma coluna de água, como ocorre em uma hidroelétrica. Para determinar a estrutura da barragem, é necessário conhecer a força que age nela. Determinar essa força.

Resolução:

Sabemos pela hidrostática como calcular a pressão devida à coluna de um líquido de densidade ρ. Pela lei de Stevin,

$$P(y) = P_0 + \rho.g.y$$

Conforme esquema mostrado a seguir, temos uma coluna de líquido que, no caso, consideraremos como a água.

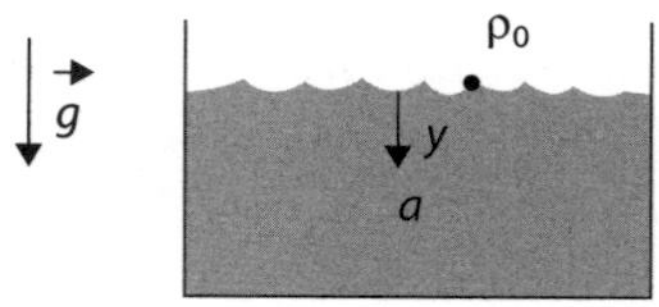

A pressão no ponto Q e em toda a linha horizontal passando pelo ponto Q é dada pela lei de Stevin. A seguir, ilustramos o esquema simplificado de uma barragem:

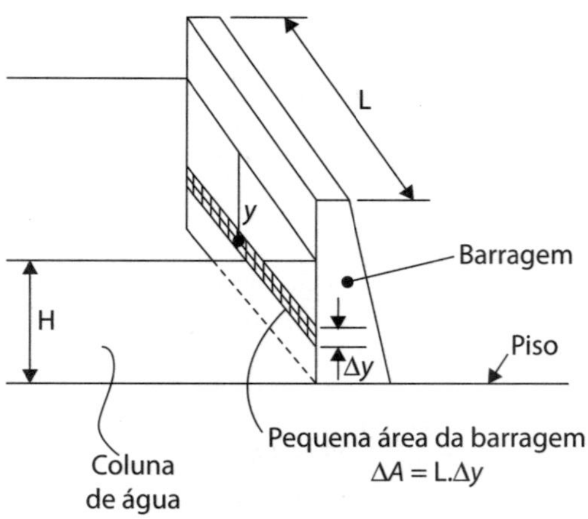

A largura da barragem é constante e de valor L. Em uma fatia estreita da barragem de altura Δy e largura L, temos uma área pequena da barragem de valor:

$$\Delta A = L.\Delta y$$

Na área ΔA age uma pressão de valor considerado constante à profundidade y igual a $P(y) = P_{ATM} + \rho.g.y$, sendo ρ a densidade do líquido e g a aceleração da gravidade. A pressão P_0 é a pressão na interface líquido–atmosfera, considerada a pressão atmosférica. Observe que a pressão atmosférica age também no outro lado da barragem. Desta forma, os dois efeitos (devido à pressão atmosférica somente!) se cancelam, restando somente o efeito da pressão exercida pela coluna de água (da esquerda para a direita na barragem). Desta forma, o elemento de força ΔF, que age no elemento de área ΔA, é dado por:

$$\Delta F(y) = P(y).\Delta A$$

Já que, como sabemos da Física, $P = \dfrac{dF}{dA}$. Desenvolvendo,

$$\Delta F(y) = P(y).\Delta A = \rho.g.y.\Delta A = \rho.g.y.L.\Delta y$$

Para calcularmos o efeito da coluna de água em todas as áreas elementares de $y = 0$ até $y = H$, devemos adicionar todos os elementos de força e, fazendo Δy tender a zero, temos que a força é dada por:

$$F = \int_0^H \rho.g.y.L.dy = \rho gL\int_0^H y dy = \rho gL\left.\frac{y^2}{2}\right|_0^H = \rho gL\frac{H^2}{2}$$

Essa é a força resultante que age na barragem. Observe que a força cresce com o quadrado da profundidade.

Outra questão seria determinar a força atuante na barragem se a sua largura não fosse constante. Poderíamos determinar o módulo da força, fazendo uma integral dupla:

$$F = \iint_A P dA = \iint_A P dx dy$$

No caso específico da barragem de largura constante, temos $0 \le x \le L$ (largura da barragem) e $0 \le y \le H$ (profundidade da barragem), daí

$$F = \int_0^L\int_0^H P dy dx = \int_0^L\int_0^H \rho g y dy dx = \int_0^L \rho g\left.\frac{y^2}{2}\right|_0^H dx = \int_0^L \rho g\frac{H^2}{2}dx = \rho g\left.\frac{H^2}{2}x\right|_0^L = \rho gL\frac{H^2}{2}$$

que é o mesmo valor obtido anteriormente. Caso a largura da barragem não seja constante, a integral dupla deverá ser usada.

R 3.34 A mecânica clássica constitui um corpo de conhecimento que é o ponto de partida para estudarmos o comportamento dos corpos submetidos a forças. Ocorre que os corpos presentes na natureza têm suas massas distribuídas na extensão do corpo. Desta forma, a mecânica clássica deve ser escrita em termos de grandezas que considerem que os corpos têm extensões e não podem ser considerados, em seu estudo geral, como partículas ou corpos pontuais. Sabemos, da experiência cotidiana, que é mais fácil fechar ou abrir uma porta agindo próximo à maçaneta do que próximo à dobradiça. Mais, a massa da porta está distribuída e não podemos considerar a porta – no estudo de seu movimento geral – como um ponto material. A grandeza que determina a inércia da porta, ou de qualquer corpo, considerando o seu movimento geral, é o movimento da inércia. Assim, vamos determinar o momento em torno da dobradiça. A porta é considerada construída de material de densidade constante d, e em forma de um retângulo, conforme desenho a seguir.

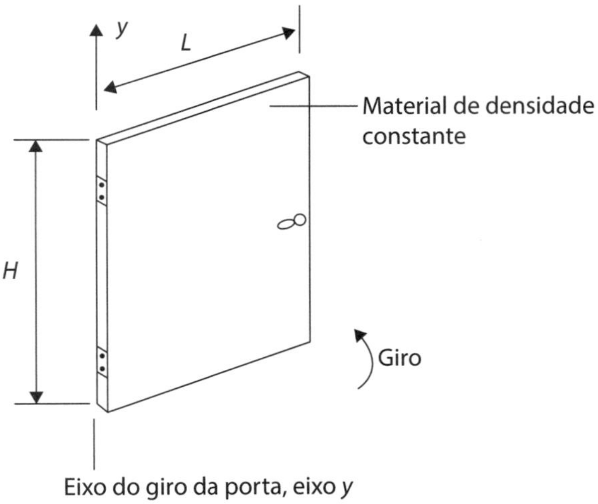

Por definição, o momento de inércia em torno do eixo y é dado pela expressão

$$I_y = \iint_{\text{região da porta}} x^2 d(x,y)\,dA$$

sendo $d(x,y)$ a função que representa matematicamente a massa da porta por unidade de área. A integral dupla é feita sobre toda a área da porta. Estamos considerando que a porta tem espessura E, sendo E muito menor que L e H. A densidade da porta por unidade de área é constante, portanto, $d(x,y) = d$.

$$I_y = \iint_{\text{região da porta}} x^2 d.dA = \int_0^L\int_0^H x^2 d.dydx = d\int_0^L\int_0^H x^2 dydx = d\int_0^L x^2 y\Big|_0^H dx$$

$$= d\int_0^L x^2 H dx = dH\int_0^L x^2 dx = dH\frac{x^3}{3}\Big|_0^L = \frac{dHL^3}{3}$$

A massa total pode ser determinada pela expressão

$$M = \iint_{\text{região da porta}} d(x,y)\,dA$$

Assim,

$$M=\int_0^L\int_0^H d.dydx=d\int_0^L\int_0^H dydx=d\int_0^L y\Big|_0^H dx=d\int_0^L Hdx=dH\int_0^L dx=dHx\Big|_0^L=dHL$$

Veja que a unidade da função densidade por unidade de área $d(x,y)$ no Sistema Internacional de Unidades (SI) é kg.m^{-2}. Desta forma, o momento de inércia da porta, girando em torno do eixo y, é dado por $I_y=\frac{dHL^3}{3}$ cuja unidade no SI é $\text{kg.m}^{-2}.\text{m.m}^3=\text{kg.m}^2$ e, como a massa da porta é $M=dHL$, segue que $I_y=\frac{ML^2}{3}$.

R 3.35 Calcular a integral tripla $\iiint_T xydV$, onde T é o paralelepípedo delimitado por

$$0\le x\le 1;\ 0\le y\le 2 \text{ e } 0\le z\le 1.$$

Resolução:

Vamos escrever a integral,

$$\int_0^1\int_0^2\int_0^1 xydxdydz=\int_0^1\int_0^2 \frac{x^2y}{2}\Big|_0^1 dydz=\frac{1}{2}\int_0^1\int_0^2 ydydz=\frac{1}{2}\int_0^1 \frac{y^2}{2}\Big|_0^2 dz=\frac{2}{2}\int_0^1 dz=z\Big|_0^1=1$$

Resposta: 1.

P 3.36 Calcular $I=\int_0^1\int_0^{x^2}\int_0^{xy^3} 18x^3y^3zdzdydx.$

P 3.37 Calcular $I=\int_0^a\int_0^b\int_0^c \text{sen}\left(\frac{\pi}{a}x\right)dzdydx.$

P 3.38 Calcular $I=\int_0^2\int_0^{\pi}\int_0^{\ln 4} x^3\cos\left(\frac{y}{2}\right)e^z dzdydx.$

P 3.39 Calcular $I=\int_0^2\int_0^{\sqrt{4-y^2}}\int_0^{4-x^2-y^2} ydzdxdy.$

R 3.40 Calcular o volume do sólido S delimitado por $z=3-y$ e $z=5$ e lateralmente pelo cilindro vertical que contorna a região R, delimitada por $y=x^2$ e $y=4$.

Resolução:

Esboçando a região de integração, temos que,

$$3 - y \leq z \leq 5$$

$$x^2 \leq y \leq 4$$

$$-2 \leq x \leq 2$$

O volume é dado por

$$V = \int_{-2}^{2}\int_{x^2}^{4}\int_{3-y}^{5} dzdydx = \int_{-2}^{2}\int_{x^2}^{4} z\Big|_{3-y}^{5} dydx = \int_{-2}^{2}\int_{x^2}^{4}\left(5-(3-y)\right)dydx$$

$$= \int_{-2}^{2}\int_{x^2}^{4}(2+y)dydx = \int_{-2}^{2}\left(2y+\frac{y^2}{2}\right)\Bigg|_{x^2}^{4} dx$$

$$= \int_{-2}^{2}\left[2\left(4-x^2\right)+\frac{1}{2}\left(4^2-\left(x^2\right)^2\right)\right]dx = \frac{1}{2}\int_{-2}^{2}\left(32-4x^2-x^4\right)dx$$

$$= \frac{1}{2}\left[32x - 4\frac{x^3}{3} - \frac{x^5}{5}\right]\Bigg|_{-2}^{2}$$

$$= \frac{1}{2}\left[32\left(2-(-2)\right)-\frac{4}{3}\left(2^3-(-2)^3\right)-\frac{1}{5}\left(2^5-(-2)^5\right)\right]$$

$$= \frac{1}{2}\left(128-\frac{64}{3}-\frac{64}{5}\right) = \frac{1}{30}\left(1.920-320-192\right) = \frac{1.408}{30} = \frac{704}{15}$$

Resposta: $V = \frac{704}{15}\,u.v.$

P 3.41 Calcular o volume do sólido S delimitado por $z = 3 - \frac{y}{2}$, superiormente por $z = 6$ e lateralmente pelo cilindro vertical que contorna a região R delimitada por $y = x^2$ e $y = 4$.

P 3.42 Calcular $\iiint_E xy\,dV$, onde E está limitado pelo paralelepípedo formado por $x = 0$; $y = 0$; $z = 0$ e $x + y + 2z = 4$.

P 3.43 Calcular $\iiint_E z^2 dV$, onde E está limitado pelo paraboloide $x = y^2 + z^2$ e pelo plano $x = 1$.

R 3.44 Calcular a integral tripla em coordenadas esféricas $\int_0^{2\pi}\int_0^{\pi/3}\int_0^1 \rho^2 \operatorname{sen}\varphi\, d\rho\, d\varphi\, d\theta$.

Resolução:

$$\int_0^{2\pi}\int_0^{\pi/3}\int_0^1 \rho^2 \operatorname{sen}\varphi\, d\rho\, d\varphi\, d\theta = \int_0^{2\pi}\int_0^{\pi/3} \frac{\rho^3}{3}\Bigg|_0^1 \operatorname{sen}\varphi\, d\varphi\, d\theta = \frac{1}{3}\int_0^{2\pi}\int_0^{\pi/3} \operatorname{sen}\varphi\, d\varphi\, d\theta$$

$$= \frac{1}{3}\int_0^{2\pi} (-\cos\varphi)\Bigg|_0^{\pi/3} d\theta = \frac{1}{3}\int_0^{2\pi}\left(-\cos\frac{\pi}{3} + \cos 0\right) d\theta$$

$$= \frac{1}{3}\int_0^{2\pi}\left(-\frac{1}{2} + 1\right) d\theta = \frac{1}{6}\int_0^{2\pi} d\theta = \frac{1}{6}\theta\Bigg|_0^{2\pi} = \frac{\pi}{3}$$

Resposta: $\frac{\pi}{3}$.

P 3.45 Calcular a integral tripla $\iiint_E \left(x^2 + y^2\right) dV$ em coordenadas esféricas para

$$0 \le \rho \le 1,\ 0 \le \varphi \le \frac{\pi}{3} \text{ e } 0 \le \theta \le 2\pi.$$

P 3.46 Calcular o volume da esfera $x^2 + y^2 + z^2 = 4$.

R 3.47 Calcular a massa de um hemisfério sólido de raio 2 m, se a densidade de volume em um ponto qualquer for proporcional à distância do ponto ao centro da base.

Resolução:

Pelos dados do exercício, a densidade é proporcional à distância do ponto ao centro da base, ou seja,

$$d = k.\rho$$

onde k é a constante de proporcionalidade e ρ é a distância do ponto P à origem dos eixos.

Se m é a massa do sólido, então,

$$m = \iiint_T k.\rho dV = k\int_0^{2\pi}\int_0^{\pi/2}\int_0^{2}(\rho)\rho^2 \operatorname{sen}\varphi d\rho d\varphi d\theta$$

$$= k\int_0^{2\pi}\int_0^{\pi/2}\int_0^{2}\rho^3 \operatorname{sen}\varphi d\rho d\varphi d\theta = k\int_0^{2\pi}\int_0^{\pi/2}\left.\frac{\rho^4}{4}\right|_0^2 \operatorname{sen}\varphi d\varphi d\theta$$

$$= \frac{16}{4}\text{k}\int_0^{2\pi}\int_0^{\pi/2}\operatorname{sen}\varphi d\varphi d\theta = 4k\int_0^{2\pi}\left.(-\cos\varphi)\right|_0^{\pi/2} d\theta$$

$$= 4k\int_0^{2\pi}\left(-\cos\left(\frac{\pi}{2}\right)+\cos 0\right)d\theta = 4k\int_0^{2\pi}d\theta = 4k\theta\Big|_0^{2\pi} = 8k\pi$$

Resposta: $8k\pi$.

P 3.48 Calcular $\iiint_E \sqrt{x^2+y^2+z^2}\,dV$, onde E está entre as esferas $x^2+y^2+z^2=1$ e $x^2+y^2+z^2=4$.

RESPOSTAS DOS EXERCÍCIOS PROPOSTOS

P 3.2

a) $I = 5$

b) $I = 7$

c) $I = 0$

P 3.4

a) $I = \dfrac{26}{105}$

b) $I = 42$

c) $I = \dfrac{1}{2}$

d) $I = \dfrac{1}{5}$

P 3.6

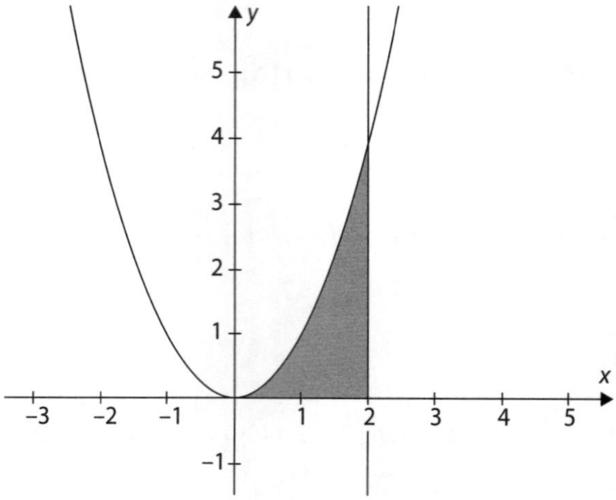

P 3.8 $I = \dfrac{544}{35}$.

P 3.9 $I = \dfrac{1376}{21}$.

P 3.10 $I = \dfrac{71}{10}$.

P 3.11 $I = \dfrac{8}{45}\left(17 - 6\sqrt{2}\right)$.

P 3.12 $I = \dfrac{1}{10}$.

P 3.13 $I = 0$.

P 3.14 $I = \dfrac{352}{15}$.

P 3.16 $V = \dfrac{2}{3} u.v.$

P 3.17 $V = \frac{13}{60} u.v.$

P 3.18 $V = \frac{2}{3} u.v.$

P 3.19 $V = \frac{2}{3} u.v.$

P 3.20 $V = \frac{2}{3} u.v.$

P 3.22 $I = 0.$

P 3.23 $I = \frac{4\pi}{3}.$

P 3.24 $I = \frac{\pi.\text{sen}4}{3}.$

P 3.25 $I = (e-1)\frac{\pi}{2}.$

P 3.26 $I = \frac{14}{3}.$

P 3.27 $I = \frac{\pi}{2}.$

P 3.29 $Q = \frac{2\pi}{3} C.$

P 3.32 Massa: 2; centro de massa: $\left(\frac{2}{3}, \frac{2}{3}\right)$.

P 3.36 $I = \frac{1}{24}.$

P 3.37 $I = \frac{2abc}{\pi}.$

P 3.38 $I = 24.$

P 3.39 $I = \frac{104}{15}.$

P 3.41 $V = \frac{224}{5} u.v.$

P 3.42 $I = -\frac{16}{3}.$

P 3.43 $I = \frac{\pi}{4}.$

P 3.45 $I = \frac{\pi}{12}.$

P 3.46 $V = \frac{32\pi}{3} u.v.$

P 3.48 $I = 15\pi.$

4 INTEGRAIS DE LINHA

O estudo das integrais de linha teve início no final do século XVIII, com o desenvolvimento da geometria diferencial. Muitos nomes, como Augustin Louis Cauchy (1789-1857), F. Frenet (1816-1888) e J. A. Serret (1819-1885) foram fundamentais ao desenvolvimento do cálculo nesta área. Particularmente, Frenet e Serret descreveram as curvas no espaço. Não podemos deixar de mencionar as contribuições de Carl Friedrich Gauss (1777-1855), que foram fundamentais para o estudo das integrais de linha.

Antes de definir a integral de linha, precisamos apresentar o conceito de curva parametrizada.

4.1 CURVA PARAMETRIZADA

Dada uma curva C no espaço, podemos escrevê-la em função de um certo parâmetro t. Chamamos de curva parametrizada ao conjunto de pontos do espaço:

$$\begin{cases} x = x(t) \\ y = y(t) \\ z = z(t) \end{cases} \text{para } t \in I \subset \mathbb{R}$$

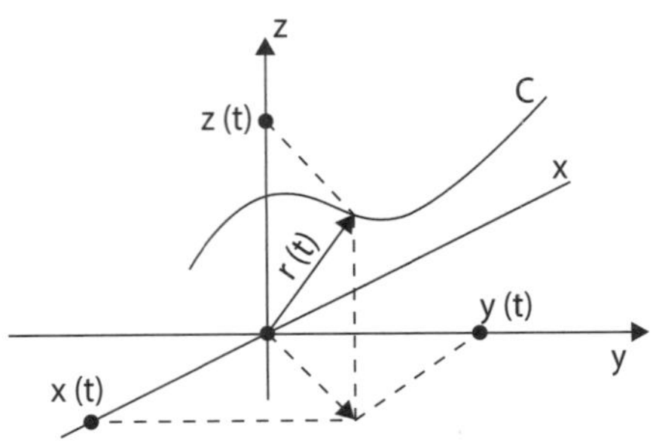

Outra maneira de representar uma curva no espaço é a sua forma vetorial:

$$C\colon \vec{r}(t) = x(t)\vec{i} + y(t)\vec{j} + z(t)\vec{k}\text{, para } t \in I \subset \mathbb{R}$$

Exemplos:

E 4.1 A representação gráfica da curva $\begin{cases} x = \cos t \\ y = \operatorname{sen} t \; t \in [0, 2\pi] \\ z = t \end{cases}$ é dada por:

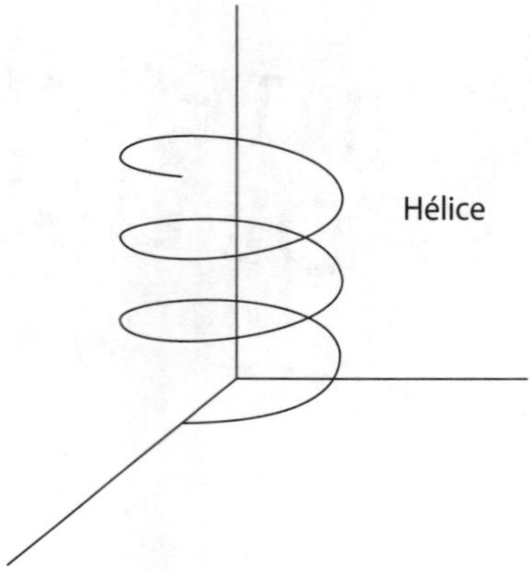

Figura 4.1

E 4.2 A representação gráfica da curva $\begin{cases} x = 2t + 1 \\ y = t \qquad t \in [0, 6] \\ z = t - 2 \end{cases}$ é dada por:

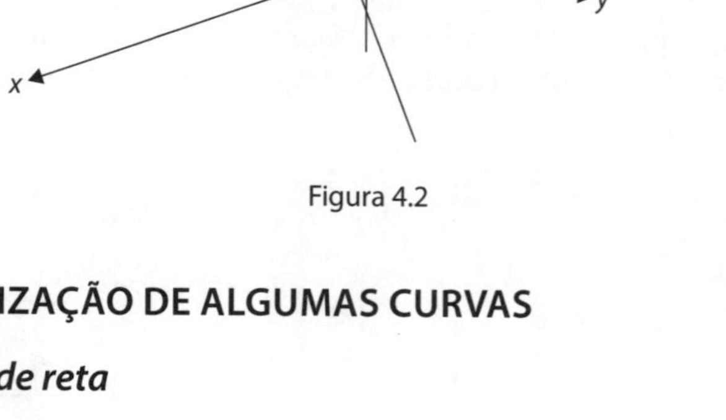

Figura 4.2

4.1.1 PARAMETRIZAÇÃO DE ALGUMAS CURVAS

4.1.1.1 Segmento de reta

Dados dois pontos do espaço, $A(x_0, y_0, z_0)$ e $B(x_1, y_1, z_1)$, queremos escrever o segmento de reta AB parametrizado. Observe que,

$$\vec{r}(t) = (1 - t)A + tB, \text{ para } 0 \le t \le 1$$

satisfaz a parametrização. Se $t=0$, $r(0)=A$ e se $t=1$, $r(1)=B$. Assim,

$$C:\begin{cases} x=(1-t).x_0+t.x_1 \\ y=(1-t).y_0+t.y_1 \text{ para } 0\leq t\leq 1 \\ z=(1-t).z_0+t.z_1 \end{cases}$$

Exemplo:

E 4.3 Escrever uma parametrização para o segmento de reta AB, sendo $A(2,-1,0)$ e $B(2,0,1)$.

Resolução:

Aplicando a fórmula de $\vec{r}(t)=(1-t)A+tB$, para $0\leq t\leq 1$, temos:

$$\begin{cases} x=(1-t).2+t.2=2-2t+2t=2 \\ y=(1-t).(-1)+t.0=-1+t \qquad \text{para } 0\leq t\leq 1 \\ z=(1-t).0+t.1=t \end{cases}$$

Resposta: A equação vetorial da curva parametrizada é $\vec{r}(t)=2\vec{i}+(t-1)\vec{j}+t\vec{k}$, para $0\leq t\leq 1$.

4.1.1.2 Circunferência no $\mathbb{R}^2$

Consideremos uma circunferência no plano xy de centro (x_0,y_0) e raio r. Lembremos que a equação reduzida é dada por: $(x-x_0)^2+(y-y_0)^2=r^2$. Para parametrizar a circunferência, temos:

$$C:\begin{cases} x=x_0+r.\cos t \\ y=y_0+r.\text{sen}t \end{cases}, \text{ onde } 0\leq t<2\pi$$

Observe que $x-x_0=r.\cos t$ e $y-y_0=r.\text{sen}t$. Então,

$$(x-x_0)^2+(y-y_0)^2=(r.\cos t)^2+(r.\text{sen}t)^2=r^2(\cos^2 t+\text{sen}^2 t)=r^2$$

que é a equação reduzida da circunferência de centro (x_0,y_0) e raio r.

Exemplo:

E 4.4 Escrever uma parametrização para a circunferência de equação geral

$$x^2+4x+y^2-2y-1=10.$$

Resolução:

Primeiro, devemos escrever a circunferência na forma reduzida para identificarmos o centro e o raio. Para isto, vamos usar o produto notável $(a \pm b)^2 = a^2 \pm 2.a.b + b^2$:

$$(x^2 + 4x) + (y^2 - 2y) = 10 + 1$$

$$(x^2 + 2.2x) + (y^2 - 2.1y) = 11$$

$$(x^2 + 2.2x + 2^2) + (y^2 - 2.1y + 1^2) = 11 + 2^2 + 1^2$$

$$(x + 2)^2 + (y - 1)^2 = 16 = 4^2$$

Logo, o centro é $(-2,1)$ e o raio é 4. Portanto, a parametrização fica

$$\begin{cases} x = -2 + 4.\cos t \\ y = 1 + 4.\text{sen}\, t \end{cases}, \text{ onde } 0 \le t < 2\pi$$

Resposta: $\vec{r}(t) = (-2 + 4.\cos t, 1 + 4.\text{sen}\, t)$ para $0 \le t < 2\pi$.

4.1.1.3 Elipse no $\mathbb{R}^2$

Dada uma elipse no plano xy de centro (x_0, y_0) e com eixos paralelos aos eixos coordenados, lembremos que a equação reduzida é dada por: $\dfrac{(x - x_0)^2}{a^2} + \dfrac{(y - y_0)^2}{b^2} = 1$. Para parametrizar a elipse, temos:

$$C: \begin{cases} x = x_0 + a.\cos t \\ y = y_0 + b.\text{sen}\, t \end{cases}, \text{ onde } 0 \le t < 2\pi$$

Exemplo:

E 4.5 Escrever uma parametrização para a elipse de equação geral

$$x^2 + 2y^2 - 4x - 4y = 2.$$

Resolução:

Primeiro, devemos escrever a equação da elipse na forma reduzida para identificarmos os elementos da elipse. Para isto, vamos usar o produto notável $(a \pm b)^2 = a^2 \pm 2.a.b + b^2$:

$$(x^2 - 4x) + 2(y^2 - 2y) = 2$$

$$\left(x^2 - 2.2x\right) + 2\left(y^2 - 2.1y\right) = 2$$

$$\left(x^2 - 2.2x + 2^2\right) + 2\left(y^2 - 2.1y + 1^2\right) = 2 + 2^2 + 2.1^2$$

$$(x-2)^2 + 2(y-1)^2 = 8$$

$$\frac{(x-2)^2}{8} + \frac{(y-1)^2}{4} = 1$$

Logo, $a = 2\sqrt{2}$ e $b = 2$. Portanto, a parametrização fica

$$\begin{cases} x = 2 + 2\sqrt{2}.\cos t \\ y = 1 + 2.\operatorname{sen} t \end{cases}, \text{ onde } 0 \le t < 2\pi$$

Resposta: $\vec{r}(t) = \left(2 + 2\sqrt{2}.\cos t, 1 + 2.\operatorname{sen} t\right)$ para $0 \le t < 2\pi$.

4.1.1.4 Outras curvas

Neste item, vamos dar alguns exemplos de curvas que podem ser parametrizadas com facilidade, por exemplo, interseção entre duas superfícies.

Exemplos:

E 4.6 Escrever uma parametrização para a interseção entre os dois planos:

$$\begin{cases} 2x + y - z + 3 = 0 \\ x + y + 3z + 5 = 0 \end{cases}$$

Resolução:

Vamos subtrair as equações:

$$x - 4z - 2 = 0 \rightarrow x = 4z + 2$$

Chamando $z = t$, temos $x = 4t + 2$ e substituímos x e z na segunda equação:

$$(4t + 2) + y + 3t + 5 = 0 \rightarrow y = -7t - 7$$

Então, a parametrização fica,

$$\vec{r}(t) = \begin{cases} x = 4t + 2 \\ y = -7t - 7 \quad t \in \mathbb{R} \\ z = t \end{cases}$$

E 4.7 Escrever uma parametrização para a parábola $y = x^2$ que está no plano $z = 2$.

Resolução:

Basta fazer $x = t$, então:

$$\vec{r}(t) = \begin{cases} x = t \\ y = t^2 \quad t \in \mathbb{R} \\ z = 2 \end{cases}$$

E 4.8 Escrever uma parametrização para a interseção da bola $x^2 + y^2 + z^2 = 5$ e o plano $z = 1$.

Resolução:

Substituindo $z = 1$,

$$x^2 + y^2 + 1^2 = 5 \rightarrow x^2 + y^2 = 4$$

É uma circunferência de centro (0,0) e raio 2, então, a parametrização fica

$$\vec{r}(t) = \begin{cases} x = 2.\cos t \\ y = 2.\text{sen}\, t, \text{ onde } 0 \leq t < 2\pi \\ z = 1 \end{cases}$$

4.2 INTEGRAL DE LINHA

Seja C: $\vec{r}(t) = x(t)\vec{i} + y(t)\vec{j} + z(t)\vec{k}$ uma curva lisa por partes definida em um intervalo $[a,b]$, ou seja, C é uma curva que, em subintervalos finitos dentro do intervalo $[a,b]$, é contínua, e sua derivada $\vec{r}'(t) = x'(t)\vec{i} + y'(t)\vec{j} + z'(t)\vec{k}$ é contínua. Seja, ainda, $f: D \subset \mathbb{R}^3 \rightarrow \mathbb{R}$ uma função de três variáveis, onde C está contida em D. A integral de linha de f sobre C é dada por

$$\int_C f(x,y,z)ds = \int_a^b f(x(t),y(t),z(t))\sqrt{(x'(t))^2 + (y'(t))^2 + (z'(t))^2}\,dt$$

Observações

1) Se a função f é uma função de duas variáveis, a integral de linha passa a ser

$$\int_C f(x,y)ds = \int_a^b f(x(t),y(t))\sqrt{(x'(t))^2 + (y'(t))^2}\,dt$$

2) Se a curva C é um segmento de reta $\begin{cases} x(t) = x \\ y(t) = 0 \end{cases}$ $x \in [a,b]$, a integral de f sobre C é uma integral unidimensional, dada por

$$\int_C f(x,y)ds = \int_a^b f(x,0)\sqrt{(1)^2 + (0)^2}\,dx = \int_a^b f(x,0)dx$$

3) Observe que estamos multiplicando a função em cada ponto do domínio pelo comprimento de arco.

4) Para uma função de duas variáveis, a integral de linha tem a seguinte interpretação geométrica:

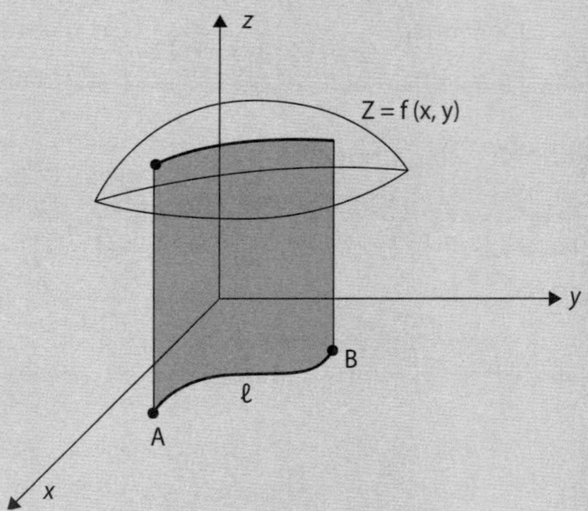

Figura 4.3

Exemplos:

E 4.9 Calcular $\int_C x^2 yz\,ds$, onde C é segmento de reta (0,0,1) até (2,1,1).

Resolução:

Vamos parametrizar a reta:

$$\vec{r}(t) = (1-t)(0,0,1) + t(2,1,1),\ 0 \le t \le 1$$

$$\vec{r}(t)=(2t,t,1),\ 0\le t\le 1\rightarrow \vec{r}'(t)=(2,1,0)$$

Então, a integral de linha é dada por

$$\int_C f(x,y,z)ds=\int_a^b f(x(t),y(t),z(t))\sqrt{(x'(t))^2+(y'(t))^2+(z'(t))^2}\,dt$$

$$=\int_0^1 (2t)^2(t)(1)\sqrt{(2)^2+(1)^2+(0)^2}\,dt=4\sqrt{5}\int_0^1 t^3dt=4\sqrt{5}\left.\frac{t^4}{4}\right|_0^1=\sqrt{5}$$

Resposta: $\sqrt{5}$.

E 4.10 Calcular $\int_C 3x\,ds$, onde C é o semicírculo $x^2+y^2=1$, para $y\ge 0$.

Resolução:

Vamos parametrizar a semicircunferência

$$\vec{r}(t)=\begin{cases}x=\cos t\\ y=\operatorname{sen} t\end{cases}\ 0\le t\le \pi\rightarrow \vec{r}'(t)=\begin{cases}x'=-\operatorname{sen} t\\ y'=\cos t\end{cases}$$

Então, a integral de linha é dada por

$$\int_C f(x,y)ds=\int_a^b f(x(t),y(t))\sqrt{(x'(t))^2+(y'(t))^2}\,dt$$

$$=\int_0^\pi 3(\cos t)\sqrt{(-\operatorname{sen} t)^2+(\cos t)^2}\,dt=3\int_0^\pi \cos t\,dt=3\operatorname{sen} t\Big|_0^\pi$$

$$=\operatorname{sen}\pi-\operatorname{sen}0=0$$

Resposta: 0.

E 4.11 Calcular $\int_C 2x\,ds$, onde C é o arco de parábola $y=x^2$ de $A(0,0)$ até $B(2,4)$.

Resolução:

Vamos parametrizar a curva:

$$\vec{r}(t)=\begin{cases}x=t\\ y=t^2\end{cases},\ 0\le t\le 2$$

$$\vec{r}'(t) = (1,2t),\ 0 \le t \le 2$$

Então, a integral de linha é dada por

$$\int_C f(x,y)ds = \int_a^b f(x(t),y(t))\sqrt{(x'(t))^2 + (y'(t))^2}dt$$

$$= \int_0^2 2(t)\sqrt{(1)^2 + (2t)^2}dt = 2\int_0^2 t\sqrt{1+4t^2}dt$$

Fazendo substituição de variável,

$$w = 1 + 4t^2 \rightarrow dw = 8tdt \rightarrow tdt = \frac{dw}{8}$$

Mudando os limites de integração,

$$\begin{cases} t = 0 \rightarrow w = 1 + 4.0^2 = 1 \\ t = 2 \rightarrow w = 1 + 4.2^2 = 17 \end{cases}$$

Então, a integral de linha fica

$$2\int_0^2 t\sqrt{1+4t^2}dt = 2\int_1^{17}\sqrt{w}\frac{dw}{8} = \frac{1}{4}\frac{w^{3/2}}{3/2}\Bigg|_1^{17} = \frac{1}{6}\left[17^{3/2} - 1^{3/2}\right] = \frac{1}{6}\left(17\sqrt{17} - 1\right)$$

Resposta: $\frac{1}{6}\left(17\sqrt{17} - 1\right)$.

PROPRIEDADES

P1. $\int_C k.f(x,y,z)ds = k.\int_C f(x,y,z)ds$, para $k \in \mathbb{R}$;

P2. $\int_C [f(x,y,z) + g(x,y,z)]ds = \int_C f(x,y,z)ds + \int_C g(x,y,z)ds.$

P3. Se C é uma curva suave de tal modo que $C = C_1 \cup C_2$, então:

$$\int_{C_1} f(x,y,z)ds + \int_{C_2} f(x,y,z)ds = \int_C f(x,y,z)ds.$$

Exemplo:

E 4.12 Calcular $\int_C (2xy - y^2)ds$, onde C é o triângulo de vértices A(0,0), B(1,0) e C(0,2).

Resolução:

Vamos parametrizar cada pedaço do caminho, da seguinte maneira: C_1: de A até B; C_2: de B até C e C_3: de C até A e integrar:

Em C_1:

$$C_1: \vec{r}(t) = (1-t)(0,0) + t(1,0), 0 \le t \le 1$$

$$\vec{r}(t) = (t,0),\ 0 \le t \le 1 \rightarrow \vec{r}\,'(t) = (1,0)$$

$$\int_{C_1} f(x,y)ds = \int_a^b f(x(t),y(t))\sqrt{(x'(t))^2 + (y'(t))^2}\,dt$$

$$= \int_0^1 (2(t).0 - 0^2)\sqrt{(1)^2 + (0)^2}\,dt = 0$$

Em C_2:

$$C_2: \vec{r}(t) = (1-t)(1,0) + t(0,2), 0 \le t \le 1$$

$$\vec{r}(t) = (1-t,2t),\ 0 \le t \le 1 \rightarrow \vec{r}\,'(t) = (-1,2)$$

$$\int_{C_2} f(x,y)ds = \int_a^b f(x(t),y(t))\sqrt{(x'(t))^2 + (y'(t))^2}\,dt$$

$$= \int_0^1 \left(2(1-t).(2t) - (2t)^2\right)\sqrt{(-1)^2 + (2)^2}\,dt = 4\sqrt{5}\int_0^1 (t - 2t^2)dt$$

$$= 4\sqrt{5}\left(\frac{t^2}{2} - 2\frac{t^3}{3}\right)\Bigg|_0^1 = 4\sqrt{5}\left(\frac{1}{2} - \frac{2}{3}\right) = 4\sqrt{5}\left(-\frac{1}{6}\right) = -\frac{2\sqrt{5}}{3}$$

Em C_3:

$$C_3: \vec{r}(t) = (1-t)(0,2) + t(0,0), 0 \le t \le 1$$

$$\vec{r}(t)=(0,2-2t),\ 0\leq t\leq 1\rightarrow \vec{r}'(t)=(0,-2)$$

$$\int_{C_3} f(x,y)ds=\int_a^b f(x(t),y(t))\sqrt{(x'(t))^2+(y'(t))^2}\,dt$$

$$=\int_0^1\left(2(0).(2-2t)-(2-2t)^2\right)\sqrt{(0)^2+(-2)^2}\,dt=-2\int_0^1\left(4-8t+4t^2\right)dt$$

$$=-8\left(t-2\frac{t^2}{2}+\frac{t^3}{3}\right)\Bigg|_0^1=-8\left(1-1+\frac{1}{3}\right)=-\frac{8}{3}$$

Agora,

$$\int_C f(x,y)ds=\int_{C_1} f(x,y)ds+\int_{C_2} f(x,y)ds+\int_{C_3} f(x,y)ds=0-\frac{2\sqrt{5}}{3}-\frac{8}{3}=-\frac{2\sqrt{5}+8}{3}.$$

Resposta: $-\dfrac{2\sqrt{5}+8}{3}$.

4.2.1 INTEGRAIS DE LINHA EM CAMPOS VETORIAIS

Seja C: $\vec{r}(t)=x(t)\vec{i}+y(t)\vec{j}+z(t)\vec{k}$ uma curva lisa por partes, definida em um intervalo $[a,b]$, ou seja, C é uma curva que, em subintervalos finitos dentro do intervalo $[a,b]$, é contínua, e sua derivada $\vec{r}'(t)=x'(t)\vec{i}+y'(t)\vec{j}+z'(t)\vec{k}$ é contínua. Consideremos, agora, $\vec{f}:D\subset\mathbb{R}^3\rightarrow\mathbb{R}^3$ um campo vetorial sobre D, onde C está contida em D. A integral de linha de $\vec{f}$ sobre C é dada por

$$\int_C \vec{f}.d\vec{r}=\int_a^b \vec{f}(x(t),y(t),z(t)).(x'(t),y'(t),z'(t))dt$$

onde o ponto (.) representa produto escalar entre os vetores.

Se $\vec{f}(x,y,z)=f_1(x,y,z)\vec{i}+f_2(x,y,z)\vec{j}+f_3(x,y,z)\vec{k}$, e considerando que

$$dx=x'(t)dt;\ dy=y'(t)dt \text{ e } dz=z'(t)dt$$

Então, a integral de linha sobre campos vetoriais pode ser escrita como

$$\int_C \vec{f}.d\vec{r}=\int_C\left(f_1(x,y,z)dx+f_2(x,y,z)dy+f_3(x,y,z)dz\right)$$

Exemplos:

E 4.13 Calcular $\int_C \vec{f}.d\vec{r}$, onde $\vec{f}(x,y,z) = 2xz\vec{i} + yz^2\vec{j} + 3xy\vec{k}$ ao longo da linha poligonal C de $A(0,0,0)$ até $B(1,0,1)$ e de B até $C(2,0,1)$.

Resolução:

Vamos parametrizar cada pedaço do caminho da seguinte maneira:

$$C_1\text{: de } A \text{ até } B \text{ e } C_2\text{: de } B \text{ até } C.$$

Em C_1:

$$C_1\text{: } \vec{r}(t) = (1-t)(0,0,0) + t(1,0,1), 0 \le t \le 1$$

$$\vec{r}(t) = (t,0,t),\ 0 \le t \le 1 \to \vec{r}'(t) = (1,0,1)$$

$$\int_{C_1} \vec{f}.d\vec{r} = \int_a^b \vec{f}(x(t),y(t),z(t)).(x'(t),y'(t),z'(t))dt$$

$$= \int_0^1 (2(t)(t),0.t^2,3(t)0).(1,0,1)dt = \int_0^1 2t^2 dt = 2\frac{t^3}{3}\bigg|_0^1 = \frac{2}{3}$$

Em C_2:

$$C_2\text{: } \vec{r}(t) = (1-t)(1,0,1) + t(2,0,1),\ 0 \le t \le 1$$

$$\vec{r}(t) = (1+t,0,1), 0 \le t \le 1 \to \vec{r}'(t) = (1,0,0)$$

$$\int_{C_2} \vec{f}\ .\ d\vec{r} = \int_a^b \vec{f}(x(t),y(t),z(t)).(x'(t),y'(t),z'(t))dt$$

$$= \int_0^1 (2(1+t)(1),0.1^2,3(1+t)0).(1,0,0)dt = \int_0^1 2(1+t)dt$$

$$= 2\left[t + \frac{t^2}{2}\right]\bigg|_0^1 = 2.\frac{3}{2} = 3$$

Somando as integrais,

$$\int_C \vec{f}.d\vec{r} = \int_{C_1} \vec{f}.d\vec{r} + \int_{C_2} \vec{f}.d\vec{r} = \frac{2}{3} + 3 = \frac{11}{3}$$

Resposta: $\frac{11}{3}$.

E 4.14 Calcular $\int_C \vec{f}.d\vec{r}$, onde $\vec{f}(x,y,z) = (x^2+1)\vec{i} + 2z^2\vec{j} + 3yz\vec{k}$ ao longo da curva interseção do paraboloide $z = x^2 + y^2$ com o plano $z - 4 = 0$.

Resolução:

Vamos parametrizar a interseção,

$$z = x^2 + y^2 \rightarrow x^2 + y^2 = 4$$

$$\vec{r}(t) = \begin{cases} x = 2.\cos t \\ y = 2.\operatorname{sen} t \quad 0 \le t \le 2\pi \\ z = 4 \end{cases} \rightarrow \vec{r}'(t) = \begin{cases} x' = -2.\operatorname{sen} t \\ y' = 2.\cos t \\ z' = 0 \end{cases}$$

Então, a integral de linha

$$\int_C \vec{f}.d\vec{r} = \int_a^b \vec{f}(x(t),y(t),z(t)).(x'(t),y'(t),z'(t))dt$$

$$= \int_0^{2\pi} \left(((2\cos t)^2+1), 2.4^2, 3.2\operatorname{sen} t.4\right).(-2.\operatorname{sen} t, 2.\cos t, 0)dt$$

$$= \int_0^{2\pi} \left(-8\cos^2 t.\operatorname{sen} t - 2.\operatorname{sen} t + 64\cos t\right)dt$$

Fazendo substituição de variável na primeira integral,

$$w = \cos t \rightarrow dw = -\operatorname{sen} t\, dt$$

$$\int_0^{2\pi} \left(-8\cos^2 t.\operatorname{sen} t - 2.\operatorname{sen} t + 64\cos t\right)dt = \left[8\frac{\cos^3 t}{3} + 2.\cos t - 64.\operatorname{sen} t\right]_0^{2\pi}$$

$$= \frac{8}{3}\left(\cos^3 2\pi - \cos^3 0\right) - 2\left(\cos 2\pi - \cos 0\right) - 64\left(\operatorname{sen} 2\pi - \operatorname{sen} 0\right) = 0$$

Resposta: 0.

4.2.2 INTEGRAL DE LINHA SOBRE CAMPOS CONSERVATIVOS

Teorema fundamental para integral de linha

Seja $\vec{f}: D \subset \mathbb{R}^3 \to \mathbb{R}^3$ um campo vetorial conservativo, ou seja, de acordo com o item 2.14 existe $u: D \to \mathbb{R}$ uma função de três variáveis, diferenciável em D tal que $\vec{\nabla} u = \vec{f}$. Então,

$$\int_C \vec{f}.d\vec{r} = u(B) - u(A)$$

onde C é qualquer caminho em D que inicia no ponto A e vai até o ponto B.

Justificativa

Sejam A e B dois pontos em D e vamos escolher um caminho suave inteiramente contido em D, $\vec{r}(t) = x(t)\vec{i} + y(t)\vec{j} + z(t)\vec{k}$, onde $t \in [a,b]$; $\vec{r}(a) = A$ e $\vec{r}(b) = B$. Então,

$$\int_C \vec{f}.d\vec{r} = \int_C \vec{\nabla} u.d\vec{r} = \int_a^b \vec{\nabla} u(\vec{r}(t)).\vec{r'}(t)dt$$

Vamos chamar de $h(t) = u(\vec{r}(t))$. Então, pela regra da cadeia para funções de várias variáveis, item 2.5,

$$h'(t) = \frac{\partial u}{\partial x}\frac{dx}{dt} + \frac{\partial u}{\partial y}\frac{dy}{dt} + \frac{\partial u}{\partial z}\frac{dz}{dt}$$

Ou seja,

$$\int_C \vec{f}.d\vec{r} = \int_a^b \vec{\nabla} u(\vec{r}(t)).\vec{r'}(t)dt \int_a^b \left(\frac{\partial u}{\partial x}, \frac{\partial u}{\partial y}, \frac{\partial u}{\partial z}\right).(x'(t), y'(t), z'(t))dt$$

$$= \int_a^b \frac{\partial u}{\partial x}\frac{dx}{dt} + \frac{\partial u}{\partial y}\frac{dy}{dt} + \frac{\partial u}{\partial z}\frac{dz}{dt}dt = \int_a^b h'(t)dt = h(t)\Big|_a^b = h(b) - h(a)$$

$$= u(\vec{r}(b)) - u(\vec{r}(a)) = u(B) - u(A).$$

Observações:

1) Pelo Teorema Fundamental do Cálculo para integral de linha, a integral independe do caminho;

> 2) Se a curva C for fechada, ou seja, começa e termina no mesmo ponto, então, a integral de linha do campo vetorial conservativo sobre a curva C é zero e representada por: $\oint \vec{f}.d\vec{r}$.

Exemplos:

E 4.15 Calcular $\int_C \vec{f}.d\vec{r}$, onde $\vec{f}(x,y,z) = y^2z^3\vec{i} + (2xyz^3 + 2)\vec{j} + (3xy^2z^2 - 2z)\vec{k}$, ao longo de qualquer caminho de $A(0,1,1)$ até $B(1,1,2)$.

Resolução:

Primeiro, vamos verificar se o campo vetorial é conservativo:

$$rot\,\vec{f} = \begin{vmatrix} \vec{i} & \vec{j} & \vec{k} \\ \partial/\partial x & \partial/\partial y & \partial/\partial z \\ y^2z^3 & 2xyz^3 + 2 & 3xy^2z^2 - 2z \end{vmatrix}$$

$$= \left(6xyz^2 - 6xyz^2, 3y^2z^2 - 3y^2z^2, 2yz^3 - 2yz^3\right) = \vec{0}$$

Logo, existe uma função potência $u(x,y,z)$ tal que $\vec{\nabla} u = \vec{f}$, ou seja,

$$\begin{cases} \dfrac{\partial u}{\partial x} = y^2z^3 & (1) \\ \dfrac{\partial u}{\partial y} = 2xyz^3 + 2 & (2) \\ \dfrac{\partial u}{\partial z} = 3xy^2z^2 - 2z & (3) \end{cases}$$

Vamos ter que usar as três equações. Começando pela (1), integrando com relação a x:

$$u(x,y,z) = \int y^2z^3dx = xy^2z^3 + h(y,z) \qquad (*)$$

Observe que, como $u(x,y,z)$ é uma função de três variáveis, quando integramos com relação a x, pode haver uma "constante" em relação a x, que dependa de y e de z. Agora, vamos derivar (*) e igualar à Equação (2):

$$\frac{\partial u}{\partial y} = 2xyz^3 + \frac{\partial h}{\partial y} = 2xyz^3 + 2 \overset{(2)}{=} \rightarrow \frac{\partial h}{\partial y} = 2$$

Integrando $\frac{\partial h}{\partial y}$ com relação a y, temos

$$h(y,z) = \int 2dy = 2y + g(z)$$

Ou seja,

$$u(x,y,z) = xy^2z^3 + 2y + g(z) \qquad (**)$$

Derivando (**) com relação a z e igualando à Equação (3),

$$\frac{\partial u}{\partial z} = 3xy^2z^2 + g'(z) = 3xy^2z^2 - 2z \overset{(3)}{=\!\!\longrightarrow} g'(z) = -2z$$

Integrando $g'(z)$,

$$g(z) = \int -2zdz = -z^2 + C$$

Logo,

$$u(x,y,z) = xy^2z^3 + 2y - z^2 + C$$

Pelo teorema fundamental do cálculo para integral de linha,

$$\int_C \vec{f}.d\vec{r} = u(B) - u(A) = u(1,1,2) - u(0,1,1) = 5$$

Resposta: $I = 5$.

E 4.16 Seja $\vec{f}(x,y,z) = (yze^x + 2)\vec{i} + (ze^x + 3y)\vec{j} + (ye^x - 2z)\vec{k}$. Calcular $\int_C \vec{f}.d\vec{r}$ ao longo de qualquer caminho de $A(0,1,-1)$ até $B(0,2,1)$.

Resolução:

Primeiro, vamos verificar se o campo vetorial é conservativo:

$$rot\,\vec{f} = \begin{vmatrix} \vec{i} & \vec{j} & \vec{k} \\ \partial/\partial x & \partial/\partial y & \partial/\partial z \\ yze^x + 2 & ze^x + 3y & ye^x - 2z \end{vmatrix} = (e^x - e^x, ye^x - ye^x, ze^x - ze^x) = \vec{0}$$

Logo, existe uma função potência $u(x,y,z)$ tal que $\vec{\nabla}u = \vec{f}$, ou seja,

$$\begin{cases} \dfrac{\partial u}{\partial x} = yze^x + 2 & (1) \\ \dfrac{\partial u}{\partial y} = ze^x + 3y & (2) \\ \dfrac{\partial u}{\partial z} = ye^x - 2z & (3) \end{cases}$$

Vamos ter que usar as três equações. Começando pela (1), integrando com relação a x:

$$u(x,y,z) = \int (yze^x + 2)dx = yze^x + 2x + h(y,z) \qquad (*)$$

Observe que, como $u(x,y,z)$ é uma função de três variáveis, quando integramos com relação a x, pode haver uma "constante" em relação a x, que dependa de y e de z. Agora, vamos derivar (*) e igualar à Equação (2):

$$\frac{\partial u}{\partial y} = ze^x + \frac{\partial h}{\partial y} = ze^x + 3y \overset{(2)}{=} \rightarrow \frac{\partial h}{\partial y} = 3y$$

Integrando $\dfrac{\partial h}{\partial y}$ com relação a y, temos,

$$h(y,z) = \int 3ydy = \frac{3y^2}{2} + g(x)$$

Ou seja,

$$u(x,y,z) = yze^x + 2x + \frac{3y^2}{2} + g(x) \qquad (**)$$

Derivando (**) com relação a z e igualando à Equação (3),

$$\frac{\partial u}{\partial z} = ye^x + g'(z) = ye^x - 2z \overset{(3)}{=} \rightarrow g'(z) = -2z$$

Integrando $g'(z)$,

$$g(z) = \int -2zdz = -z^2 + C$$

Logo,

$$u(x,y,z) = yze^x + 2x + \frac{3y^2}{2} - z^2 + C$$

Pelo teorema fundamental do cálculo para integral de linha,

$$\int_C \vec{f}.d\vec{r} = u(B) - u(A) = u(0,2,1) - u(0,1,-1) = \frac{15}{2}$$

Resposta: $I = \frac{15}{2}$.

4.2.3 TEOREMA DE GREEN

O teorema de Green relaciona integrais duplas e integrais de linha. Mas, antes, devemos definir uma curva orientada. Dizemos que uma curva no plano é orientada se está definido, além dos pontos de início e fim, o sentido em que se percorre a curva, ou seja, sentido horário ou sentido anti-horário. Se a curva é fechada, ou seja, o ponto de início coincide com o ponto final, dizemos que ela é simples se não tiver autointerseções. Vamos definir que a curva C está no sentido positivo se está orientada no sentido anti-horário, caso contrário, está no sentido negativo. Neste caso, $-C$ está orientada no sentido horário.

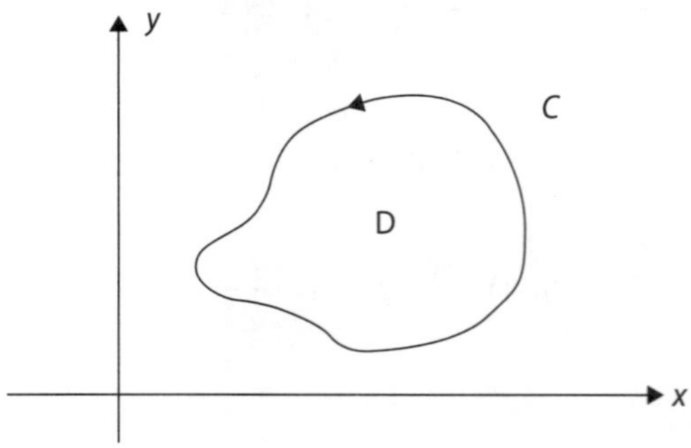

Figura 4.4

Teorema de Green:

Seja C uma curva fechada simples, suave por partes, orientada positivamente, e D uma região fechada delimitada por C. Seja $\vec{f}$ um campo vetorial contínuo com derivadas contínuas em D. Então,

$$\oint_C f_1 dx + f_2 dy = \iint_D \left(\frac{\partial f_2}{\partial x} - \frac{\partial f_1}{\partial y} \right) dA$$

GEORGE GREEN
(1793-1841)

Matemático e físico inglês, foi o pioneiro a desenvolver a teoria matemática da eletricidade e do magnetismo e a separar as duas matérias. Desenvolveu funções que levam seu nome e o teorema apresentado aqui. Sua obra *Ensaios de aplicações da análise matemática à eletricidade e ao magnetismo* só foi reconhecida 17 anos após sua publicação por Lord Kelvin, que fez questão de divulgar seu trabalho no meio acadêmico.

Exemplos:

E 4.17 Aplicar o teorema de Green para calcular $\oint_C \left[ye^x dx + 2xydy\right]$, onde C é o quadrado de (0,0), (1,0), (1,1) e (0,1) orientado no sentido positivo.

Resolução:

Vamos fazer as derivadas parciais,

$$\frac{\partial f_2}{\partial x} = 2y \text{ e } \frac{\partial f_1}{\partial y} = e^x$$

Agora, esboçando a região delimitada pelo caminho,

Observamos que a região é um quadrado e

$$0 \le x \le 1 \text{ e } 0 \le y \le 1$$

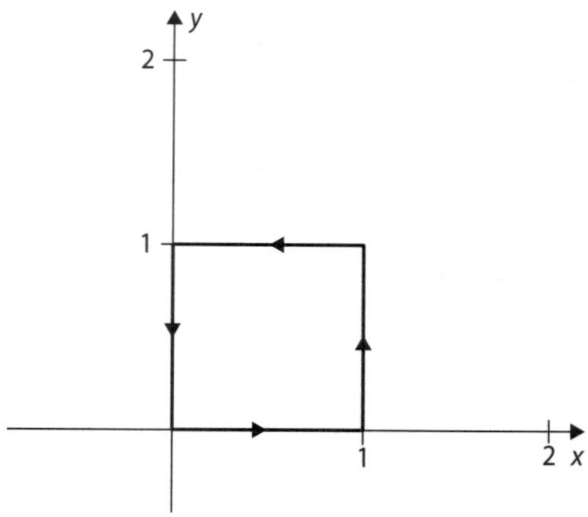

Logo,

$$\int_0^1\int_0^1 \left(2y - e^x\right)dxdy = \int_0^1 \left[2xy - e^x\right]\Big|_0^1 dy$$

$$= \int_0^1 (2y - e + 1)dy = \left(y^2 - ey + y\right)\Big|_0^1 = 2 - e$$

Resposta: $2 - e$.

E 4.18 Usando o teorema de Green, calcular $\oint_C \left[xydx + x^2dy\right]$, onde C é o triângulo de vértices (0,0), (2,1) e (0,1), orientado no sentido positivo.

Resolução:

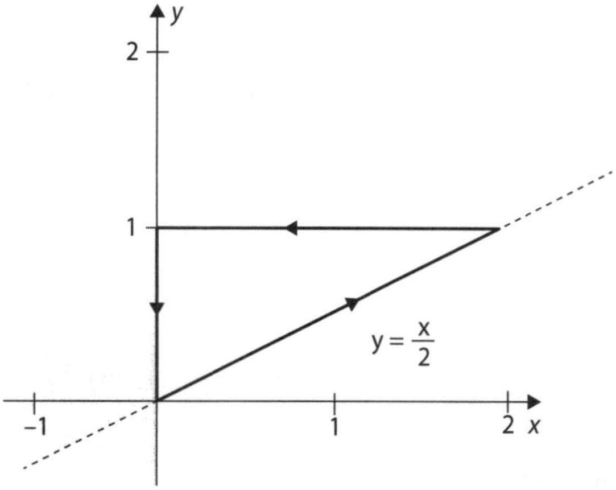

Vamos fazer as derivadas parciais,

$$\frac{\partial f_2}{\partial x} = 2x \text{ e } \frac{\partial f_1}{\partial y} = x$$

Agora, esboçando a região delimitada pelo caminho, teremos que escrever a equação da reta que passa pelos pontos $(0,0)$ e $(2,1)$.

$y = ax + b$ para $(0,0) \to 0 = a.0 + b \to b = 0$

$$y = ax + 0 \text{ para } (2,1) \rightarrow 1 = a.2 \rightarrow a = 1/2$$

Logo, $y = \dfrac{x}{2}$. Então, a região de integração varia,

$$0 \leq x \leq 2 \text{ e } \frac{x}{2} \leq y \leq 1$$

$$\int_0^2 \int_{\frac{x}{2}}^1 (2x - x)\,dy\,dx = \int_0^2 [xy] \Big|_{x/2}^{1} dx$$

$$= \int_0^2 \left(x - \frac{x^2}{2} \right) dx = \left(\frac{x^2}{2} - \frac{x^3}{6} \right) \Big|_0^2 = 2 - \frac{4}{3} = \frac{2}{3}$$

Resposta: $\dfrac{2}{3}$.

E 4.19 Usando o teorema de Green, calcular $\oint_C \left[(x + y^2)\,dx + (2x^2 y)\,dy \right]$, onde C é a circunferência de centro (0,0) e raio 1, orientada no sentido positivo.

Resolução:

Vamos fazer as derivadas parciais

$$\frac{\partial f_2}{\partial x} = 4xy \text{ e } \frac{\partial f_1}{\partial y} = 2y$$

Como a região delimitada pelo caminho é um círculo, vamos usar coordenadas polares,

$$\begin{cases} x = r \cdot \cos\theta \\ y = r \cdot \text{sen}\theta \end{cases} \rightarrow \begin{matrix} 0 \leq r \leq 1 \\ 0 \leq \theta \leq 2\pi \end{matrix}$$

$$\int_0^{2\pi} \int_0^1 \left(4(r \cdot \cos\theta)(r \cdot \text{sen}\theta) - 2(r \cdot \text{sen}\,\theta) \right) r\,dr\,d\theta$$

$$= \int_0^{2\pi} \int_0^1 \left(4r^3 \cos\theta \,\text{sen}\,\theta - 2r^2 \text{sen}\,\theta \right) dr\,d\theta$$

$$= \int_0^{2\pi} \left[r^4 \cos\theta \,\text{sen}\,\theta - \frac{2r^3}{3} \text{sen}\,\theta \right] \Bigg|_0^1 d\theta$$

$$= \int_0^{2\pi} \left(\cos\theta \,\text{sen}\,\theta - \frac{2}{3} \text{sen}\,\theta \right) d\theta = \left[\frac{\text{sen}^2\theta}{2} \right] \Bigg|_0^{2\pi} + \frac{2}{3} [\cos\theta] \Big|_0^{2\pi} = 0$$

Resposta: 0.

4.2.3.1 Área de uma região plana usando integral de linha

Se quisermos calcular a área de uma figura plana aplicando o teorema de Green, basta tomar como campo vetorial $\vec{f} = x\vec{j}$ ou $\vec{f} = -y\vec{i}$. Neste caso,

$$\oint_C x dy = \iint_D dA$$

ou

$$\oint_C -y dx = \iint_D dA$$

Daí, segue que

$$A = \oint_C x dy$$

ou

$$A = \oint_C -y dx$$

Ainda, podemos combinar as fórmulas apresentadas aqui e tirar uma terceira fórmula de área de figuras planas:

$$A = \frac{1}{2}\oint_C (x dy - y dx)$$

E 4.20 Calcular a área do triângulo $A(0,0)$, $B(1,1)$ e $C(0,2)$.

Resolução:

Vamos parametrizar cada pedaço do caminho, da seguinte maneira: C_1: de A até B; C_2: de B até C e C_3: de C até A, e integrar:

em C_1 :

$$C_1\text{: } \vec{r}(t) = (1-t)(0,0) + t(1,1),\ 0 \le t \le 1$$

$$\vec{r}(t) = (t,t), 0 \le t \le 1 \rightarrow \vec{r}'(t) = (1,1)$$

$$\iint_D dA = \oint_C x dy$$

$$\int_{C_1} xdy = \int_0^1 tdt = \left.\frac{t^2}{2}\right|_0^1 = \frac{1}{2}$$

em C_2:

$$C_2 : \vec{r}(t) = (1-t)(1,1) + t(0,2),\ 0 \le t \le 1$$

$$\vec{r}(t) = (1-t, 1+t),\ 0 \le t \le 1 \rightarrow \vec{r}'(t) = (-1,1)$$

$$\int_{C_2} xdy = \int_0^1 (1-t)dt = \left.\left(t - \frac{t^2}{2}\right)\right|_0^1 = \left(1 - \frac{1}{2}\right) = \frac{1}{2}$$

em C_3:

$$C_3 : \vec{r}(t) = (1-t)(0,2) + t(0,0),\ 0 \le t \le 1$$

$$\vec{r}(t) = (0, 2-2t),\ 0 \le t \le 1 \rightarrow \vec{r}'(t) = (0,-2)$$

$$\int_{C_3} xdy = \int_0^1 0dt = 0$$

Agora,

$$\iint_D dA = \oint_C xdy = \oint_{C_1} xdy + \oint_{C_2} xdy + \oint_{C_3} xdy = \frac{1}{2} + \frac{1}{2} + 0 = 1$$

Resposta: 1.

E 4.21 Calcular a área da figura delimitada pela parábola $y = x^2$ e as retas $x = 0$ e $y = 4$.

Resolução:

A parametrização é dada por

$$\begin{cases} x = t \\ y = t^2 \end{cases} 0 \le t \le 2 \rightarrow \begin{cases} x' = 1 \\ y' = 2t \end{cases}$$

$$\iint_D dA = \oint_C x dy = \int_0^2 t.2t dt = 2\int_0^2 t^2 dt = 2\frac{t^3}{3}\Bigg|_0^2 = \frac{2.2^3}{3} = \frac{16}{3}$$

Resposta: $\frac{16}{3}$.

4.3 ROTEIRO DE ESTUDOS COM EXERCÍCIOS RESOLVIDOS E EXERCÍCIOS PROPOSTOS

R 4.1 Determinar uma parametrização para o segmento de reta de $A(2,0,1)$ até $B(-3,4,1)$.

Resolução:

Aplicando a fórmula de $\vec{r}(t) = (1-t)A + tB$, para $0 \le t \le 1$, temos:

$$\begin{cases} x = (1-t).2 + t.(-3) = 2 - 2t - 3t = 2 - 5t \\ y = (1-t).0 + t.4 = 4t \\ z = (1-t).1 + t.1 = 1 - t + t = 1 \end{cases} \quad \text{para } 0 \le t \le 1$$

Resposta: A equação vetorial da curva parametrizada é $\vec{r}(t) = (2-5t)\vec{i} + 4t\vec{j} + 1\vec{k}$, para $0 \le t \le 1$.

P 4.2 Determinar uma parametrização para o segmento de reta de A até B:

a) $A(0,0,2)$ e $B(0,1,3)$

b) $A(-1,1,2)$ e $B(0,2,-3)$

c) $A(4,3,2)$ e $B(-1,3,1)$

R 4.3 Determinar uma parametrização da curva $x^2 + y^2 - 2x + 4y + 1 = 0$.

Resolução:

Primeiro, devemos escrever a circunferência na forma reduzida para identificarmos o centro e o raio. Para isto, vamos usar o produto notável $(a \pm b)^2 = a^2 \pm 2.a.b + b^2$:

$$(x^2 - 2x) + (y^2 + 4y) = -1$$

$$(x^2 - 2.1x) + (y^2 + 2.2y) = -1$$

$$\left(x^2-2.1x+1^2\right)+\left(y^2+2.2y+2^2\right)=-1+1^2+2^2$$

$$\left(x-1\right)^2+\left(y+2\right)^2=4=2^2$$

Logo, o centro é $\left(1,-2\right)$ e o raio é 2. Portanto, a parametrização fica

$$\begin{cases} x=1+2.\cos t \\ y=-2+2.\text{sen}\, t \end{cases}, \text{ onde } 0\leq t<2\pi$$

Resposta: $\vec{r}\left(t\right)=\left(1+2.\cos t,-2+2.\text{sen}\, t\right)$ para $0\leq t<2\pi$.

P 4.4 Determinar uma parametrização das curvas a seguir:

a) $x^2+y^2+2x-6y+1=0$

b) $x^2+y^2-2y-15=0$

c) $9x^2+4y^2-18x+16y-11=0$

d) $4x^2+5y^2+16x-10y+31=0$

R 4.5 Determinar uma parametrização para a interseção de $y=x^3+1$ e $z=x^2$.

Resolução:

Como as duas variáveis estão em função de x, é mais fácil chamar a variável x do parâmetro t. Então, temos

$$\begin{cases} x=t \\ y=t^3+1 \quad t\in\mathbb{R} \\ z=t^2 \end{cases}$$

P 4.6 Determinar uma parametrização para a interseção das curvas a seguir:

a) $x^2+y^2+z^2=13$ e $z=4$

b) $2x^2+y^2+4x=6$ e $z=1$

c) $z=y^2$ e $y=x+1$

R 4.7 Calcular $\int_C xy^2\, ds$, onde C é o semicírculo $x^2+y^2=1$ para $x\geq 0$.

Resolução:

Parametrizando o semicírculo, temos:

$$\begin{cases} x = \cos t \\ y = \operatorname{sen} t \end{cases}, \text{onde} -\frac{\pi}{2} \le t < \frac{\pi}{2} \rightarrow \begin{cases} x' = -\operatorname{sen} t \\ y' = \cos t \end{cases}$$

Então,

$$\int_C xy^2\, ds = \int_{-\frac{\pi}{2}}^{\frac{\pi}{2}} (\cos t)(\operatorname{sen} t)^2 \sqrt{(-\operatorname{sen} t)^2 + (\cos t)^2}\, dt = \int_{-\frac{\pi}{2}}^{\frac{\pi}{2}} \cos t \operatorname{sen}^2 t dt$$

Fazendo substituição de variável,

$$w = \operatorname{sen} t \rightarrow dw = \cos t dt$$

$$\int_{-\frac{\pi}{2}}^{\frac{\pi}{2}} \cos t \operatorname{sen}^2 t dt = \frac{\operatorname{sen}^3 t}{3}\Bigg|_{-\frac{\pi}{2}}^{\frac{\pi}{2}} = \frac{1}{3}\left(1^3 - (-1)^3\right) = \frac{2}{3}$$

Resposta: $I = \frac{2}{3}$.

P 4.8 Calcular $\int_C (xy + z^2)ds$, onde C é a interseção da esfera $x^2 + y^2 + z^2 = 13$ com o plano $z = 2$.

P 4.9 Calcular $\int_C (3xy + 4yz)ds$, onde C é dado por $y = x^3 + 1$ e $z = \sqrt{6}x^2$, para $0 \le x \le 1$.

P 4.10 Calcular $\int_C 2xyz\, ds$, onde C é o segmento de reta de $A(-1,2,3)$ até $B(2,1,5)$.

R 4.11 Calcular $\int_C \vec{f}.d\vec{r}$, onde $\vec{f}(x,y,z) = x^2z\vec{i} + 2yz^2\vec{j} + yz\vec{k}$ ao longo da linha poligonal C de $A(0,1,0)$ até $B(1,2,1)$ e de B até $C(2,1,1)$.

Resolução:

Vamos parametrizar cada pedaço do caminho da seguinte maneira: C_1: de A até B e C_2: de B até C.

Em C_1:

$$C_1: \vec{r}(t) = (1-t)(0,1,0) + t(1,2,1), 0 \le t \le 1$$

$$\vec{r}(t) = (t, 1+t, t), 0 \le t \le 1 \to \vec{r}'(t) = (1,1,1)$$

$$\int_{C_1} \vec{f}.d\vec{r} = \int_a^b \vec{f}(x(t), y(t), z(t)).(x'(t), y'(t), z'(t))dt$$

$$= \int_0^1 (t^2(t), 2(1+t)t^2, (1+t)t).(1,1,1)dt$$

$$= \int_0^1 (t^3 + 2t^2 + 2t^3 + t + t^2)dt = \int_0^1 (3t^3 + 3t^2 + t)dt$$

$$= \left[\frac{3t^4}{4} + t^3 + \frac{t^2}{2}\right]_0^1 = \frac{3}{4} + 1 + \frac{1}{2} = \frac{3+4+2}{4} = \frac{9}{4}$$

Em C_2:

$$C_2: \vec{r}(t) = (1-t)(1,2,1) + t(2,1,1), 0 \le t \le 1$$

$$\vec{r}(t) = (1+t, 2-t, 1), 0 \le t \le 1 \to \vec{r}'(t) = (1,-1,0)$$

$$\int_{C_2} \vec{f}.d\vec{r} = \int_a^b \vec{f}(x(t), y(t), z(t)).(x'(t), y'(t), z'(t))dt$$

$$= \int_0^1 \left((1+t)^2(1), 2(2-t).1^2, (2-t).1\right).(1,-1,0)dt$$

$$= \int_0^1 \left[(1+t)^2 + 2t - 4\right]dt = \int_0^1 \left[1 + 2t + t^2 + 2t - 4\right]dt$$

$$= \int_0^1 \left[t^2 + 4t - 3\right]dt = \left[\frac{t^3}{3} + \frac{4t^2}{2} - 3t\right]_0^1 = \frac{1}{3} + 2 - 3 = \frac{1}{3} - 1$$

$$= \frac{1-3}{3} = -\frac{2}{3}$$

Somando as integrais,

$$\int_C \vec{f} \cdot d\vec{r} = \int_{C_1} \vec{f} \cdot d\vec{r} + \int_{C_2} \vec{f} \cdot d\vec{r} = \frac{9}{4} - \frac{2}{3} = \frac{27-8}{12} = \frac{19}{12}$$

Resposta: $\frac{19}{12}$.

P 4.12 Calcular $\int_C \vec{f}.d\vec{r}$, onde $\vec{f}(x,y) = x^2y\vec{i} + xy\vec{j}$, onde C é o arco da parábola $y = x^2$ de $A(0,0)$ até $B(2,4)$.

P 4.13 Calcular $\int_C \vec{f}.d\vec{r}$, onde $\vec{f}(x,y) = xy^2\vec{i} + 2xy\vec{j}$, onde C é o triângulo $A(0,0)$, $B(1,2)$ e $C(0,2)$.

P 4.14 Calcular $\int_C \vec{f}.d\vec{r}$, onde $\vec{f}(x,y,z) = y\vec{i} + x\vec{j} + z\vec{k}$ ao longo da hélice circular $x = 2.\cos t$; $y = 2.\text{sen}\,t$; $z = \frac{t}{2}$; para $t \in [0,\pi]$.

R 4.15 Considere uma força $\vec{F}(x,y) = 2y\vec{i} + 3x\vec{j}$ agindo em um corpo que percorre uma trajetória linear no plano xy. A trajetória é definida pela figura a seguir. Determinar o trabalho realizado por essa força.

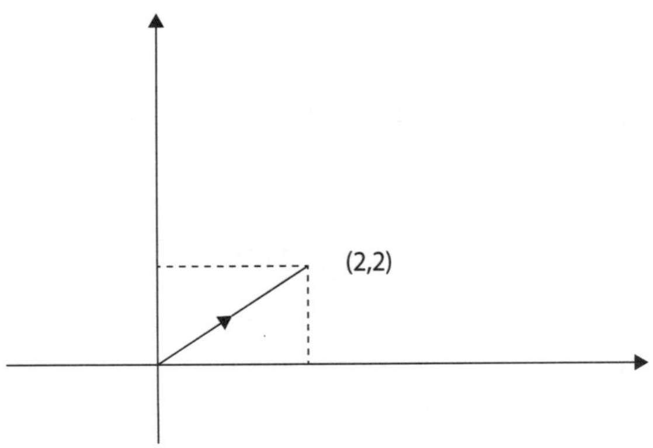

Resolução:

Para o cálculo do trabalho realizado pela força $\vec{F}$ na trajetória linear, definida pela função $y(x) = x$, é dada a integral de linha:

$$\tau = \int_C \vec{F}.d\vec{r} = \int_C (2y\vec{i} + 3x\vec{j}) \cdot (dx\vec{i} + dy\vec{j}) = \int_C (2ydx + 3xdy)$$

Como o caminho C é um segmento de reta de (0,0) a (2,2), temos

$$C: \vec{r}(t) = (2t, 2t), 0 \le t \le 1 \rightarrow \vec{r}'(t) = (2,2)$$

Portanto,

$$\vec{r}(t) = (t, 1+t, t), 0 \le t \le 1 \rightarrow \vec{r}'(t) = (1,1,1)$$

$$\tau = \int_C (2y\,dx + 3x\,dy) = \int_0^1 (2 \cdot 2t \cdot 2dt + 3 \cdot 2t \cdot 2dt) = \left(8\frac{t^2}{2} + 12\frac{t^2}{2} \right) \Bigg|_0^1 = 4 + 6 = 10$$

Resposta: $\tau = 10J$, considerando que a força seja dada em N (Newton) e o comprimento, em m (metros).

P 4.16 Calcular $\int_C (x^2 y\,dx + xe^y\,dy)$, onde $x = y^2$ do ponto $A(0,0)$ ao ponto $B(1,1)$.

P 4.17 Calcular $\int_C (xy^3 dx + 2xy\,dy + 3yz\,dz)$, onde C é a hélice $x = \text{sen}\,t$; $y = \cos t$; $z = 2t$ para $0 \le t \le \pi/2$.

P 4.18 Calcular $\int_C [(x + yz)dx + 2x\,dy + 3yz\,dz]$, onde $x = z$ e $y = z^2$ para $0 \le z \le 1$.

R 4.19 Calcular $\int_C \vec{f}.d\vec{r}$, onde $\vec{f}(x,y,z) = y^2\vec{i} + (2xy + e^{3z})\vec{j} + 3ye^{3z}\vec{k}$, ao longo de qualquer caminho de $A(1,2,0)$ até $B(-1,1,0)$.

Resolução:

Primeiro, vamos verificar se o campo vetorial é conservativo:

$$rot\,\vec{f} = \begin{vmatrix} \vec{i} & \vec{j} & \vec{k} \\ \partial/\partial x & \partial/\partial y & \partial/\partial z \\ y^2 & 2xy + e^{3z} & 3ye^{3z} \end{vmatrix} = (3e^{3z} - 3e^{3z}, 0 - 0, 2y - 2y) = \vec{0}$$

Logo, existe uma função potência $u(x,y,z)$ tal que $\vec{\nabla}u = \vec{f}$, ou seja,

$$\begin{cases} \dfrac{\partial u}{\partial x} = y^2 & (1) \\ \dfrac{\partial u}{\partial y} = 2xy + e^{3z} & (2) \\ \dfrac{\partial u}{\partial z} = 3ye^{3z} & (3) \end{cases}$$

Vamos ter que usar as três equações. Começando pela (1), integrando com relação a x:

$$u(x,y,z)=\int y^2dx = xy^2 + h(y,z) \qquad (*)$$

Observe que, como $u(x,y,z)$ é uma função de três variáveis, quando integramos com relação a x, pode haver uma "constante" em relação a x, que dependa de y e de z. Agora, vamos derivar (*) e igualar à Equação (2):

$$\frac{\partial u}{\partial y} = 2xy + \frac{\partial h}{\partial y} = 2xy + e^{3z} \overset{(2)}{=} \to \frac{\partial h}{\partial y} = e^{3z}$$

Integrando $\frac{\partial h}{\partial y}$ com relação a y, temos

$$h(y,z)=\int e^{3z}dy = ye^{3z} + g(z)$$

Ou seja,

$$u(x,y,z) = xy^2 + ye^{3z} + g(z) \qquad (**)$$

Derivando (**) com relação a z e igualando à Equação (3),

$$\frac{\partial u}{\partial z} = 3ye^{3z} + g'(z) = 3ye^{3z} \overset{(3)}{=} \to g'(z) = 0 \to g(z) = C$$

Logo,

$$u(x,y,z) = xy^2 + ye^{3z} + C$$

Pelo teorema fundamental do cálculo para integral de linha,

$$\int_C \vec{f}.d\vec{r} = u(B) - u(A) = u(-1,1,0) - u(1,2,0) = -6$$

Resposta: $I = -6$.

P 4.20 Calcular $\int_C \vec{f}.d\vec{r}$, onde $\vec{f}(x,y,z) = (yz+3x)\vec{i} + (xz+2)\vec{j} + (xy-2z^2)\vec{k}$, ao longo de qualquer caminho de $A(-1,1,0)$ até $B(2,1,1)$.

P 4.21 Calcular $\int_C \vec{f}.d\vec{r}$, onde $\vec{f}(x,y,z) = y^2\cos z\vec{i} + 2xy.\cos z\vec{j} - xy^2\operatorname{sen} z\vec{k}$, ao longo de qualquer caminho de $A(0,1,0)$ até $B(2,3,\pi)$.

P 4.22 Calcular $\int_C \vec{f}.d\vec{r}$, onde $\vec{f}(x,y,z) = (ze^x\operatorname{sen} y - 1)\vec{i} + (ze^x\cos y + 3y)\vec{j}$ $+ (e^x\operatorname{sen} y + z^2)\vec{k}$, ao longo de qualquer caminho de $A(0,1,1)$ até $B(0,1,2)$.

R 4.23 Calcular $\int_C \vec{f}.d\vec{r}$, onde $\vec{f}(x,y) = y\vec{i} + (x+2y)\vec{j}$, ao longo de qualquer caminho de $A(0,1)$ até $B(1,1)$.

Resolução:

Observe que, para verificar se o campo vetorial é conservativo, basta verificar se $\frac{\partial f_2}{\partial x} = \frac{\partial f_1}{\partial y}$, pois deveríamos fazer:

$$rot\,\vec{f} = \begin{vmatrix} \vec{i} & \vec{j} & \vec{k} \\ \partial/\partial x & \partial/\partial y & \partial/\partial z \\ f_1 & f_2 & 0 \end{vmatrix} = \left(0-0, 0-0, \frac{\partial f_2}{\partial x} - \frac{\partial f_1}{\partial y}\right) = \vec{0}$$

Logo,

$$\frac{\partial f_2}{\partial x} = 1 = \frac{\partial f_1}{\partial y}$$

Ou seja, existe uma função potência $u(x,y)$ tal que $\vec{\nabla} u = \vec{f}$, ou seja,

$$\begin{cases} \dfrac{\partial u}{\partial x} = y & (1) \\ \dfrac{\partial u}{\partial y} = x + 2y & (2) \end{cases}$$

Vamos usar as duas equações. Começando pela (1), integrando com relação a x:

$$u(x,y) = \int y dx = xy + h(z) \qquad (*)$$

Observe que, como $u(x,y)$ é uma função de duas variáveis, quando integramos com relação a x, pode haver uma "constante" em relação a x, que dependa de y. Agora, vamos derivar (*) e igualar à Equação (2):

$$\frac{\partial u}{\partial y} = x + h'(y) = x + 2y \overset{(2)}{=} \rightarrow h'(y) = 2y$$

Integrando $h'(y)$ com relação a y, temos

$$h(y) = \int 2y dy = y^2 + C$$

Ou seja,

$$u(x,y) = xy + y^2 + C$$

Pelo teorema fundamental do cálculo para integral de linha,

$$\int_C \vec{f}.d\vec{r} = u(B) - u(A) = u(1,1) - u(0,1) = 1$$

P 4.24 Calcular $\int_C \vec{f}.d\vec{r}$, onde $\vec{f}(x,y) = (xy + x^3)\vec{i} + \left(\frac{x^2}{2} + 3y\right)\vec{j}$, ao longo de qualquer caminho de $A(1,1)$ até $B(2,-1)$.

P 4.25 Calcular $\int_C \vec{f}.d\vec{r}$, onde $\vec{f}(x,y) = (e^y + x^2)\vec{i} + (xe^y + \sec y)\vec{j}$, ao longo de qualquer caminho de $A(-1,0)$ até $B(2,0)$.

P 4.26 Calcular $\int_C \vec{f}.d\vec{r}$, onde $\vec{f}(x,y) = (y.\text{sen}x + e^x)\vec{i} + (-\cos x + e^y)\vec{j}$, ao longo de qualquer caminho de $A(0,1)$ até $B(\pi,-1)$.

P 4.27 Calcular $\int_C \vec{f}.d\vec{r}$, onde $\vec{f}(x,y) = (\text{sen}\,y + e^x)\vec{i} + (x.\cos y + \sec^2 y)\vec{j}$, ao longo de qualquer caminho de $A(1,\pi)$ até $B(2,\pi)$.

R 4.28 Aplicar o teorema de Green para calcular $\oint_C \left[x^2ydx + 2ydy\right]$, onde C é o triângulo de vértices (1,0), (1,1) e (0,1), orientado no sentido positivo.

Resolução:

Vamos fazer as derivadas parciais,

$$\frac{\partial f_2}{\partial x} = 0 \text{ e } \frac{\partial f_1}{\partial y} = x^2$$

Agora, esboçando a região delimitada pelo caminho,

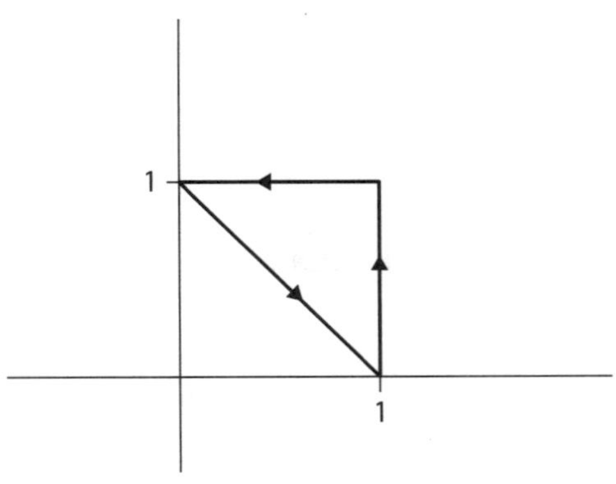

Teremos que escrever a equação da reta que passa pelos pontos $(0,1)$ e $(1,0)$.

$$y = ax + b \text{ para } (0,1) \rightarrow 1 = a \cdot 0 + b \rightarrow b = 1$$

$$y = ax + 1 \text{ para } (1,0) \rightarrow 0 = a \cdot 1 + 1 \rightarrow a = -1$$

Logo, $y = -x + 1$. Então, a região de integração varia,

$$0 \leq x \leq 1 \text{ e } -x + 1 \leq y \leq 1$$

$$\int_0^1 \int_{-x+1}^1 \left(-x^2\right) dy dx = -\int_0^1 \left[x^2 y\right]\Bigg|_{-x+1}^{1} dx$$

$$= -\int_0^1 x^2 \left(1 - (-x+1)\right) dx = -\int_0^1 x^3 dx = -\left(\frac{x^4}{4}\right)\Bigg|_0^1 = -\frac{1}{4}$$

Resposta: $-\dfrac{1}{4}$.

P 4.29 Aplicar o teorema de Green para calcular $\oint_C \left[\left(\ln(\cos x) + 3y^2\right)dx + 4xydy\right]$, onde C é o quarto de circunferência $x^2 + y^2 = 4$, entre $A(0,0)$, $B(2,0)$ e $C(0,2)$, orientado no sentido positivo.

P 4.30 Aplicar o teorema de Green para calcular $\oint_C \left[\left(e^{\sec x} + 4xy\right)dx + \left(4x^2 + \ln y\right)dy\right]$, onde C é o caminho de $A(0,0)$ até $B(1,0)$ como segmento de reta, depois de B até $C(1,1)$ também como segmento de reta e volta até A pela curva $y = x^2$, orientado no sentido positivo.

P 4.31 Aplicar o teorema de Green para calcular $\oint_C \left[\left(2xy + \sqrt{4 + \ln x}\right)dx + \left(3x^2 + \ln y\right)dy\right]$, onde C é o caminho triangular fechado de $A(1,0)$, $B(2,1)$ e $C(0,1)$, orientado no sentido positivo.

P 4.32 Aplicar o teorema de Green para calcular $\oint_C \left[x^2 dx + 4xydy\right]$, onde C é a semicircunferência $x^2 + y^2 = 1$ com $x \geq 0$, orientado no sentido positivo.

R 4.33 Calcular a área da figura delimitada pela elipse $\dfrac{x^2}{9} + y^2 = 1$.

Resolução:

A parametrização é dada por

$$\begin{cases} x = 3 \cdot \cos t \\ y = \operatorname{sen} t \end{cases} \quad 0 \le t \le 2\pi \rightarrow \begin{cases} x' = -3 \cdot \operatorname{sen} t \\ y' = \cos t \end{cases}$$

$$\iint_D dA = \oint_C x dy = \int_0^{2\pi} 3 \cdot \cos t \cdot \cos t dt = 3\int_0^{2\pi} \cos^2 t dt = 3\left(\frac{t}{2} + \frac{1}{4}\operatorname{sen}(2t)\right)\Bigg|_0^{2\pi}$$

$$= 3\left[\left(\frac{2\pi}{2} + \frac{1}{4}\operatorname{sen}(4\pi)\right) - \left(\frac{0}{2} + \frac{1}{4}\operatorname{sen}(0)\right)\right] = 3\pi$$

Resposta: 3π.

P 4.34 Calcular a área da figura delimitada pela parábola $x = y^2$ e as retas $x = 1$ e $y = 0$.

P 4.35 Calcular a área da figura delimitada pela elipse $\frac{x^2}{4} + \frac{y^2}{9} = 1$.

RESPOSTAS DOS EXERCÍCIOS PROPOSTOS

P 4.2

a) $\vec{r}(t) = 0\vec{i} + t\vec{j} + (2+t)\vec{k}$, para $0 \le t \le 1$.

b) $\vec{r}(t) = (t-1)\vec{i} + (t+1)\vec{j} + (2-5t)\vec{k}$, para $0 \le t \le 1$.

c) $\vec{r}(t) = (4-5t)\vec{i} + 3\vec{j} + (2-t)\vec{k}$, para $0 \le t \le 1$.

P 4.4

a) $\vec{r}(t) = (1 + 3 \cdot \cos t, 3 + 3 \cdot \operatorname{sen} t)$, para $0 \le t < 2\pi$.

b) $\vec{r}(t) = (4.\cos t, 1 + 4.\operatorname{sen} t)$, para $0 \le t < 2\pi$.

c) $\vec{r}(t) = (1 + 2 \cdot \cos t, -1 + 3 \cdot \operatorname{sen} t)$, para $0 \le t < 2\pi$.

d) $\vec{r}(t) = \left(-2 + \sqrt{5}.\cos t, 1 + 2 \cdot \operatorname{sen} t\right)$, para $0 \le t < 2\pi$.

P 4.6

a) $\vec{r}(t) = (3.\cos t, 3.\text{sen}\, t, 2)$, para $0 \leq t < 2\pi$.

b) $\vec{r}(t) = \left(-1 + 2 \cdot \cos t, 2\sqrt{2} \cdot \text{sen}\, t, 1\right)$, para $0 \leq t < 2\pi$.

c) $\vec{r}(t) = \left(t, t+1, (t+1)^2\right)$, para $t \in \mathbb{R}$.

P 4.8 24π.

P 4.9 $\dfrac{323}{28}$.

P 4.10 $\dfrac{8}{3}$.

P 4.12 $\dfrac{96}{5}$.

P 4.13 $\dfrac{5}{3}$.

P 4.14 $\dfrac{\pi^2}{8}$.

P 4.16 $e - 2$.

P 4.17 $3\pi - \dfrac{20}{3}$.

P 4.18 $\dfrac{17}{6}$.

P 4.21 $\dfrac{35}{6}$.

P 4.22 -18.

P 4.23 $2\text{sen}1 - \dfrac{5}{6}$.

P 4.24 $\frac{5}{4}$.

P 4.25 6.

P 4.26 $e^{\pi}+e+\frac{1}{e}-1$.

P 4.27 $e^{2}-e$.

P 4.29 $-\frac{16}{3}$.

P 4.30 1.

P 4.31 2.

P 4.32 0.

P 4.34 $\frac{4}{3}$.

P 4.35 6π.

5 INTRODUÇÃO À TEORIA DAS EQUAÇÕES DIFERENCIAIS

5.1 INTRODUÇÃO HISTÓRICA

As equações diferenciais surgiram logo em seguida à descoberta do cálculo diferencial de Newton e Leibniz. Newton não trabalhou diretamente com as equações diferenciais, mas suas descobertas em mecânica forneceram ferramentas para o desenvolvimento posterior. Já Leibniz, como viajava muito, além de resolver as equações diferencias separáveis, teve contato direto com a família Bernoulli, contato esse que resultou em alguns métodos de soluções de equações diferencias. Esse início se deu no século XVII, e até hoje a matemática moderna continua ampliando o estudo de equações diferenciais, bem como suas aplicações em áreas tão diversas quanto se imagina.

Vamos apresentar, neste capítulo, alguns conceitos básicos para o estudo das equações diferenciais, alguns métodos de resolução e exemplificar com algumas aplicações.

5.2 EQUAÇÃO DIFERENCIAL

Uma equação diferencial é uma igualdade que envolve uma função incógnita e suas derivadas ou diferenciais de uma ou mais variáveis dependentes.

Exemplos:

E 5.1 $\frac{dy}{dx} = 5x + 3$

E 5.2 $y'' - 3y' + 5y = 0$

E 5.3 $\frac{\partial^2 f}{\partial x^2}+\frac{\partial^2 f}{\partial y^2}=x^2+y$

E 5.4 $x^2dx+3ydy=0$

5.2.1 NOTAÇÕES DE DERIVADAS

1) Leibniz (1646-1716)

$$\frac{dy}{dx};\frac{d^2y}{dx^2};\frac{d^3y}{dx^3};\dots;\frac{d^ny}{dx^n}$$

2) Lagrange (1736-1813)

$$y';y'';y''';\dots;y^{(n)}$$

3) Newton (notação de ponto) (1642-1727)

$$\dot{y};\ddot{y};\dddot{y};\dots;y^{(n)}$$

4) Notação em subscrito

$$\frac{\partial u}{\partial x}=u_x;\frac{\partial^2 u}{\partial x^2}=u_{xx}$$

5.2.2 CLASSIFICAÇÃO DE UMA EQUAÇÃO DIFERENCIAL

Podemos classificar uma equação diferencial de várias maneiras. Uma dela é quanto ao tipo.

5.2.2.1 Classificação quanto ao tipo

- **Equação diferencial ordinária** – Uma equação diferencial cuja função incógnita é função de apenas uma variável dependente é denominada equação diferencial ordinária (EDO).

Exemplos:

E 5.5 $\frac{dy}{dx}=5x+3$

E 5.6 $y''-3y'+5y=0$

E 5.7 $x^2dx+3ydy=0$

- **Equação diferencial parcial** – Uma equação diferencial cuja função incógnita é função de mais de uma variável dependente é denominada equação diferencial parcial (EDP).

Exemplos:

E 5.8 $\dfrac{\partial z}{\partial x} = z + x\dfrac{\partial z}{\partial y}$

E 5.9 $\dfrac{\partial^2 f}{\partial x^2} + \dfrac{\partial f}{\partial y} = x^2 y$

E 5.10 $\dfrac{\partial^2 u}{\partial x^2} + \dfrac{\partial^2 u}{\partial y^2} = 0$

5.2.2.2 Classificação quanto à ordem

A ordem de uma equação diferencial é a ordem da maior derivada.

Exemplos:

E 5.11 $\dfrac{\partial z}{\partial x} = z + x\dfrac{\partial z}{\partial y}$ – 1ª ordem

E 5.12 $y'' - 3y' + 5y = 0$ – 2ª ordem

E 5.13 $\dfrac{\partial^2 u}{\partial x^2} + \dfrac{\partial^2 u}{\partial y^2} = 0$ – 2ª ordem

E 5.14 $y''' + 4y'' + 5y = e^x$ – 3ª ordem

5.2.2.3 Classificação quanto ao grau

O grau de uma equação diferencial é o grau da derivada de maior ordem.

Exemplos:

E 5.15 $(y')^3 + 3(y'')^2 + y = 0$ – 2º grau (maior derivada y'')

E 5.16 $\dfrac{dy}{dx} = 5x + 3$ – 1º grau

E 5.17 $(y')^2 + 2xy = y^3$ – 2º grau

E 5.18 $\frac{d^4y}{dx^4}+5\left(\frac{d^3y}{dx^3}\right)^2=\frac{dy}{dx}+1$ – 1º grau (maior derivada $\frac{d^4y}{dx^4}$)

5.2.3 SOLUÇÃO DE UMA EQUAÇÃO DIFERENCIAL

Uma solução de uma equação diferencial é uma função que satisfaz à igualdade.

Exemplos:

E 5.19 Verificar que a função $y=e^{3x}$ é solução da equação diferencial $y''-9y=0$.

Resolução:

Vamos calcular as derivadas 1ª e 2ª da função

$$y'=3e^{3x} \text{ e } y''=9e^{3x}$$

Substituindo na equação diferencial

$$y''-9y=9e^{3x}-9\left(e^{3x}\right)=0$$

Logo, satisfaz a equação diferencial. Portanto, é solução.

E 5.20 Verificar que a curva $x^2+y^2=1$ é solução da equação diferencial $y'=-\frac{x}{y}$.

Resolução:

Fazendo a derivada implícita da equação

$$2x+2yy'=0 \leftrightarrow 2yy'=-2x \leftrightarrow y'=-\frac{x}{y}$$

Logo, satisfaz a equação diferencial. Portanto, é solução.

E 5.21 Verificar que a função de duas variáveis $u(x,y)=\ln\left(x^2+y^2\right)$ é solução de equação diferencial $u_{xx}+u_{yy}=0$.

Resolução:

Fazendo as derivadas parciais da função

$$u_x=\frac{2x}{x^2+y^2}\rightarrow u_{xx}=\frac{2\left(x^2+y^2\right)-2x.2x}{\left(x^2+y^2\right)^2}=\frac{2y^2-2x^2}{\left(x^2+y^2\right)^2}$$

$$u_y = \frac{2y}{x^2+y^2} \rightarrow u_{yy} = \frac{2\left(x^2+y^2\right)-2y.2y}{\left(x^2+y^2\right)^2} = \frac{2x^2-2y^2}{\left(x^2+y^2\right)^2}$$

Substituindo na equação

$$u_{xx} + u_{yy} = \frac{2y^2-2x^2}{\left(x^2+y^2\right)^2} + \frac{2x^2-2y^2}{\left(x^2+y^2\right)^2} = 0$$

Logo, satisfaz a equação diferencial. Portanto, é solução.

5.3 EQUAÇÕES DIFERENCIAIS ORDINÁRIAS

Vamos estudar alguns métodos de solução de equações diferenciais ordinárias, ou seja, equações diferenciais cuja função incógnita tem apenas uma variável dependente, que pode ser explícita ou implicitamente. Em geral, como a equação diferencial envolve derivadas, para sua solução, usamos a integração.

Exemplo:

E 5.22 Resolver a equação diferencial $\frac{d^2x}{dt^2} = 5$.

Resolução:

Claramente, a função incógnita é uma função de t, ou seja, $x = x(t)$. Vamos desdobrar a equação para resolvermos

$$\frac{d^2x}{dt^2} = \frac{d}{dt}\left(\frac{dx}{dt}\right) = 5 \rightarrow d\left(\frac{dx}{dt}\right) = 5dt$$

Integrando ambos os lados,

$$\frac{dx}{dt} = \int 5dt = 5t + C_1 \rightarrow dx = \left(5t + C_1\right)dt$$

Integrando novamente,

$$x(t) = \int \left(5t + C_1\right)dt = 5\frac{t^2}{2} + C_1 t + C_2$$

Resposta: $x(t) = \frac{5}{2}t^2 + C_1 t + C_2$.

5.3.1 SOLUÇÃO DE UMA EDO

Como podemos ver, a solução de uma EDO é uma família de curvas, dependendo do valor das constantes. A uma solução deste tipo, chamamos de *solução geral*. Vamos observar a solução gráfica da equação diferencial $y' = 2x$:

$$y' = \frac{dy}{dx} = 2x \rightarrow dy = 2xdx \rightarrow y = \int 2xdx = x^2 + C$$

$$y = x^2 + C$$

Para cada valor de $C \in \mathbb{R}$, temos uma solução, que no gráfico é uma parábola:

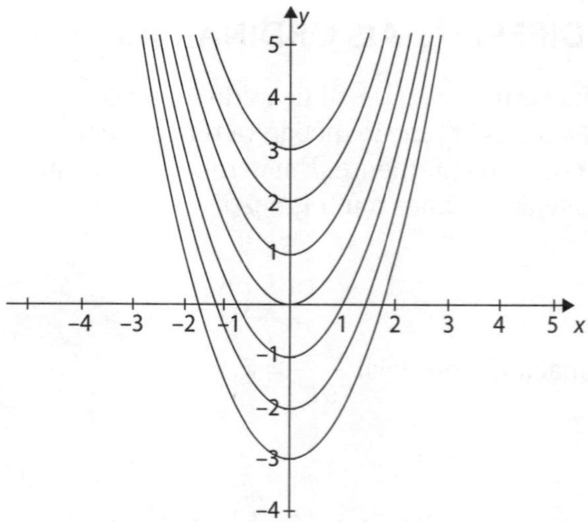

Mas, se conhecemos um ponto da solução do problema, por exemplo, resolver a equação diferencial $y' = 2x$, tal que $y(0) = 3$; ou seja, resolver a equação diferencial que passa pelo ponto (0,3). Daí, resolvemos a equação diferencial e substituímos no ponto (0,3), para determinar o valor de C,

$$y = x^2 + C \rightarrow 3 = 0^2 + C \rightarrow C = 3$$

Logo, temos uma solução bem definida:

$$y = x^2 + 3$$

que, graficamente, é uma única curva e é chamada de *solução particular*.

5.4 MÉTODOS DE RESOLUÇÃO DE EQUAÇÕES DIFERENCIAIS ORDINÁRIAS

5.4.1 EQUAÇÕES DIFERENCIAIS IMEDIATAS

São aquelas que basta integrar para resolver a equação diferencial.

Exemplos:

E 5.23 Resolver a equação diferencial $y' = -\frac{1}{x^2}$.

Resolução:

Claramente, a função incógnita é uma função de x, ou seja, $y = y(x)$. Então,

$$y' = \frac{dy}{dx} = -\frac{1}{x^2} \to dy = -\frac{1}{x^2}dx$$

Integrando ambos os lados,

$$y = \int -\frac{1}{x^2}dx = -\int x^{-2}dx = -\frac{x^{-1}}{-1} + C \to y = \frac{1}{x} + C$$

Resposta: $y(x) = \frac{1}{x} + C$.

E 5.24 Resolver a equação diferencial $y'' = e^{-2x}$.

Resolução:

Claramente, a função incógnita é uma função de x, ou seja, $y = y(x)$. Vamos desdobrar a derivada,

$$y'' = \frac{d^2y}{dx^2} = \frac{d}{dx}\left(\frac{dy}{dx}\right) = e^{-2x} \to d\left(\frac{dy}{dx}\right) = e^{-2x}\,dx$$

integrando ambos os lados. A segunda integral fazemos por substituição de variável,

$$t = -2x \to dt = -2dx \to dx = \frac{dt}{-2}$$

$$\frac{dy}{dx} = \int e^{-2x}\,dx = \int e^t\,\frac{dt}{-2} = -\frac{1}{2}\int e^t dt = -\frac{e^{-2x}}{2} + C_1 \to dy = \left(-\frac{e^{-2x}}{2} + C_1\right)dx$$

Integrando novamente e fazendo de novo substituição de variável,

$$y = \int\left(-\frac{e^{-2x}}{2} + C_1\right)dx = -\frac{1}{2}\int e^{-2x}dx + C_1x + C_2 = \frac{1}{4}e^{-2x} + C_1x + C_2$$

Resposta: $y(x) = \frac{1}{4}e^{-2x} + C_1x + C_2$.

E 5.25 Determinar a solução da equação diferencial $y' = x^3\cos\left(3x^2-12\right)$ que passa pelo ponto $P\left(2,\dfrac{19}{18}\right)$.

Resolução:

A função incógnita é uma função de x, ou seja, $y = y(x)$. Então,

$$y' = \frac{dy}{dx} = x^3\cos\left(3x^2-12\right) \rightarrow dy = x^3\cos\left(3x^2-12\right)dx$$

Integrando usando substituição de variável,

$$t = 3x^2-12 \rightarrow dt = 6xdx \rightarrow x.dx = \frac{dt}{6} \text{ e } x^2 = \frac{t+12}{3}$$

$$y = \int x^3\cos\left(3x^2-12\right)dx = \int x^2.x.\cos\left(3x^2-12\right)dx =$$

$$= \int\left(\frac{t+12}{3}\right)\cos t\frac{dt}{6} = \frac{1}{18}\left[\int t.\cos t dt + 12\int \cos t dt\right]$$

A primeira integral é resolvida por integração por partes,

$$u = t \rightarrow du = dt \text{ e } dv = \cos t dt \rightarrow v = \text{sen}\, t$$

$$y = \frac{1}{18}\left[t.\text{sen}\, t - \int \text{sen}\, t dt + 12\text{sen}\, t\right] = \frac{1}{18}\left[t.\text{sen}\, t + \cos t + 12\text{sen}\, t\right] + C$$

Voltando à variável x,

$$y = \frac{1}{18}\left[\left(3x^2-12\right).\text{sen}\left(3x^2-12\right) + \cos\left(3x^2-12\right) + 12\text{sen}\left(3x^2-12\right)\right] + C =$$

$$= \frac{1}{18}\left[3x^2.\text{sen}\left(3x^2-12\right) + \cos\left(3x^2-12\right)\right] + C$$

Agora, substituindo no ponto $P\left(2,\dfrac{19}{18}\right)$,

$$\frac{19}{18} = \frac{1}{18}\left[3.2^2.\text{sen}\left(3.2^2-12\right) + \cos\left(3.2^2-12\right)\right] + C$$

$$\frac{19}{18} = \frac{1}{18}\left[12.\text{sen}(0) + \cos(0)\right] + C \rightarrow C = 1$$

Logo,

$$y = \frac{1}{18}\left[3x^2.\text{sen}\left(3x^2 - 12\right) + \cos\left(3x^2 - 12\right)\right] + 1$$

Resposta: $y(x) = \frac{1}{18}\left[3x^2.\text{sen}\left(3x^2 - 12\right) + \cos\left(3x^2 - 12\right)\right] + 1.$

E 5.26 Resolver a equação diferencial $y' = \frac{\ln(\ln x)}{x}$.

Resolução:

A função incógnita é uma função de x, ou seja, $y = y(x)$. Então,

$$y' = \frac{dy}{dx} = \frac{\ln(\ln x)}{x} \rightarrow dy = \frac{\ln(\ln x)}{x}dx$$

Integrando, usando substituição de variável,

$$t = \ln x \rightarrow dt = \frac{1}{x}dx$$

$$y = \int \frac{\ln(\ln x)}{x}dx = \int \ln t dt$$

A integral é resolvida por integração por partes,

$$u = \ln t \rightarrow du = \frac{1}{t}dt \text{ e } dv = dt \rightarrow v = t$$

$$y = \int \ln t dt = t.\ln t - \int t.\frac{1}{t}dt = t.\ln t - \int 1 dt = t.\ln t - t + C$$

Voltando à variável x,

$$y = t.\ln t - t + C = (\ln x).\ln(\ln x) - \ln x + C = \ln x\left[\ln(\ln x) - 1\right] + C$$

Resposta: $y(x) = \ln x\left[\ln(\ln x) - 1\right] + C.$

5.4.2 EQUAÇÕES DIFERENCIAIS DE PRIMEIRA ORDEM A VARIÁVEIS SEPARÁVEIS

São equações diferenciais em que podemos colocar as variáveis separadas em cada membro da igualdade, ou seja,

$$y' = f(x).g(y) \rightarrow \frac{dy}{dx} = f(x).g(y) \rightarrow dy = f(x).g(y)dx \rightarrow \frac{1}{g(y)}dy = f(x)dx$$

E, para resolver, basta integrar ambos os lados. Observe que nem sempre a função incógnita $y(x)$ será dada na forma explícita, podendo se apresentar implicitamente.

Exemplos:

E 5.27 Resolver a equação diferencial $y' = x^2e^{-y}$.

Resolução:

A função incógnita é uma função de x, ou seja, $y = y(x)$. Então,

$$y' = \frac{dy}{dx} = x^2e^{-y} \rightarrow dy = x^2e^{-y}dx \rightarrow e^y dy = x^2dx$$

Integrando ambos os lados,

$$\int e^y dy = \int x^2 dx \rightarrow e^y + C_1 = \frac{x^3}{3} + C_2$$

Podemos usar apenas uma constante: $k = C_2 - C_1$,

$$e^y = \frac{x^3}{3} + k \rightarrow \ln e^y = \ln\left(\frac{x^3}{3} + k\right) \rightarrow y = \ln\left(\frac{x^3}{3} + k\right)$$

Resposta: $y(x) = \ln\left(\frac{x^3}{3} + k\right)$.

E 5.28 Resolver a equação diferencial $\cos^2 y dx = x^2 dy$.

Resolução:

Observemos que a equação diferencial está dada na forma de uma diferencial total, portanto, devemos separar as variáveis,

$$\cos^2 y dx = x^2 dy \rightarrow \frac{1}{x^2}dx = \frac{1}{\cos^2 y}dy \rightarrow x^{-2}dx = \sec^2 y dy$$

Integrando ambos os lados,

$$\int x^{-2}dx = \int \sec^2 y dy \rightarrow -\frac{1}{x} + k = \text{tg} y$$

$$\text{tg}y = -\frac{1}{x} + k \to y = \text{arc tg}\left(-\frac{1}{x} + k\right)$$

Resposta: $y(x) = \text{arc tg}\left(-\frac{1}{x} + k\right)$.

E 5.29 Resolver a equação diferencial $x\sqrt{1-y^2}dx - \sqrt{1-x^2}dy = 0$.

Resolução:

Observemos que a equação diferencial está dada na forma de uma diferencial total, portanto, devemos separar as variáveis,

$$x\sqrt{1-y^2}dx = \sqrt{1-x^2}dy \to \frac{x}{\sqrt{1-x^2}}dx = \frac{1}{\sqrt{1-y^2}}dy$$

A primeira integral deve ser feita por substituição de variável,

$$t = 1 - x^2 \to dt = -2xdx \to x.dx = \frac{dt}{-2}$$

$$\int \frac{x}{\sqrt{1-x^2}}dx = \int \frac{1}{\sqrt{1-y^2}}dy \to \int \frac{1}{\sqrt{t}}\frac{dt}{-2} = \text{arc sen}\, y$$

$$\text{arc sen}\, y = -\frac{2}{2}\sqrt{t} + k \to \text{arc sen}\, y = -\sqrt{1-x^2} + k \to y = \text{sen}\left(-\sqrt{1-x^2} + k\right)$$

Resposta: $y(x) = \text{sen}\left(-\sqrt{1-x^2} + k\right)$.

5.4.3 EQUAÇÕES DIFERENCIAIS EXATAS

Uma equação diferencial $P(x,y)dx + Q(x,y)dy = 0$, dada na forma de diferencial total, é dita exata se existir uma função y, cuja variável dependente é x, definida implicitamente, ou seja, $f(x,y(x)) = C$, tal que a diferencial total da função seja exatamente a equação diferencial, ou, ainda, se $df = P(x,y)dx + Q(x,y)dy$.

Se existir uma função que satisfaça a igualdade, ou seja, se a equação diferencial é exata, então,

$$\frac{\partial f}{\partial x} = P(x,y) \text{ e } \frac{\partial f}{\partial y} = Q(x,y)$$

e, pelo teorema de Clairaut, que diz que se a função é contínua, $\frac{\partial^2 f}{\partial x \partial y} = \frac{\partial^2 f}{\partial y \partial x}$, temos

$$\frac{\partial^2 f}{\partial x \partial y} = \frac{\partial P}{\partial y} = \frac{\partial Q}{\partial x} = \frac{\partial^2 f}{\partial y \partial x}.$$

Então, para determinar se uma equação diferencial é exata, vamos verificar se

$$\frac{\partial P}{\partial y} = \frac{\partial Q}{\partial x}$$

Para resolver uma equação diferencial exata, basta resolver o sistema de equações diferenciais:

$$\begin{cases} \dfrac{\partial f}{\partial x} = P(x,y) \\ \dfrac{\partial f}{\partial y} = Q(x,y) \end{cases}$$

Exemplos:

E 5.30 Verificar se a equação diferencial $\left(x^2 + y^2\right)dx + 2xydy = 0$ é exata.

Resolução:

Chamando $P(x,y) = \left(x^2 + y^2\right)$ e $Q(x,y) = 2xy$, temos:

$$\frac{\partial P}{\partial y} = 2y \text{ e } \frac{\partial Q}{\partial x} = 2y$$

Logo, a equação diferencial é exata.

E 5.31 Verificar se a equação diferencial $2x\left(x^3 + y^3\right)dx + 3y^2\left(x^2 + y^2\right)dy = 0$ é exata.

Resolução:

Chamando $P(x,y) = 2x\left(x^3 + y^3\right)$ e $Q(x,y) = 3y^2\left(x^2 + y^2\right)$, temos:

$$\frac{\partial P}{\partial y} = 6xy^2 \text{ e } \frac{\partial Q}{\partial x} = 6xy^2$$

Logo, a equação diferencial é exata.

E 5.32 Verificar se a equação diferencial $(\operatorname{sen} y + y.\operatorname{sen} x)dx + (\cos x + x.\cos y)dy = 0$ é exata.

Resolução:

Chamando $P(x,y) = \operatorname{sen} y + y.\operatorname{sen} x$ e $Q(x,y) = \cos x + x.\cos y$, temos:

$$\frac{\partial P}{\partial y} = \cos y + \operatorname{sen} x \text{ e } \frac{\partial Q}{\partial x} = -\operatorname{sen} x + \cos y$$

Como as derivadas parciais não são iguais, a equação diferencial não é exata.

E 5.33 Verificar se a equação diferencial $(x + 2y - 2)dx + (2x - y + 3)dy = 0$ é exata e, se for exata, resolva-a.

Resolução:

Chamando $P(x,y) = x + 2y - 2$ e $Q(x,y) = 2x - y + 3$, temos:

$$\frac{\partial P}{\partial y} = 2 \text{ e } \frac{\partial Q}{\partial x} = 2$$

Como as derivadas parciais são iguais, a equação diferencial é exata. Então, existe uma função definida implicitamente $f(x,y(x)) = C$ tal que

$$\begin{cases} \dfrac{\partial f}{\partial x} = x + 2y - 2 & (1) \\ \dfrac{\partial f}{\partial y} = 2x - y + 3 & (2) \end{cases}$$

Integrando a Equação (1) com relação a x, temos

$$f(x,y) = \int (x + 2y - 2)dx = \frac{x^2}{2} + 2xy - 2x + h(y)$$

Observe que a função $h(y)$ é constante com relação a x. Para determiná-la, devemos derivar esta expressão com relação a y e igualar à Equação (2),

$$\frac{\partial f}{\partial y} = 2x + h'(y) = 2x - y + 3 = (2)$$

Logo,

$$h'(y) = -y + 3 \rightarrow h(y) = \int(-y+3)dy = -\frac{y^2}{2} + 3y + C_1$$

Portanto,

$$f(x,y) = \frac{x^2}{2} + 2xy - 2x + h(y) = \frac{x^2}{2} + 2xy - 2x - \frac{y^2}{2} + 3y + C_1 = C$$

Chamando de $k = C - C_1$,

$$\frac{x^2}{2} + 2xy - 2x - \frac{y^2}{2} + 3y = k$$

Observe que a solução é uma função $y(x)$ definida implicitamente.

Resposta: $\frac{x^2}{2} + 2xy - 2x - \frac{y^2}{2} + 3y = k.$

E5.34 Verificar se a equação diferencial $(3x^2y + 5y^2 + 14x)dx + (x^3 + 10xy + 12y^2)dy = 0$ é exata e, se for, resolva-a.

Resolução:

Chamando $P(x,y) = 3x^2y + 5y^2 + 14x$ e $Q(x,y) = x^3 + 10xy + 12y^2$, temos:

$$\frac{\partial P}{\partial y} = 3x^2 + 10y \text{ e } \frac{\partial Q}{\partial x} = 3x^2 + 10y$$

Como as derivadas parciais são iguais, a equação diferencial é exata. Então, existe uma função definida implicitamente $f(x,y(x)) = C$ tal que

$$\begin{cases} \dfrac{\partial f}{\partial x} = 3x^2y + 5y^2 + 14x & (1) \\ \dfrac{\partial f}{\partial y} = x^3 + 10xy + 12y^2 & (2) \end{cases}$$

Integrando a Equação (1) com relação a x, temos

$$f(x,y) = \int(3x^2y + 5y^2 + 14x)dx = x^3y + 5xy^2 + 7x^2 + h(y)$$

Observe que a função $h(y)$ é constante com relação a x. Para determiná-la, devemos derivar esta expressão com relação a y e igualar à Equação (2),

$$\frac{\partial f}{\partial y} = x^3 + 10xy + h'(y) = x^3 + 10xy + 12y^2 = (2)$$

Logo,

$$h'(y) = 12y^2 \to h(y) = \int 12y^2 dy = 12\frac{y^3}{3} + C_1 = 4y^3 + C_1$$

Portanto,

$$f(x,y) = x^3y + 5xy^2 + 7x^2 + h(y) = x^3y + 5xy^2 + 7x^2 + 4y^3 + C_1 = C$$

Chamando de $k = C - C_1$,

$$x^3y + 5xy^2 + 7x^2 + 4y^3 = k$$

Observe que a solução é uma função $y(x)$ definida implicitamente.

Resposta: $x^3y + 5xy^2 + 7x^2 + 4y^3 = k$.

5.4.4 EQUAÇÕES DIFERENCIAIS LINEARES

Dizemos que uma equação diferencial é linear se tem a seguinte aparência:

$$a_n(x)y^{(n)} + a_{n-1}(x)y^{(n-1)} + \ldots + a_2(x)y'' + a_1(x)y' + a_0(x)y = g(x)$$

ou seja, se ela satisfaz as seguintes condições:

1) Cada coeficiente $a_i(x)$, para $i = 0,\ldots n$ e também $g(x)$ dependem de apenas uma variável, neste caso, x;
2) A variável dependente, no caso y, e suas derivadas são de primeiro grau.

Uma consequência de uma equação diferencial ser linear é que, se a equação diferencial tiver mais de uma solução, a combinação linear das soluções continua sendo solução.

5.4.4.1 Equações diferenciais lineares de 1ª ordem

De acordo com a definição anterior, uma equação diferencial linear de 1ª ordem terá a seguinte aparência:

$$a_1(x)y' + a_0(x)y = g(x)$$

Por questões de praticidade, para induzir à solução, vamos supor $a_1(x) \neq 0$ onde estiver definida, e dividir a equação por $a_1(x)$, tomando a seguinte forma:

$$y' + P(x)y = Q(x)$$

onde $P(x) = \dfrac{a_0(x)}{a_1(x)}$ e $Q(x) = \dfrac{g(x)}{a_1(x)}$.

Dizemos que a equação diferencial linear de 1ª ordem é *homogênea* se $g(x) = 0$, ou seja, se a equação diferencial for do tipo:

$$y' + P(x)y = 0$$

Neste caso ela é incompleta e, na verdade, pode ser resolvida como uma equação diferencial separável:

$$y' + P(x)y = 0 \rightarrow y' = -P(x)y$$

$$\frac{dy}{dx} = -P(x)y \rightarrow dy = -P(x)ydx$$

$$\frac{dy}{y} = -P(x)dx$$

Integrando ambos os lados,

$$\int \frac{dy}{y} = -\int P(x)dx$$

$$\ln|y| = -\int P(x)dx \rightarrow y = e^{-\int P(x)dx}$$

Ou seja, conhecendo a equação diferencial, temos a solução explícita.

Agora, se a equação diferencial linear de 1ª ordem é *não homogênea*, ou seja, $g(x) \neq 0$, devemos procurar uma função $I(x)$, que chamaremos de *fator integrante*, de maneira que o primeiro membro da equação se transforme na derivada do produto de $I(x).y$.

$$y' + P(x)y = Q(x)$$

Vamos procurar $I(x)$, de maneira que:

$$I(x)\big(y' + P(x)y\big) = \big(I(x).y\big)'$$

$$I(x)y' + I(x)P(x)y = I'(x).y + I(x).y'$$

$$I(x)P(x)y = I'(x).y$$

$$I(x)P(x)y - I'(x).y = 0$$

$$\left(I(x)P(x) - I'(x)\right).y = 0$$

Como procuramos uma solução $y(x) \neq 0$, segue que

$$I(x)P(x) - I'(x) = 0 \rightarrow I(x)P(x) = I'(x)$$

$$\frac{I'(x)}{I(x)} = P(x)$$

Integrando ambos os lados,

$$\int \frac{I'(x)}{I(x)} dx = \int P(x)dx \rightarrow \ln\left|I(x)\right| = \int P(x)dx$$

Logo,

$$I(x) = e^{\int P(x)dx}$$

Ainda, se derivarmos $I(x)$, temos: $I'(x) = P(x)e^{\int P(x)dx} = P(x).I(x)$.

Observe que se multiplicarmos a equação diferencial linear de 1ª ordem não homogênea pelo fator integrante $I(x)$ agora determinado, temos:

$$I(x)y' + P(x)I(x)y = Q(x)I(x)$$

$$I(x)y' + I'(x)y = Q(x)I(x)$$

$$\left(I(x).y\right)' = Q(x)I(x)$$

Integrando ambos os lados,

$$I(x).y = \int Q(x)I(x)dx$$

Neste caso, a solução da equação diferencial é dada por

$$y = \frac{1}{I(x)}\int Q(x)I(x)dx$$

Exemplos:

E 5.35 Resolver a equação diferencial $y' + y = \frac{1}{2}$.

Resolução:

Vamos identificar como $P(x)=1$ e $Q(x)=\frac{1}{2}$. E calcular o fator integrante,

$$I(x)=e^{\int P(x)dx}=e^{\int 1dx}=e^{x}$$

Basta tomar a integral $\int P(x)dx$ com a constante de integração igual a zero, já que no expoente seria uma constante multiplicativa, que na igualdade se cancelaria. Logo,

$$y=\frac{1}{I(x)}\int Q(x)I(x)dx=\frac{1}{e^{x}}\int \frac{1}{2}e^{x}dx=\frac{1}{2e^{x}}\left[e^{x}+C\right]=\frac{1}{2}+Ce^{-x}$$

Resposta: $y=\frac{1}{2}+Ce^{-x}$.

E 5.36 Resolver a equação diferencial $\begin{cases} xy'-3y=x^{5} \\ y(1)=1 \end{cases}$.

Resolução:

Primeiro, vamos dividir a equação por x, para que o coeficiente de y' seja 1:

$$y'-\frac{3}{x}y=x^{4}$$

Neste caso, $P(x)=-\frac{3}{x}$ e $Q(x)=x^{4}$. Vamos calcular o fator integrante:

$$I(x)=e^{\int P(x)dx}=e^{-3\int \frac{1}{x}dx}=e^{-3\ln x}=e^{\ln x^{-3}}=x^{-3}$$

Portanto,

$$y=\frac{1}{I(x)}\int Q(x)I(x)dx=\frac{1}{x^{-3}}\int x^{4}.x^{-3}dx=x^{3}\int xdx=x^{3}\left[\frac{x^{2}}{2}+C\right]=\frac{x^{5}}{2}+Cx^{3}$$

Agora, substituindo, $y(1)=1$,

$$y=\frac{x^{5}}{2}+Cx^{3}\rightarrow 1=\frac{1^{5}}{2}+C.1^{3}\rightarrow 1-\frac{1}{2}=C\rightarrow C=\frac{1}{2}$$

Resposta: $y=\frac{x^{5}}{2}+\frac{x^{3}}{2}$.

E 5.37 Resolver a equação diferencial $(x^2+1)y'+y=e^{\text{arctg}x}$.

Resolução:

Primeiro, vamos dividir a equação por (x^2+1), para que o coeficiente de y' seja 1:

$$y'+\frac{1}{(x^2+1)}y=\frac{e^{\text{arctg}x}}{(x^2+1)}$$

Neste caso, $P(x)=\frac{1}{(x^2+1)}$ e $Q(x)=\frac{e^{\text{arctg}x}}{(x^2+1)}$. Vamos calcular o fator integrante:

$$I(x)=e^{\int P(x)dx}=e^{\int\frac{1}{(x^2+1)}dx}=e^{\text{arctg}x}$$

Portanto,

$$y=\frac{1}{I(x)}\int Q(x)I(x)dx=\frac{1}{e^{\text{arctg}x}}\int\frac{e^{\text{arctg}x}}{(x^2+1)}.e^{\text{arctg}x}dx=\frac{1}{e^{\text{arctg}x}}\int\frac{e^{2\text{arctg}x}}{(x^2+1)}dx$$

Fazendo substituição de variável,

$$t=2\text{arctg}x\rightarrow dt=\frac{2}{x^2+1}dx$$

$$\int\frac{e^{2\text{arctg}x}}{(x^2+1)}dx=\int e^t\frac{dt}{2}=\frac{1}{2}e^t+C=\frac{1}{2}e^{2\text{arctg}x}+C$$

Voltando,

$$y=\frac{1}{e^{\text{arctg}x}}\int\frac{e^{2\text{arctg}x}}{(x^2+1)}dx=\frac{1}{e^{\text{arctg}x}}\left[\frac{1}{2}e^{2\text{arctg}x}+C\right]=\frac{1}{2}e^{\text{arctg}x}+\frac{C}{e^{\text{arctg}x}}$$

Resposta: $y=\frac{1}{2}e^{\text{arctg}x}+\frac{C}{e^{\text{arctg}x}}$.

5.4.4.2 Equações diferenciais lineares de ordem superior com coeficientes constantes, homogêneas

Neste caso, a equação diferencial é da forma

$$a_n(x)y^{(n)}+a_{n-1}(x)y^{(n-1)}+\ldots+a_2(x)y''+a_1(x)y'+a_0(x)y=g(x)$$

onde $n\geq 2$.

Mas, aqui, vamos estudar apenas o caso em que os coeficientes $a_i(x) = a_i \in \mathbb{R}$. Então, a equação diferencial a ser estudada é da forma:

$$a_n y^{(n)} + a_{n-1} y^{(n-1)} + \ldots + a_2 y'' + a_1 y' + a_0 y = g(x)$$

Como fizemos com as equações diferenciais lineares de 1ª ordem, vamos estudar primeiro o caso em que a equação diferencial é homogênea, ou seja, $g(x) = 0$.

$$a_n y^{(n)} + a_{n-1} y^{(n-1)} + \ldots + a_2 y'' + a_1 y' + a_0 y = 0$$

Teorema:

Dada uma equação diferencial linear de ordem n homogênea, existem n soluções $y_1(x), y_2(x), \ldots, y_n(x)$ linearmente independentes, tal que a solução geral é dada por

$$y(x) = C_1 y_1(x) + C_2 y_2(x) + \ldots + C_n y_n(x)$$

Na construção da solução da equação diferencial linear de 1ª ordem, percebemos que a função solução é uma exponencial, $e^{h(x)}$. Portanto, é razoável, neste caso, que uma solução da equação diferencial linear de ordem superior a coeficientes constantes seja da forma e^{rx}, onde r é uma constante. Se for assim, quando substituirmos na equação apresentada aqui, deve satisfazê-la. Então,

$$y = e^{rx} \rightarrow y' = re^{rx} \rightarrow y'' = r^2 e^{rx} \rightarrow \ldots \rightarrow y^{(n)} = r^n e^{rx}$$

Substituindo na equação,

$$a_n r^n e^{rx} + a_{n-1} r^{n-1} e^{rx} + \ldots + a_2 r^2 e^{rx} + a_1 r e^{rx} + a_0 e^{rx} = 0$$

$$e^{rx}\left(a_n r^n + a_{n-1} r^{n-1} + \ldots + a_2 r^2 + a_1 r + a_0\right) = 0$$

Como $e^{rx} \neq 0$, temos que o polinômio em r está igualado a zero:

$$a_n r^n + a_{n-1} r^{n-1} + \ldots + a_2 r^2 + a_1 r + a_0 = 0$$

Esta equação algébrica de grau n em r é chamada de *equação característica* da equação diferencial, e o polinômio $p(r) = a_n r^n + a_{n-1} r^{n-1} + \ldots + a_2 r^2 + a_1 r + a_0$ é o *polinômio característico* da equação diferencial linear de ordem n a coeficientes constantes. Observamos que, se r_i é raiz do polinômio característico, então, $e^{r_i x}$ é solução da equação diferencial e, como a equação diferencial é linear, se conhecemos as n raízes do polinômio característico,

$$y = C_1 e^{r_1 x} + C_2 e^{r_2 x} + \ldots + C_n e^{r_n x}$$

é solução da equação diferencial linear de ordem n a coeficientes constantes. Basta, então, estudarmos as raízes do polinômio característico. Para exemplificar o método, vamos estudar o caso em que $n = 2$, ou seja, o caso em que a equação diferencial é de 2ª ordem:

$$a_2y'' + a_1y' + a_0y = 0 \qquad (*)$$

Associando o polinômio característico, temos $p(r) = a_2r^2 + a_1r + a_0$, onde determinamos suas raízes pela fórmula de Bháskara.

1º caso: $\Delta > 0$, ou seja, temos duas raízes $r_1 \neq r_2$ reais. Neste caso, temos duas soluções para a equação diferencial, e^{r_1x} e e^{r_2x}, portanto, a combinação linear das soluções também é solução:

$$y = C_1e^{r_1x} + C_2e^{r_2x}$$

2º caso: $\Delta < 0$, ou seja, as raízes são conjugadas complexas da forma $r = a \pm b.i$, onde i é a unidade imaginária. Neste caso, a solução para a equação diferencial é da forma $e^{(a+b.i)x}$ e $e^{(a-b.i)x}$, portanto, a combinação linear das soluções também é solução:

$$y = C_1e^{(a+b.i)x} + C_2e^{(a-b.i)x} = C_1e^{ax}.e^{bix} + C_2e^{ax}.e^{-bix} = e^{ax}\left(C_1.e^{bix} + C_2.e^{-bix}\right)$$

De acordo com o exemplo **E 6.31**, do Capítulo 6, $e^{i\theta} = \cos\theta + i\text{sen}\,\theta$, então,

$$e^{bix} = \cos bx + i\text{sen}\,bx \text{ e } e^{-bix} = \cos(-bx) + i\text{sen}(-bx) = \cos bx - i\text{sen}\,bx$$

Substituindo na solução,

$$y = e^{ax}\left(C_1.e^{bix} + C_2.e^{-bix}\right)$$

$$= e^{ax}\left[C_1.(\cos bx + i\text{sen}\,bx) + C_2.(\cos bx - i\text{sen}\,bx)\right]$$

$$= e^{ax}\left[(C_1 + C_2).\cos bx + i(C_1 - C_2)\text{sen}\,bx\right]$$

Chamando de $k_1 = C_1 + C_2$ e $k_2 = i(C_1 - C_2)$, a solução da equação diferencial se apresenta

$$y = e^{ax}\left(k_1\cos bx + k_2\text{sen}\,bx\right)$$

3º caso: $\Delta = 0$, ou seja, temos duas raízes $r = r_1 = r_2$ reais. Neste caso, uma solução para a equação diferencial, como já vimos, é e^{rx}, mas precisamos de outra solução linearmente independente. Seja $y_2(x) = xe^{rx}$, vamos verificar que $y_2(x)$ é solução:

$$y'_2(x) = e^{rx} + rxe^{rx} \to y''_2(x) = re^{rx} + re^{rx} + r^2xe^{rx}$$

Substituindo em (*):

$$a_2y'' + a_1y' + a_0y = 0 \rightarrow a_2\left(re^{rx} + re^{rx} + r^2xe^{rx}\right) + a_1\left(e^{rx} + rxe^{rx}\right) + a_0xe^{rx} = 0$$

Colocando os termos que interessam em evidência,

$$xe^{rx}\left(r^2a_2 + ra_1 + a_0\right) + e^{rx}\left(2ra_2 + a_1\right) = 0$$

$a_2r^2 + a_1r + a_0 = 0$, pois r é raiz do polinômio característico. Lembrando que $r = -\dfrac{a_1}{2a_2}$:

$$2\left(-\frac{a_1}{2a_2}\right)a_2 + a_1 = -a_1 + a_1 = 0$$

Logo, a combinação linear das soluções também é solução:

$$y = C_1e^{rx} + C_2xe^{rx}$$

Exemplos:

E 5.38 Resolver a equação diferencial $y'' - 4y' + 3y = 0$.

Resolução:

Vamos associar o polinômio característico:

$$p(r) = r^2 - 4r + 3$$

Resolvendo as raízes do polinômio pela fórmula de Bháskara,

$$r = \frac{4 \pm \sqrt{16 - 4.1.3}}{2.1} = \frac{4 \pm 2}{2} = \begin{cases} r_1 = 3 \\ r_2 = 1 \end{cases}$$

Como são duas raízes reais e diferentes, a solução da equação diferencial é:

$$y(x) = C_1e^{x} + C_2e^{3x}$$

E 5.39 Resolver a equação diferencial $y''' - y'' - 12y' = 0$.

Resolução:

Vamos associar o polinômio característico:

$$p(r) = r^3 - r^2 - 12r = r\left(r^2 - r - 12\right)$$

Claramente, uma das raízes é zero, e, resolvendo as outras raízes pela fórmula de Bháskara,

$$r = \frac{1 \pm \sqrt{1 - 4.1.(-12)}}{2.1} = \frac{1 \pm 7}{2} = \begin{cases} r_1 = 4 \\ r_2 = -3 \end{cases}$$

Como as três raízes são reais e diferentes, a solução da equação diferencial é:

$$y(x) = C_1 e^{0x} + C_2 e^{-3x} + C_3 e^{4x} = C_1 + C_2 e^{-3x} + C_3 e^{4x}$$

E 5.40 Resolver a equação diferencial $\begin{cases} y'' - 4y' + 5y = 0 \\ y(0) = 1 \\ y'(0) = -1 \end{cases}$.

Resolução:

Vamos associar o polinômio característico:

$$p(r) = r^2 - 4r + 5$$

Resolvendo as raízes pela fórmula de Bháskara,

$$r = \frac{4 \pm \sqrt{16 - 4.1.5}}{2.1} = \frac{4 \pm 2i}{2} = 2 \pm i$$

As raízes são complexas; a solução da equação diferencial é:

$$y(x) = e^{2x}\left(C_1 \cos x + C_2 \operatorname{sen} x\right)$$

Derivando a solução geral,

$$y'(x) = 2e^{2x}\left(C_1 \cos x + C_2 \operatorname{sen} x\right) + e^{2x}\left(-C_1 \operatorname{sen} x + C_2 \cos x\right)$$

Substituindo os dados iniciais,

$$y(x) = e^{2x}\left(C_1 \cos x + C_2 \operatorname{sen} x\right) \text{e}\, y(0) = 1 \rightarrow 1 = C_1$$

$$y'(x) = 2e^{2x}\left(C_1 \cos x + C_2 \operatorname{sen} x\right) + e^{2x}\left(-C_1 \operatorname{sen} x + C_2 \cos x\right) \text{ e } y'(0) = -1$$

$$-1 = 2C_1 + C_2 \rightarrow C_2 = -3$$

Logo, a solução particular é dada por:

$$y(x) = e^{2x}\left(\cos x - 3 \operatorname{sen} x\right)$$

E 5.41 Resolver a equação diferencial $y''' - 3y'' + 3y' - y = 0$.

Resolução:

Vamos associar o polinômio característico:

$$p(r) = r^3 - 3r^2 + 3r - 1 = (r-1)^3$$

Temos as três raízes reais e iguais, logo, vamos produzir uma terceira solução da equação diferencial, que seja independente das outras, multiplicando e^x por x^2. Então, a solução geral é:

$$y(x) = C_1e^x + C_2xe^x + C_3x^2e^x$$

5.4.4.3 Equações diferenciais lineares de ordem superior com coeficientes constantes, não homogêneas

Agora, vamos estudar a equação diferencial da forma

$$a_ny^{(n)} + a_{n-1}y^{(n-1)} + \ldots + a_2y'' + a_1y' + a_0y = g(x)$$

onde $n \geq 2$ e $g(x) \neq 0$. A solução desta equação diferencial é dada pela soma da solução da equação diferencial linear homogênea associada (y_H) e uma solução particular, (y_P), que vai depender da aparência de $g(x)$. Ou seja, a solução geral é $y_G(x) = y_H(x) + y_P(x)$. O método que vamos usar para determinar a solução particular chama-se *Método dos Coeficientes a Determinar*. Vamos estudar alguns casos particulares:

1º caso: $g(x) = C$, onde C é uma constante. Neste caso, a solução particular será:

- $y_P = A$, se $r = 0$ não for raiz do polinômio característico da equação diferencial homogênea associada;
- $y_P = Ax$, se $r = 0$ for raiz simples do polinômio característico da equação diferencial homogênea associada;
- $y_P = Ax^k$, se $r = 0$ for raiz de multiplicidade k do polinômio característico da equação diferencial homogênea associada.

2º caso: $g(x) = a_nx^n + a_{n-1}x^{n-1} + \ldots + a_2x^2 + a_1x + a_0$. Neste caso, a solução particular será:

- $y_P = A_nx^n + A_{n-1}x^{n-1} + \ldots + A_2x^2 + A_1x + A_0$, se $r = 0$ não for raiz do polinômio característico da equação diferencial homogênea associada;
- $y_P = \left(A_nx^n + A_{n-1}x^{n-1} + \ldots + A_2x^2 + A_1x + A_0\right)x$, se $r = 0$ for raiz simples do polinômio característico da equação diferencial homogênea associada;

- $y_P = \left(A_n x^n + A_{n-1}x^{n-1} + \ldots + A_2x^2 + A_1x + A_0\right)x^k$, se $r = 0$ for raiz de multiplicidade k do polinômio característico da equação diferencial homogênea associada.

3º caso: $g(x) = Ce^{ax}$. Neste caso, a solução particular será:

- $y_P = Ae^{ax}$, se $r = a$ não for raiz do polinômio característico da equação diferencial homogênea associada;
- $y_P = Axe^{ax}$, se $r = a$ for raiz simples do polinômio característico da equação diferencial homogênea associada;
- $y_P = Ax^ke^{ax}$, se $r = a$ for raiz de multiplicidade k do polinômio característico da equação diferencial homogênea associada.

4º caso: $g(x) = C.\cos(bx)$ ou $g(x) = C.\text{sen}(bx)$. Neste caso, a solução particular será:

- $y_P = A\cos(bx) + B\,\text{sen}(bx)$, se $r = a \pm bi$ não for raiz do polinômio característico da equação diferencial homogênea associada;
- $y_P = \left(A\cos(bx) + B\,\text{sen}(bx)\right)x$, se $r = a \pm bi$ for raiz simples do polinômio característico da equação diferencial homogênea associada;
- $y_P = \left(A\cos(bx) + B\,\text{sen}(bx)\right)x^k$, se $r = a \pm bi$ for raiz de multiplicidade k do polinômio característico da equação diferencial homogênea associada.

E 5.42 Resolver a equação diferencial $y'' - 4y' + 3y = 9$.

Resolução:

Primeiro, vamos escrever a homogênea associada:

$$y'' - 4y' + 3y = 0$$

Agora, vamos escrever o polinômio característico e determinar as raízes:

$$p(r) = r^2 - 4r + 3$$

Resolvendo as raízes do polinômio pela fórmula de Bháskara,

$$r = \frac{4 \pm \sqrt{16 - 4.1.3}}{2.1} = \frac{4 \pm 2}{2} = \begin{cases} r_1 = 3 \\ r_2 = 1 \end{cases}$$

Como são duas raízes reais e diferentes, a solução da equação diferencial homogênea associada é:

$$y_H(x) = C_1 e^{x} + C_2 e^{3x}$$

Agora, vamos determinar a solução particular. Como $r = 0$ não é raiz do polinômio característico, a solução particular é $y_P = A$ que será definida, derivando e substituindo na equação diferencial principal:

$$y_P = A \rightarrow y'_P = y''_P = 0$$

$$y'' - 4y' + 3y = 9 \rightarrow 0 - 4.0 + 3A = 9 \rightarrow A = 3$$

Então, a solução geral é:

$$y(x) = C_1 e^{x} + C_2 e^{3x} + 3$$

E 5.43 Resolver a equação diferencial $y'' - 4y' - 5y = 3e^{-x}$.

Resolução:

Primeiro, vamos escrever a homogênea associada:

$$y'' - 4y' - 5y = 0$$

Agora, vamos escrever o polinômio característico e determinar as raízes:

$$p(r) = r^2 - 4r - 5$$

Resolvendo as raízes do polinômio pela fórmula de Bháskara,

$$r = \frac{4 \pm \sqrt{16 - 4.1.(-5)}}{2.1} = \frac{4 \pm 6}{2} = \begin{cases} r_1 = 5 \\ r_2 = -1 \end{cases}$$

Como são duas raízes reais e diferentes, a solução da equação diferencial homogênea associada é:

$$y_H(x) = C_1 e^{5x} + C_2 e^{-x}$$

Agora, vamos determinar a solução particular. Como $r = -1$ é raiz simples do polinômio característico, a solução particular é $y_P = Axe^{-x}$ que será definida, derivando e substituindo na equação diferencial principal:

$$y_P = Axe^{-x} \rightarrow y'_P = Ae^{-x} - Axe^{-x} \rightarrow y''_P = -2Ae^{-x} + Axe^{-x}$$

$$y'' - 4y' - 5y = 3e^{-x} \rightarrow \left(-2Ae^{-x} + Axe^{-x}\right) - 4.\left(Ae^{-x} - Axe^{-x}\right) - 5Axe^{-x} = 3e^{-x}$$

Colocando e^{-x} em evidência e comparando os coeficientes,

$$e^{-x}\left(-2A+Ax-4A+4Ax-5Ax\right)=3e^{-x}\rightarrow -6A=3\rightarrow A=-\frac{1}{2}$$

Então, a solução geral é:

$$y\left(x\right)=C_1e^{5x}+C_2e^{-x}-\frac{1}{2}xe^{-x}$$

E 5.44 Resolver a equação diferencial $y''-2y'=27x^2-1$.

Resolução:

Primeiro, vamos escrever a homogênea associada:

$$y''-2y'=0$$

Agora, vamos escrever o polinômio característico e determinar as raízes:

$$p\left(r\right)=r^2-2r=r\left(r-2\right)$$

Igualando a zero, as raízes do polinômio são $\begin{cases} r_1=0 \\ r_2=2 \end{cases}$

Como são duas raízes reais e diferentes, a solução da equação diferencial homogênea associada é:

$$y_H\left(x\right)=C_1e^{0x}+C_2e^{2x}=C_1+C_2e^{2x}$$

Agora, vamos determinar a solução particular. Como $r=0$ é raiz simples do polinômio característico, a solução particular é $y_P=\left(A_2x^2+A_1x+A_0\right)x$ que será definida, derivando e substituindo na equação diferencial principal:

$$y_P=A_2x^3+A_1x^2+A_0x\rightarrow y'_P=3A_2x^2+2A_1x+A_0\rightarrow y''_P=6A_2x+2A_1$$

$$y''-2y'=27x^2-1\rightarrow\left(6A_2x+2A_1\right)-2.\left(3A_2x^2+2A_1x+A_0\right)=27x^2-1$$

Comparando os coeficientes,

$$-6A_2x^2+\left(6A_2-4A_1\right)x+2A_1-2A_0=27x^2-1$$

$$-6A_2=27\rightarrow A_2=-\frac{27}{6}=-\frac{9}{2}$$

$$6A_2 - 4A_1 = 0 \rightarrow 6\left(-\frac{9}{2}\right) = 4A_1 \rightarrow A_1 = -\frac{27}{4}$$

$$2A_1 - 2A_0 = -1 \rightarrow 2\left(-\frac{27}{4}\right) - 2A_0 = -1 \rightarrow 2A_0 = 1 - \frac{27}{2} \rightarrow A_0 = -\frac{25}{4}$$

Então, a solução geral é:

$$y(x) = C_1 + C_2 e^{2x} - \frac{9}{2}x^2 - \frac{27}{4}x - \frac{25}{4}$$

E 5.45 Resolver a equação diferencial $y'' - 4y' + 4y = 3.\text{sen}x + 2\cos x$.

Resolução:

Primeiro vamos escrever a homogênea associada:

$$y'' - 4y' + 4y = 0$$

Agora, escrever o polinômio característico e determinar as raízes:

$$p(r) = r^2 - 4r + 4 = (r-2)^2$$

Igualando a zero, as raízes do polinômio são reais e iguais $r_1 = r_2 = 2$. Então, a solução da equação diferencial homgênea associada é:

$$y_H(x) = C_1 e^{2x} + C_2 x e^{2x}$$

Agora, vamos determinar a solução particular. Como $r = a \pm i$ não é raiz do polinômio característico, a solução particular é $y_P = A \cdot \cos x + B \cdot \text{sen}x$ que será definida, derivando e substituindo na equação diferencial principal:

$$y_P = A \cdot \cos x + B \cdot \text{sen}x \rightarrow y'_P = -A \cdot \text{sen}x + B \cdot \cos x \rightarrow y''_P = -A \cdot \cos x - B \cdot senx$$

$$y'' - 4y' + 4y = 3 \cdot \text{sen}x + 2\cos x$$

$$(-A \cdot \cos x - B \cdot \text{sen}x) - 4 \cdot (-A \cdot \text{sen}x + B \cdot \cos x) + 4(A \cdot \cos x + B \cdot \text{sen}x) = 3 \cdot \text{sen}x + 2\cos x$$

Comparando os coeficientes,

$$(-A - 4B + 4A)\cos x = 2\cos x \rightarrow 3A - 4B = 2$$

$$(-B + 4A + 4B)\text{sen}\,x = 3\text{sen}\,x \rightarrow 4A + 3B = 3$$

$$\begin{cases} 12A - 16B = 8 \\ 12A + 9B = 9 \end{cases} \rightarrow 25B = 1 \rightarrow B = \frac{1}{25}$$

$$3A - 4B = 2 \rightarrow 3A = 2 + 4\left(\frac{1}{25}\right) = \frac{54}{25} \rightarrow A = \frac{54}{75} = \frac{18}{25}$$

Então a solução geral é:

$$y(x) = C_1 e^{2x} + C_2 x e^{2x} + \frac{18}{25} \cdot \cos x + \frac{1}{25} \cdot \operatorname{sen} x$$

5.4.5 EQUAÇÕES DIFERENCIAIS DE BERNOULLI

É uma equação diferencial de 1ª ordem, da forma:

$$y' + P(x)y = Q(x)y^n, \text{ com } n \neq 0 \text{ e } n \neq 1,$$

portanto, não linear. Para resolver esta equação, Bernoulli fez uma substituição, transformando a equação diferencial original em uma equação diferencial linear de 1ª ordem. Para isso, começamos dividindo a equação por y^n:

$$y^{-n}y' + P(x)y^{1-n} = Q(x) \qquad (*)$$

Para ficar semelhante a uma equação diferencial linear, a função incógnita deve estar multiplicando $P(x)$. Então, vamos fazer a substituição aqui:

$$z = y^{1-n} \rightarrow z' = (1-n)y^{-n}.y' \rightarrow y^{-n}.y' = \frac{z'}{1-n}$$

Substituindo na equação (*),

$$\frac{z'}{1-n} + P(x)z = Q(x)$$

Multiplicando tudo por $(1-n)$, temos uma equação diferencial linear de 1ª ordem, onde a variável dependente é z:

$$z' + (1-n)P(x)z = (1-n)Q(x)$$

Resolvemos a equação diferencial em z e a resposta substitui novamente por y^{1-n}.

Exemplo:

E 5.46 Resolver a equação diferencial de Bernoulli $xy' + y = x^2y^3$.

Resolução:

Primeiro, vamos dividir a equação por x, para que o coeficiente de y' seja 1:

$$y' + \frac{1}{x}y = xy^3$$

Vamos dividir a equação por y^3,

$$y^{-3}y' + \frac{1}{x}y^{-2} = x$$

Então, vamos fazer a substituição:

$$z = y^{-2} \to z' = -2y^{-3}.y' \to y^{-3}.y' = \frac{z'}{-2}$$

Substituindo na equação

$$\frac{z'}{-2} + \frac{1}{x}z = x$$

Multiplicando por -2:

$$z' - \frac{2}{x}z = -2x$$

Temos uma equação diferencial linear de 1ª ordem e, neste caso, $P(x) = \frac{-2}{x}$ e $Q(x) = -2x$. Vamos calcular o fator integrante:

$$I(x) = e^{\int P(x)dx} = e^{-2\int \frac{1}{x}dx} = e^{-2.\ln x} = e^{\ln x^{-2}} = x^{-2}$$

Portanto,

$$z = \frac{1}{I(x)}\int Q(x)I(x)dx = \frac{1}{x^{-2}}\int (-2x).x^{-2}dx = -2x^2\int \frac{1}{x}dx = -2x^2[\ln x + C]$$

Voltando à função y,

$$y^{-2} = -2x^2[\ln x + C] \to y^2 = \frac{1}{-2x^2[\ln x + C]}$$

Resposta: $y^2 = \frac{1}{-2x^2[\ln x + C]}$.

Foto: Wikipédia.

Matemático suiço, vem de uma família de quatro gerações de matemáticos, sendo ele da segunda. Foi o primeiro a aplicar o cálculo diferencial de Newton e Leibniz a problemas de aplicações em equações diferenciais.

JAKOB BERNOULLI
(1655-1705)

5.5 TRANSFORMADA DE LAPLACE

Pierre Simon de Laplace (1749-1827), célebre matemático, astrônomo e físico francês que inventou a técnica que vamos apresentar aqui. As propriedades dessa transformada tornam-na útil para a resolução de equações diferenciais, pois ela transforma a integração e a derivação em multiplicações e divisões. Ela permite levar a resolução de equações diferenciais à resolução de equações polinomiais, que são muito mais simples de resolver.

5.5.1 A TRANSFORMADA DE LAPLACE

Dada uma função $f(t)$, definida para $t \geq 0$, a transformada de Laplace dessa função é a seguinte integral, desde que ela convirja:

$$\mathcal{L}\{f(t)\} = \int_0^\infty e^{-st} f(t)\,dt$$

Observe que, se a integral convergir, o resultado é uma função de s, que vamos indicar como $F(s)$.

Exemplos:

E 5.47 Calcular a transformada de Laplace da função constante $f(t) = 1$ para $t \geq 0$:

$$\mathcal{L}\{1\} = \int_0^\infty e^{-st}dt = \lim_{w\to\infty}\int_0^w e^{-st}dt$$

Que por substituição de variável,

$$r = -st$$
$$dr = -sdt$$

Mudando os limites de integração:

$$t = 0 \quad \rightarrow \quad r = -s.0 = 0$$
$$t = w \quad \rightarrow \quad r = -s.w$$

Substituindo na integral,

$$\int_0^w e^{-st}dt = \int_0^{-sw} e^r \frac{dr}{-s} = -\frac{e^r}{s}\Bigg|_0^{-sw} = \frac{1-e^{-sw}}{s}$$

Então,

$$\mathcal{L}\{1\} = \lim_{w\to\infty}\left[\frac{1-e^{-sw}}{s}\right] = \frac{1}{s}$$

Desde que $s>0$, pois neste caso, $e^{-sw}\to 0$.

E 5.48 Calcular a transformada de Laplace da função $f(t)=e^{at}$ para $t\geq 0$:

$$\mathcal{L}\left\{e^{at}\right\} = \int_0^\infty e^{-st}e^{at}dt = \lim_{w\to\infty}\int_0^w e^{(a-s)t}dt$$

Que por substituição de variável,

$$r=(a-s)t$$
$$dr=(a-s)dt$$

$$\int_0^w e^{(a-s)t}dt = \int_0^{(a-s)w} e^r \frac{dr}{(a-s)} = \frac{e^r}{(a-s)}\Bigg|_0^{(a-s)w} = \frac{e^{(a-s)w}-1}{(a-s)}$$

Então,

$$\mathcal{L}\left\{e^{at}\right\} = \lim_{w\to\infty}\left[\frac{e^{(a-s)w}-1}{(a-s)}\right] = -\frac{1}{a-s} = \frac{1}{s-a}$$

Desde que $s>a$, pois, neste caso, $e^{(a-s)w}\to 0$.

Teorema

A transformada de Laplace é um operador linear, ou seja, dadas duas funções $f(t)$ e $g(t)$, definidas para $t\geq 0$, então,

$$\mathcal{L}\left\{\alpha f(t)+\beta g(t)\right\} = \alpha\mathcal{L}\left\{f(t)\right\}+\beta\mathcal{L}\left\{g(t)\right\}, \text{ para } \alpha \text{ e } \beta \text{ números reais.}$$

Basta notar que a integral da soma é a soma das integrais, ou seja,

$$\mathcal{L}\{(\alpha f(t)+\beta g(t))\}=\int_0^\infty e^{-st}\left[\alpha f(t)+\beta g(t)\right]dt=\alpha\int_0^\infty e^{-st}f(t)dt+\beta\int_0^\infty e^{-st}g(t)dt$$

$$=\alpha\mathcal{L}\{f(t)\}+\beta\mathcal{L}\{g(t)\}$$

Vamos apresentar a transformada de Laplace de algumas funções elementares. Para chegar aos resultados da tabela, basta aplicar a definição e a maioria das integrais são resolvidas pelo método de integração por partes.

$f(t)$	$\mathcal{L}\{f(t)\}=F(s)$
1	$\frac{1}{s},\ s\geq 0$
$t^n, n\in\mathbb{N}$	$\frac{n!}{s^{n+1}},\ s\geq 0$
e^{at}	$\frac{1}{s-a},\ s\geq a$
$\text{sen}(at)$	$\frac{a}{s^2+a^2},\ s\geq 0$
$\cos(at)$	$\frac{s}{s^2+a^2},\ s\geq 0$

Exemplo:

E 5.49 Calcular a transformada de Laplace da função $f(t)=3t+\cos(2t)$ para $t\geq 0$:

$$\mathcal{L}\{3t+\cos(2t)\}=3\mathcal{L}\{t\}+\mathcal{L}\{\cos(2t)\}=\frac{3}{s^2}+\frac{s}{s^2+2^2}=\frac{s^3+3s^2+12}{s^2(s^2+4)}$$

Ordem exponencial

Dizemos que uma função f é de ordem exponencial **c** se existem números reais **c**, $L>0$ e $T>0$ tais que

$$|f(t)|\leq Le^{ct},\ \text{para todo}\, t>T$$

Condição de existência da Transformada de Laplace

Se a função é contínua por partes, ou seja, dentro do intervalo , ela tem um número finito de descontinuidades, e é de ordem exponencial, então existe a sua transformada de Laplace.

Para ilustrar, vamos supor a função contínua, mas se ela é contínua por partes, fazemos a integral nos pedaços em que ela é contínua, separando nas descontinuidades

$$\mathcal{L}\{f(t)\} = \int_0^T e^{-st} f(t)dt + \int_T^\infty e^{-st} f(t)dt \le I_1 + \int_T^\infty e^{-st} |f(t)| dt \le I_1 + \int_T^\infty e^{-st} L e^{ct} dt$$

$$= I_1 + L\int_T^\infty e^{(c-s)t} dt = I_1 + L\lim_{w\to\infty} \int_T^w e^{(c-s)t} dt$$

$$= I_1 + L.\lim_{w\to\infty} \left[\frac{e^{(c-s)w} - e^{(c-s)T}}{(c-s)} \right] = I_1 + L\frac{-e^{(c-s)T}}{(c-s)}$$

Que é um número real, para $s > c$, e neste caso, a integral converge, logo a transformada de Laplace existe.

Exemplos:

E 5.50 Calcular a transformada de Laplace da função

$$f(t) = \begin{cases} 1, & \text{para } 0 \le t < 2 \\ 2, & \text{para } t \ge 2 \end{cases}$$

$$\mathcal{L}\{f(t)\} = \int_0^2 e^{-st} 1 dt + \int_2^\infty e^{-st} 2dt = \left.\frac{e^{-st}}{-s}\right|_0^2 + 2\lim_{w\to\infty} \left.\frac{e^{-st}}{-s}\right|_2^w$$

$$= \frac{e^{-2s}}{-s} - \frac{e^{-s.0}}{-s} + 2\lim_{w\to\infty}\left[\frac{e^{-2w}}{-s} - \frac{e^{-2s}}{-s}\right] = 1 - \frac{e^{-2s}}{s} + 2\left[0 + \frac{e^{-2s}}{s}\right] = 1 + \frac{e^{-2s}}{s}$$

E 5.51 Calcular a transformada de Laplace da função

$$f(t) = \begin{cases} t, & \text{para } 0 \le t < 1 \\ 2, & \text{para } t \ge 1 \end{cases}$$

$$\mathcal{L}\{f(t)\} = \int_0^1 e^{-st} t dt + \int_1^\infty e^{-st} 2dt$$

A primeira integral se resolve pelo método de integração por partes

$$u = t \quad \to du = dt$$

$$dv = e^{-st} \quad \to v \to= \frac{e^{-st}}{-s}$$

$$\int_0^1 e^{-st} t dt = \frac{e^{-st}}{-s} t \Big|_0^1 - \int_0^1 \frac{e^{-st}}{-s} dt = \left[\frac{e^{-s.1}}{-s} 1 - \frac{e^{-s.0}}{-s} .0 \right] + \frac{1}{s} \frac{e^{-st}}{(-s)} \Big|_0^1$$

$$= \frac{e^{-s}}{-s} - \frac{1}{s^2}\left[e^{-s.1} - e^{-s.0}\right] = -\frac{e^{-s}}{s} - \frac{e^{-s}}{s^2} + \frac{1}{s^2}$$

Logo,

$$\mathcal{L}\{f(t)\} = \int_0^1 e^{-st} t dt + \int_1^\infty e^{-st} 2dt = -\frac{e^{-s}}{s} - \frac{e^{-s}}{s^2} + \frac{1}{s^2} + 2\lim_{w\to\infty} \frac{e^{-st}}{-s}\Big|_2^w$$

$$= -\frac{e^{-s}}{s} - \frac{e^{-s}}{s^2} + \frac{1}{s^2} + 2\lim_{w\to\infty}\left[\frac{e^{-s.w}}{-s} - \frac{e^{-2s}}{-s}\right] = -\frac{e^{-s}}{s} - \frac{e^{-s}}{s^2} + 2\frac{e^{-2s}}{s} + \frac{1}{s^2}$$

5.5.2 TRANSFORMADA INVERSA DE LAPLACE

Dada a transformada de Laplace de uma função, $\mathcal{L}\{f(t)\} = F(s)$, para recuperar a função, aplicamos a transformada inversa em $F(s)$, ou seja, $f(t) = \mathcal{L}^{-1}\{F(s)\}$. Assim, de acordo com a tabela anterior,

$F(s)$	$\mathcal{L}^{-1}\{F(s)\} = f(t)$
$\frac{1}{s}$	1
$\frac{n!}{s^{n+1}}, n \in \mathbb{N}$	t^n
$\frac{1}{s-a}$	e^{at}
$\frac{a}{s^2+a^2}$	$\text{sen}(at)$
$\frac{s}{s^2+a^2}$	$\cos(at)$

Observe que, como a transformada de Laplace é linear, a transformada inversa também é linear.

Exemplos:

E 5.52 Calcular a transformada inversa de $F(s)=\dfrac{4}{s^3}$:

Aplicando a linearidade e a tabela,

$$\mathcal{L}^{-1}\left\{\frac{4}{s^3}\right\}=4.\mathcal{L}^{-1}\left\{\frac{1}{s^3}\right\}=\frac{4}{2!}.\mathcal{L}^{-1}\left\{\frac{2!}{s^3}\right\}=2.t^2$$

E 5.53 Calcular a transformada inversa de $F(s)=\dfrac{3}{s-2}$:

Aplicando a linearidade e a tabela,

$$\mathcal{L}^{-1}\left\{\frac{3}{s-2}\right\}=3.\mathcal{L}^{-1}\left\{\frac{1}{s-2}\right\}=3e^{2t}$$

5.5.3 TRANSFORMADA DE LAPLACE DA DERIVADA DE UMA FUNÇÃO

Dada $f(t)$ uma função contínua em $[0,\infty[$ com derivadas contínuas no mesmo intervalo, então:

$$\mathcal{L}\{f'(t)\}=s\mathcal{L}\{f(t)\}-f(0)$$

$$\mathcal{L}\{f''(t)\}=s^2\mathcal{L}\{f(t)\}-s.f(0)-f'(0)$$

$$\mathcal{L}\{f'''(t)\}=s^3\mathcal{L}\{f(t)\}-s^2.f(0)-s.f'(0)-f''(0)$$

E, consequentemente,

$$\mathcal{L}\{f^{(n)}(t)\}=s^n\mathcal{L}\{f(t)\}-s^{(n-1)}.f(0)-s^{(n-2)}.f'(0)-\ldots-f^{(n-1)}(0)$$

Para verificar essas igualdades, basta aplicar integração por partes. Vamos mostrar a primeira igualdade:

$$\mathcal{L}\{f'(t)\}=\int_0^\infty e^{-st}f'(t)dt=\lim_{w\to\infty}\int_0^w e^{-st}f''(t)dt$$

Aplicando o método de integração por partes,

$$u=e^{-st}\quad\rightarrow\quad du=-s.e^{-st}dt$$
$$dv=f'(t)dt\quad\rightarrow\quad v\rightarrow=f(t)$$

$$\mathcal{L}\{f'(t)\} = \lim_{w\to\infty}\left[e^{-st}.f(t)\Big|_0^w + s\int_0^w e^{-st} f(t)dt \right]$$

$$= \lim_{w\to\infty}\left[e^{-sw}.f(w) - e^{-0.s}.f(0) + s\int_0^w e^{-st} f(t)dt \right] = 0 - f(0) + s\mathcal{L}\{f(t)\} = s\mathcal{L}\{f(t)\} - f(0)$$

As outras igualdades seguem de modo semelhante.

5.5.4 RESOLVENDO PROBLEMAS DE VALOR INICIAL DE EDO COM A TRANSFORMADA DE LAPLACE

Agora vamos apresentar o método de resolução de uma equação diferencial linear, com problema de valor inicial.

Exemplo:

E 5.54 Resolver o problema de valor inicial, aplicando a Transformada de Laplace.

$$\begin{cases} y'' - 7y' + 12y = 0 \\ y(0) = 1 \\ y'(0) = -1 \end{cases}$$

Resolução: Primeiro, aplicamos a transformada de Laplace na equação principal:

$$\mathcal{L}\{y'' - 7y' + 12y\} = \mathcal{L}\{0\}$$

Como $\mathcal{L}\{0\} = 0$ e a transformada de Laplace é linear,

$$\mathcal{L}\{y''\} - 7\mathcal{L}\{y'\} + 12\mathcal{L}\{y\} = 0$$

Aplicando a transformada de Laplace das derivadas,

$$\left[s^2\mathcal{L}\{y\} - s.f(0) - f'(0)\right] - 7\left[s\mathcal{L}\{y\} - f(0)\right] + 12\mathcal{L}\{y\} = 0$$

Chamando $\mathcal{L}\{y\} = F(s)$,

$$\left(s^2 - 7s + 12\right)F(s) - s.f(0) - f'(0) + 7f(0) = 0$$

Substituindo os valores iniciais da EDO,

$$\left(s^2-7s+12\right)F(s)-s.1-(-1)+7.1=0$$

$$\left(s^2-7s+12\right)F(s)=s-8$$

$$F(s)=\frac{s-8}{s^2-7s+12}$$

Vamos fatorar o denominador e separar em somas de frações parciais,

$$F(s)=\frac{s-8}{(s-3)(s-4)}=\frac{A}{s-3}+\frac{B}{s-4}=\frac{A(s-4)+B(s-3)}{(s-3)(s-4)}$$

Então,

$$A(s-4)+B(s-3)=s-8$$

Vamos atribuir valores para determinar A e B:

Para $s=4$: $A(4-4)+B(4-3)=4-8 \;\rightarrow\; B=-4$

Para $s=3$: $A(3-4)+B(3-3)=3-8 \;\rightarrow\; -A=-5 \;\rightarrow\; A=5$

$$F(s)=\frac{s-8}{(s-3)(s-4)}=\frac{5}{s-3}-\frac{4}{s-4}$$

Agora, aplicando a transformada inversa,

$$y=\mathcal{L}^{-1}\left\{F(s)\right\}=\mathcal{L}^{-1}\left\{\frac{5}{s-3}-\frac{4}{s-4}\right\}=5\mathcal{L}^{-1}\left\{\frac{1}{s-3}\right\}-4\mathcal{L}^{-1}\left\{\frac{1}{s-4}\right\}=5e^{3t}-4e^{4t}$$

Resposta: $y=5e^{3t}-4e^{4t}$

E 5.55 Resolver o problema de valor inicial, aplicando a Transformada de Laplace.

$$\begin{cases} y''+y=\text{sen}(2t) \\ y(0)=2 \\ y'(0)=1 \end{cases}$$

Resolução: Primeiro, aplicamos a transformada de Laplace na equação principal:

$$\mathcal{L}\left\{y''+y\right\}=\mathcal{L}\left\{\text{sen}(2t)\right\}$$

$$\mathcal{L}\left\{y''\right\}+\mathcal{L}\left\{y\right\}=\mathcal{L}\left\{\text{sen}(2t)\right\}$$

Aplicando a transformada de Laplace das derivadas,

$$\left[s^2\mathcal{L}\{y\}-s.f(0)-f'(0)\right]+\mathcal{L}\{y\}=\frac{2}{s^2+4}$$

Chamando $\mathcal{L}\{y\}=F(s)$,

$$\left(s^2+1\right)F(s)-s.f(0)-f'(0)=\frac{2}{s^2+4}$$

Substituindo os valores iniciais da EDO,

$$\left(s^2+1\right)F(s)-s.2-1=\frac{2}{s^2+4}$$

$$\left(s^2+1\right)F(s)=\frac{2}{s^2+4}+2s+1=\frac{2s^3+8s+s^2+6}{s^2+4}$$

$$F(s)=\frac{2s^3+s^2+8s+6}{\left(s^2+4\right)\left(s^2+1\right)}$$

Vamos separar em somas de frações parciais,

$$F(s)=\frac{2s^3+s^2+8s+6}{\left(s^2+4\right)\left(s^2+1\right)}=\frac{As+B}{s^2+4}+\frac{Cs+D}{s^2+1}=\frac{(As+B)\left(s^2+1\right)+(Cs+D)\left(s^2+4\right)}{\left(s^2+4\right)\left(s^2+1\right)}$$

Então,

$$(As+B)\left(s^2+1\right)+(Cs+D)\left(s^2+4\right)=2s^3+s^2+8s+6$$

Neste caso, é mais fácil fazer a distributiva e igualar os termos semelhantes:

$$As^3+As+Bs^2+B+Cs^3+4Cs+Ds^2+4D=2s^3+s^2+8s+6$$

Comparando os termos,

$$\begin{gathered}(A+C)s^3=2s^3\\(B+D)s^2=s^2\\(A+4C)s=8s\\B+4D=6\end{gathered}$$

Resolvendo o sistema para qualquer valor de s

$$\begin{cases} A+C=2 \\ B+D=1 \\ A+4C=8 \\ B+4D=6 \end{cases} \rightarrow \quad \begin{matrix} A=0 \\ B=-\dfrac{2}{3} \\ C=2 \\ D=\dfrac{5}{3} \end{matrix}$$

Logo,

$$F(s)=\frac{2s^3+s^2+8s+6}{(s^2+4)(s^2+1)}=\frac{0.s-\frac{2}{3}}{s^2+4}+\frac{2s+\frac{5}{3}}{s^2+1}=-\frac{2}{3}.\frac{1}{s^2+4}+2\frac{s}{s^2+1}+\frac{5}{3}.\frac{1}{s^2+1}$$

Agora, aplicando a transformada inversa,

$$y=\mathcal{L}^{-1}\{F(s)\}=\mathcal{L}^{-1}\left\{-\frac{2}{3}.\frac{1}{s^2+4}+2\frac{s}{s^2+1}+\frac{5}{3}.\frac{1}{s^2+1}\right\}$$

$$=-\frac{2}{3}\mathcal{L}^{-1}\left\{\frac{1}{s^2+4}\right\}+2\mathcal{L}^{-1}\left\{\frac{s}{s^2+1}\right\}+\frac{5}{3}\mathcal{L}^{-1}\left\{\frac{1}{s^2+1}\right\}=-\frac{2}{3}\operatorname{sen}(2t)+2\cos t+\frac{5}{3}\operatorname{sen}t$$

Resposta: $y=-\frac{2}{3}\operatorname{sen}(2t)+2\cos t+\frac{5}{3}\operatorname{sen}t$

5.5.5 PRIMEIRO TEOREMA DA TRANSLAÇÃO

Seja $\mathcal{L}\{f(t)\}=F(s)$ e $a\in\mathbb{R}$, ou seja, um número real qualquer. Então,

$$\mathcal{L}\{e^{at}f(t)\}=F(s-a)$$

Basta ver que,

$$\mathcal{L}\{e^{at}f(t)\}=\int_0^\infty e^{-st}e^{at}f(t)dt=\int_0^\infty e^{-(s-a)t}f(t)dt=F(s-a)$$

Exemplo:

E 5.56 Calcular $\mathcal{L}\{e^{4t}t^2\}$.

Como $\mathcal{L}\{t^2\}=\frac{2!}{s^3}$, vamos substituir s por $s-4$, pois 4 é o expoente de e. Então,

$$\mathcal{L}\{e^{4t}t^2\}=\frac{2!}{(s-4)^3}=\frac{2}{(s-4)^3}$$

5.6 ROTEIRO DE ESTUDOS COM EXERCÍCIOS RESOLVIDOS E EXERCÍCIOS PROPOSTOS

R 5.1 Resolver a equação diferencial imediata:

$$y' = x.\sec^2\left(x^2\right)$$

Resolução:

Vamos substituir a notação da derivada para integrar

$$\frac{dy}{dx} = x.\sec^2\left(x^2\right) \to dy = x.\sec^2\left(x^2\right)dx$$

Integrando ambos os lados

$$\int dy = \int x.\sec^2\left(x^2\right)dx \to y = \int x.\sec^2\left(x^2\right)dx$$

Vamos fazer substituição de variável

$$t = x^2 \to dt = 2xdx \to xdx = \frac{dt}{2}$$

$$y = \int x.\sec^2\left(x^2\right)dx = \int \sec^2 t.\frac{dt}{2} = \frac{1}{2}\text{tg}t + C = \frac{1}{2}\text{tg}\left(x^2\right) + C$$

Resposta: $y = \frac{1}{2}\text{tg}\left(x^2\right) + C.$

P 5.2 Resolver as equações diferenciais imediatas:

a) $y' = x^3.\text{sen}\left(5x^2 - 1\right)$

b) $y' = x^3.\left(x^2 + 1\right)^8$

c) $y' = \frac{x^2}{2x^3 + 1}$

d) $y' = \frac{x^2}{\sqrt{x+1}}$

P 5.3 Dar a solução particular das equações diferenciais imediatas:

a) $y' = \frac{\ln\left(\ln x\right)}{x}$, e no ponto$\left(e.2\right)$

b) $y' - x^2 = x$, com $y\left(0\right) = 1$

c) $y'' = \text{sen}\left(2x\right) - \cos\left(4x\right)$, onde $y\left(\frac{\pi}{2}\right) = 3$ e $y\left(0\right) = 2$

R 5.4 Resolver a equação diferencial de primeira ordem separável:

$$y' = \frac{x^2y^2}{1+x}$$

Resolução:

Vamos substituir a notação da derivada para integrar,

$$\frac{dy}{dx} = \frac{x^2y^2}{1+x} \rightarrow \frac{dy}{y^2} = \frac{x^2}{1+x}dx$$

Integrando ambos os lados,

$$\int y^{-2}dy = \int \frac{x^2}{1+x}dx \rightarrow -\frac{1}{y} = \int \frac{x^2}{1+x}dx$$

Vamos fazer divisão de polinômio,

$$\begin{array}{r|l} x^2 & x+1 \\ \hline \underline{-x^2 - x} & x-1 \\ -x & \\ \underline{x+1} & \\ 1 & \end{array}$$

Então,

$$-\frac{1}{y} = \int \frac{x^2}{1+x}dx \rightarrow -\frac{1}{y} = \int \left(x - 1 + \frac{1}{x+1} \right) dx = \frac{x^2}{2} - x + \ln(x+1) + C$$

Resposta: $y = -\dfrac{1}{\dfrac{x^2}{2} - x + \ln(x+1) + C}$.

P 5.5 Resolver as equações diferenciais de primeira ordem, separáveis:

a) $x^2y' = y - yx$

b) $y' = \dfrac{y^2+1}{2(y+xy)}$

c) $y' = e^{3y-2x}$

d) $y' = \dfrac{3xy + 3x - y - 1}{xy}$

e) $y' = \dfrac{xy - 2x - y + 2}{xy}$

f) $y' = \dfrac{xy + x - y - 1}{xy - 2x + 4y - 8}$

g) $\dfrac{x^2 - 1}{y^2 + 1}y' = \dfrac{x}{y}$

h) $\left(x+xy^2\right)dx+\left(x^2+2\right).\text{arctg}y.dy=0$

i) $\left(y^2+1\right)\text{arctg}x.dx=\dfrac{y}{x}dy$

j) $4xdy-ydx=x^2dy$

k) $\left(1-x\right)y^2dx+xdy=0$

R 5.6 Verificar se a equação diferencial é exata e, se for, resolver:

$$2xydx+\left(x^2+1\right)dy=0$$

Resolução:

Chamando $P\left(x,y\right)=2xy$ e $Q\left(x,y\right)=x^2+1$, temos:

$$\frac{\partial P}{\partial y}=2x \text{ e } \frac{\partial Q}{\partial x}=2x$$

Como as derivadas parciais são iguais, a equação diferencial é exata. Então, existe uma função definida implicitamente $f\left(x,y\left(x\right)\right)=C$, tal que

$$\begin{cases}\dfrac{\partial f}{\partial x}=2xy & (1)\\[2ex] \dfrac{\partial f}{\partial y}=x^2+1 & (2)\end{cases}$$

Integrando a Equação (1) com relação a x, temos

$$f\left(x,y\right)=\int 2xydx=x^2y+h\left(y\right)$$

Observe que a função $h\left(y\right)$ é constante com relação a x, para determiná-la, devemos derivar esta expressão com relação a y e igualar à Equação (2),

$$\frac{\partial f}{\partial y}=x^2+h'\left(y\right)=x^2+1=\left(2\right)$$

Logo,

$$h'\left(y\right)=1\rightarrow h\left(y\right)=\int 1dy=y+C_1$$

Portanto,

$$f\left(x,y\right)=x^2y+h\left(y\right)=x^2y+y+C_1=C$$

Chamando de $k = C - C_1$,

$$x^2y + y = k \rightarrow y\left(x^2 + 1\right) = k \rightarrow y = \frac{k}{x^2 + 1}$$

Observe que, neste caso, conseguimos escrever a solução explícita como função de x.

Resposta: $y = \dfrac{k}{x^2 + 1}$.

P 5.7 Verificar se cada uma das equações diferenciais é exata e, se for, resolver:

a) $(2x + 3y)dx + (3x - y^2)dy = 0$

b) $(4x^3y + y^2 + 1)dx + (x^4 + 2xy - y^3)dy = 0$

c) $(x + y^4 + 3y.\cos x)dx + (4xy^3 + 3.\text{sen}\, x)dy = 0$

d) $(\ln y - e^x)dx + \left(\dfrac{1}{y} + x.\ln y\right)dy = 0$

e) $(y^4 \cos x - 4x^3y + x^2)dx + (4y^3\text{sen}x - x^4 + \sec y)dy = 0$

R 5.8 Determinar os valores de a e b para que a equação diferencial seja exata e resolver:

$$\left(y^3 + axy^4 + \cos x\right)dx + \left(bxy^2 + 10x^2y^3 - 2y\right)dy = 0$$

Resolução:

Vamos chamar $P(x,y) = y^3 + axy^4 + \cos x$ e $Q(x,y) = bxy^2 + 10x^2y^3 - 2y$, e igualar as derivadas parciais, forçando para que a equação diferencial seja exata:

$$\frac{\partial P}{\partial y} = 3y^2 + 4axy^3 = by^2 + 20xy^3 = \frac{\partial Q}{\partial x}$$

Neste caso, comparando os termos semelhantes da igualdade, temos:

$$4a = 20 \rightarrow a = 5 \text{ e } b = 3$$

Reescrevendo a equação,

$$\left(y^3 + 5xy^4 + \cos x\right)dx + \left(3xy^2 + 10x^2y^3 - 2y\right)dy = 0$$

Então, existe uma função definida implicitamente $f\big(x,y(x)\big)=C$ tal que

$$\begin{cases} \dfrac{\partial f}{\partial x}=y^3+5xy^4+\cos x & (1) \\ \dfrac{\partial f}{\partial y}=3xy^2+10x^2y^3-2y & (2) \end{cases}$$

Integrando a Equação (1) com relação a x, temos,

$$f(x,y)=\int\left(y^3+5xy^4+\cos x\right)dx=xy^3+\frac{5}{2}x^2y^4+\operatorname{sen}x+h(y)$$

Observe que a função $h(y)$ é constante com relação a x. Para determiná-la, devemos derivar esta expressão com relação a y e igualar à Equação (2),

$$\frac{\partial f}{\partial y}=3xy^2+10x^2y^3+h'(y)=3xy^2+10x^2y^3-2y=(2)$$

Logo,

$$h'(y)=-2y\rightarrow h(y)=-\int 2y\,dy=-y^2+C_1$$

Portanto,

$$f(x,y)=xy^3+\frac{5}{2}x^2y^4+\operatorname{sen}x+h(y)=xy^3+\frac{5}{2}x^2y^4+\operatorname{sen}x-y^2+C_1=C$$

Chamando de $k=C-C_1$,

$$xy^3+\frac{5}{2}x^2y^4+\operatorname{sen}x-y^2=k$$

Observe que a função solução está definida implicitamente.

Resposta: $xy^3+\frac{5}{2}x^2y^4+\operatorname{sen}x-y^2=k$

P 5.9 Determinar os valores de a e b para que as equações diferenciais sejam exatas e resolver:

a) $\left(2xy^3+ax^2y-4y^3+4x\right)dx+\left(3x^2y^2-2x^3+bxy^2-9y^2\right)dy=0$

b) $\left(3x^2y+axy+2y^3+7\right)dx+\left(x^3-5x^2+bxy^2-16y\right)dy=0$

c) $\left(axy^3+4y^2+21x^2y+5\right)dx+\left(3x^2y^2+bxy+7x^3-24y^2\right)dy=0$

d) $\left(ax^2y^2-\dfrac{1}{y}-3x^2+y^2e^x\right)dx+\left(\dfrac{2}{3}x^3y+\dfrac{x}{y^2}+bye^x-2y+1\right)dy=0$

R 5.10 Resolver a equação diferencial linear de 1ª ordem: $x^2y' - (2x+1)y = x^2$.

Resolução:

Primeiro, vamos dividir a equação por x^2, para que o coeficiente de y' seja 1:

$$y' - \frac{2x+1}{x^2}y = 1$$

Neste caso, $P(x) = -\frac{2x+1}{x^2}$ e $Q(x) = 1$. Vamos calcular o fator integrante:

$$I(x) = e^{\int P(x)dx} = e^{\int -\frac{2x+1}{x^2}dx} = e^{\int\left(-\frac{2}{x}-x^{-2}\right)dx} = e^{\left(-2\ln x + x^{-1}\right)} = e^{\ln x^{-2}} \cdot e^{x^{-1}} = x^{-2}e^{x^{-1}}$$

Portanto,

$$y = \frac{1}{I(x)}\int Q(x)I(x)dx = \frac{1}{x^{-2}e^{x^{-1}}}\int 1.x^{-2}e^{x^{-1}}dx = \frac{x^2}{e^{x^{-1}}}\int x^{-2}e^{x^{-1}}dx$$

Fazendo substituição de variável,

$$t = x^{-1} \rightarrow dt = -x^{-2}dx$$

$$\int x^{-2}e^{x^{-1}}dx = \int e^t(-dt) = -e^t + C = -e^{x^{-1}} + C$$

Voltando,

$$y = \frac{x^2}{e^{x^{-1}}}\int x^{-2}e^{x^{-1}}dx = \frac{x^2}{e^{x^{-1}}}\left[-e^{x^{-1}} + C\right] = -x^2 + \frac{Cx^2}{e^{x^{-1}}}$$

Resposta: $y = -x^2 + \frac{Cx^2}{e^{x^{-1}}}$.

P 5.11 Resolver as equações diferenciais lineares de 1ª ordem:

a) $xy' - 3y = x^2$

b) $(1+x^2)y' - 2xy = x(1+x^2)$

c) $(2x+1)y' - (2x+3)y = (2x+1)e^{x^2}$

d) $(x+2)y' + y = x^2 - x + 2$

e) $(x^2+1)y' + xy = x\sqrt{x^2+1}$

f) $y' + \frac{7-6x}{6x-1}y = e^{3x^2}$

R 5.12 Resolver a equação diferencial $y'' - 6y' + 9y = 0$.

Resolução:

Vamos associar o polinômio característico:

$$p(r) = r^2 - 6r + 9$$

Resolvendo pela fórmula de Bháskara as raízes do polinômio,

$$r = \frac{6 \pm \sqrt{36 - 4.1.9}}{2.1} = \frac{6 \pm 0}{2} = 3$$

Como são duas raízes reais e iguais, a solução da equação diferencial é:

$$y(x) = C_1 e^{3x} + C_2 x e^{3x}$$

P 5.13 Resolver as equações diferenciais:

a) $y'' - 7y' + 12y = 0$

b) $y'' - 4y' + 4y = 0$

c) $y'' - 2y' + 2y = 0$

d) $y''' - 3y'' = 0$

R 5.14 Resolver a equação diferencial $\begin{cases} y'' - 2y' + y = 0 \\ y(0) = 1 \\ y'(0) = 2 \end{cases}$.

Resolução:

Vamos associar o polinômio característico:

$$p(r) = r^2 - 2r + 1$$

Resolvendo as raízes pela fórmula de Bháskara,

$$r = \frac{2 \pm \sqrt{4 - 4.1.1}}{2.1} = \frac{2 \pm 0}{2} = 1$$

As raízes são reais e iguais, portanto, a solução da equação diferencial é:

$$y(x) = C_1 e^{x} + C_2 x e^{x}$$

Derivando a solução geral,

$$y'(x) = C_1 e^{x} + C_2 e^{x} + C_2 x e^{x}$$

Substituindo os dados iniciais,

$$y(x) = C_1 e^x + C_2 x e^x \text{ e } y(0) = 1 \rightarrow 1 = C_1$$

$$y'(x) = C_1 e^x + C_2 e^x + C_2 x e^x \text{ e } y'(0) = 2$$

$$2 = C_1 + C_2 \rightarrow C_2 = 1$$

Logo, a solução particular é dada por:

$$y(x) = e^x + x e^x$$

P 5.15 Resolver os problemas de valores iniciais:

a) $\begin{cases} y'' - 4y' = 0 \\ y(0) = 1 \\ y'(0) = 2 \end{cases}$

c) $\begin{cases} y'' - 2y' + 2y = 0 \\ y(0) = 2 \\ y'(0) = 3/2 \end{cases}$

b) $\begin{cases} y'' + 6y' + 9y = 0 \\ y(0) = 1 \\ y'(0) = 6 \end{cases}$

d) $\begin{cases} y'' - 3y' + 2y = 0 \\ y(0) = 1 \\ y'(0) = -2 \end{cases}$

R 5.16 Resolver a equação diferencial $y'' + y' - 6y = 2x$.

Resolução:

Primeiro, vamos escrever a homogênea associada:

$$y'' + y' - 6y = 0$$

Agora, vamos escrever o polinômio característico e determinar as raízes:

$$p(r) = r^2 + r - 6$$

Resolvendo as raízes do polinômio pela fórmula de Bháskara,

$$r = \frac{-1 \pm \sqrt{1 - 4.1.(-6)}}{2.1} = \frac{-1 \pm 5}{2} = \begin{cases} r_1 = 2 \\ r_2 = -3 \end{cases}$$

Como são duas raízes reais e diferentes, a solução da equação diferencial homogênea associada é:

$$y_H(x) = C_1 e^{2x} + C_2 e^{-3x}$$

Agora, vamos determinar a solução particular. Como $r = 0$ não é raiz simples do polinômio característico, a solução particular é $y_P = Ax + B$ que será definida, derivando e substituindo na equação diferencial principal:

$$y_P = Ax + B \rightarrow y'_P = A \rightarrow y''_P = 0$$

$$y'' + y' - 6y = 2x \rightarrow (0) + (A) - 6(Ax + B) = 2x$$

Comparando os coeficientes,

$$-6A = 2 \rightarrow A = -\frac{1}{3}$$

$$A - 6B = 0 \rightarrow -\frac{1}{3} = 6B \rightarrow B = -\frac{1}{18}$$

Então, a solução geral é:

$$y(x) = C_1 e^{2x} + C_2 e^{-3x} - \frac{1}{3}x - \frac{1}{18}$$

P 5.17 Resolver as equações diferenciais:

a) $y'' - 6y' + 18y = 3$

b) $y'' - 10y' + 25y = x^2 + 5$

c) $y'' + 4y' = x^2 - 2x$

d) $y'' - 4y' + 5y = e^{2x}$

e) $y'' + 4y' + 4y = e^{-2x}$

f) $y'' - 5y' = 20x$

g) $y'' + 4y = 8\text{sen}(2x)$

h) $y'' + 9y = \cos(3x)$

R 5.18 Resolver a equação diferencial $\begin{cases} y'' + 6y' + 9y = e^{-3x} \\ y(0) = 0 \\ y'(0) = 1 \end{cases}$.

Resolução:

Primeiro, vamos escrever a homogênea associada:

$$y'' + 6y' + 9y = 0$$

Agora, vamos escrever o polinômio característico e determinar as raízes:

$$p(r) = r^2 + 6r + 9$$

Resolvendo as raízes do polinômio pela fórmula de Bháskara,

$$r = \frac{-6 \pm \sqrt{36 - 4.1.9}}{2.1} = \frac{-6 \pm 0}{2} = -3$$

Como são duas raízes reais e iguais, a solução da equação diferencial homogênea associada é:

$$y_H(x) = C_1 e^{-3x} + C_2 x e^{-3x}$$

Agora, vamos determinar a solução particular. Como $r = -3$ é raiz dupla do polinômio característico, a solução particular é $y_P = Ax^2 e^{-3x}$, que será definida derivando e substituindo na equação diferencial principal:

$$y_P = Ax^2 e^{-3x} \to y'_P = 2Axe^{-3x} - 3Ax^2 e^{-3x} \to y''_P = 2Ae^{-3x} - 12Axe^{-3x} + 9Ax^2 e^{-3x}$$

$$y'' + 6y' + 9y = e^{-3x}$$

$$\left(2Ae^{-3x} - 12Axe^{-3x} + 9Ax^2 e^{-3x}\right) + 6\left(2Axe^{-3x} - 3Ax^2 e^{-3x}\right) + 9\left(Ax^2 e^{-3x}\right) = e^{-3x}$$

Comparando os coeficientes,

$$2A = 1 \to A = \frac{1}{2}$$

Então, a solução geral é:

$$y(x) = C_1 e^{-3x} + C_2 x e^{-3x} + \frac{1}{2} e^{-3x}$$

Derivando a solução geral,

$$y'(x) = -3C_1 e^{-3x} + C_2 e^{-3x} - 3C_2 x e^{-3x} - \frac{3}{2} e^{-3x}$$

Substituindo os dados iniciais,

$$y(x) = C_1 e^{-3x} + C_2 x e^{-3x} + \frac{1}{2} e^{-3x} \text{ e } y(0) = 0 \to 0 = C_1$$

$$y'(x) = -3C_1 e^{-3x} + C_2 e^{-3x} - 3C_2 x e^{-3x} - \frac{3}{2} e^{-3x} \text{ e } y'(0) = 1$$

$$1 = -3C_1 + C_2 - \frac{3}{2} \to C_2 = 1 + \frac{3}{2} = \frac{5}{2}$$

Logo, a solução particular é dada por:

$$y(x)=\frac{5}{2}xe^{-3x}+\frac{1}{2}e^{-3x}$$

P 5.19 Resolver a equação diferencial:

a) $\begin{cases} y''+2y'+y=e^{-x} \\ y(0)=1 \\ y'(0)=-1 \end{cases}$

b) $\begin{cases} y''+y'=x^2 \\ y(0)=2 \\ y'(0)=1 \end{cases}$

c) $\begin{cases} y''+9y=\cos(3x) \\ y(0)=1 \\ y'(0)=2 \end{cases}$

d) $\begin{cases} y''+4y'=2x \\ y(0)=-1 \\ y'(0)=1 \end{cases}$

e) $\begin{cases} y''+2y'=4e^{-2x}+8x \\ y(0)=0 \\ y'(0)=1 \end{cases}$

R 5.20 Resolver a equação diferencial de Bernoulli $xy'+y=x^2y^3$.

Resolução:

Primeiro, vamos dividir a equação por x, para que o coeficiente de y' seja 1:

$$y'+\frac{1}{x}y=xy^3$$

Vamos dividir a equação por y^3,

$$y^{-3}y'+\frac{1}{x}y^{-2}=x$$

Então, vamos fazer a substituição:

$$z=y^{-2}\rightarrow z'=-2y^{-3}.y'\rightarrow y^{-3}.y'=\frac{z'}{-2}$$

Substituindo na equação

$$\frac{z'}{-2}+\frac{1}{x}z=x$$

Multiplicando por -2:

$$z' - \frac{2}{x}z = -2x$$

Temos uma equação diferencial linear de 1ª ordem e, neste caso, $P(x) = \frac{-2}{x}$ e $Q(x) = -2x$. Vamos calcular o fator integrante:

$$I(x) = e^{\int P(x)dx} = e^{-2\int \frac{1}{x}dx} = e^{-2.\ln x} = e^{\ln x^{-2}} = x^{-2}$$

Portanto,

$$z = \frac{1}{I(x)}\int Q(x)I(x)dx = \frac{1}{x^{-2}}\int(-2x).x^{-2}dx = -2x^2\int\frac{1}{x}dx = -2x^2\left[\ln x + C\right]$$

Voltando à função y,

$$y^{-2} = -2x^2\left[\ln x + C\right] \rightarrow y^2 = \frac{1}{-2x^2\left[\ln x + C\right]}$$

Resposta: $y^2 = \frac{1}{-2x^2\left[\ln x + C\right]}$.

P 5.21 Resolver a equação diferencial de Bernoulli:

a) $2xy' - 5(2x^2 - 1)y = 5x^3y^{7/5}$

b) $3x^5y' + 14x^4y = \frac{2\cos(x^3)}{\sqrt{y}}$

c) $y' - \frac{2x}{x^2+1}y = 2x\sqrt{y}$

d) $y' - \frac{4}{2x+3}y = 2x\sqrt{y}$

e) $2xy' - y = \frac{6xy^3}{3x+3}$

f) $xy' - y = xy^3(1 + \ln x)$

R 5.22 Análise, cálculo e modelagem de um sistema físico ou tecnológico, na maioria dos casos, não pode ser realizado por uma derivação ou integração imediata. Geralmente, a modelagem de fenômenos físicos – e não somente físicos – resulta em uma equação diferencial. Vamos estudar como varia a pressão atmosférica com a altitude. Sabemos que a pressão atmosférica no nível do mar é de 760 torr (milímetros de mercúrio – mmHg) e, ainda, que a pressão atmosférica na cidade de São Paulo é de 700 torr. Assim, à medida que vamos a altitudes maiores, a pressão atmosférica diminui. Queremos encontrar como a pressão atmosférica diminui com a altitude.

Resolução:

Para obter a solução do problema físico posto, temos que construir um modelo de como concebemos a atmosfera. Adotaremos que a atmosfera é formada de gases, e esses gases obedecem o comportamento dos gases ideais, isto é, temos que:

$$pV = nRT$$

sendo p a pressão, V o volume, n o número de moles, R a constante dos gases e T a temperatura. Consideraremos que a temperatura da atmosfera é constante. Esta suposição é válida com boa aproximação para alturas em torno de 2 a 3 km. Da estática dos fluidos, sabemos que a generalização da lei de Stevin é dada por:

$$\frac{dp(h)}{dh} = -\rho.g$$

sendo p a pressão da atmosfera em função da altitude, ρ a densidade da atmosfera e g a aceleração da gravidade. Esquematicamente, temos o problema apresentado a seguir:

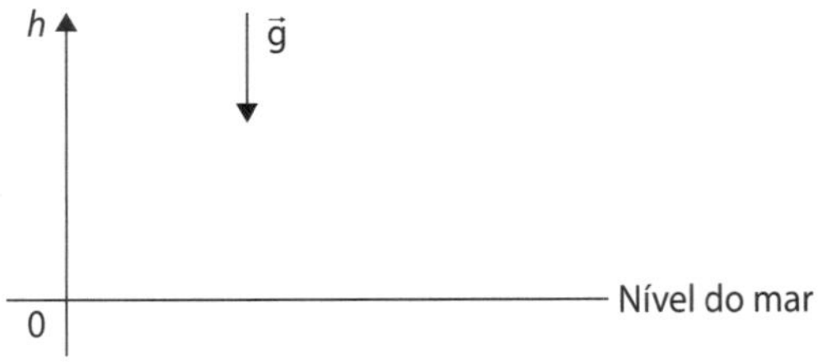

O sinal negativo da equação diferencial é devido ao fato que, aumentando a altura (h), a pressão diminui. Assim, a derivada é negativa, já que tanto g como ρ são números positivos. Veja que temos uma equação diferencial com duas grandezas desconhecidas: p e ρ. Dessa maneira, temos que encontrar outra equação para resolver o problema. Vamos usar a equação dos gases ideais:

$$pV = nRT \rightarrow p = \frac{n}{V}RT$$

E $n = \frac{m}{M}$, onde m é a massa do gás e M a massa molecular do gás. Vamos adotar M como a massa molecular média (média ponderada) da composição gasosa da atmosfera. Assim,

$$p = \frac{n}{V}RT = \frac{m}{V}\frac{1}{M}RT \rightarrow p = \rho\frac{1}{M}RT \rightarrow \rho = \frac{M}{RT}p$$

Substituindo na equação diferencial, temos que:

$$\frac{dp(h)}{dh} = -\rho.g \rightarrow \frac{dp(h)}{dh} = -\frac{M}{RT}p.g \rightarrow \frac{dp(h)}{dh} = -\frac{Mg}{RT}.p(h)$$

Sendo $\frac{Mg}{RT} = \alpha$ uma constante. Segue que,

$$\frac{dp(h)}{dh} = -\alpha.p(h)$$

que é uma equação diferencial a variáveis separáveis; logo,

$$\frac{dp(h)}{p(h)} = -\alpha.dh \to \int \frac{dp(h)}{p(h)} = -\int \alpha.dh \to \ln p(h) = -\alpha h + C \to p(h) = ke^{-\alpha h}$$

Para determinar o valor de k, temos que, para o nível do mar, $h = 0$, temos a pressão atmosférica p_0.

Desta forma,

$$p(0) = ke^{-\alpha.0} = p_0 \to k = p_0$$

Logo,

$$p(h) = p_0 e^{-\frac{Mg}{RT}h}$$

Vemos que a pressão atmosférica decresce com o aumento da altitude. Apesar de a modelagem ser bastante simplificada, identificamos o comportamento básico da pressão atmosférica.

R 5.23 Uma cultura tem inicialmente 6.000 bactérias. Após uma hora, o número de bactérias passa para 9.000 bactérias. Como a taxa de crescimento é proporcional ao número de bactérias, $P(t)$, presentes no instante t, determinar o tempo necessário para triplicar o número inicial de bactérias.

Resolução:

Pelos dados do problema,

$$\begin{cases} \frac{dP(t)}{dt} = \alpha P(t) \\ P(0) = 6.000 \\ P(1) = 9.000 \end{cases}$$

Vamos resolver a equação diferencial a variáveis separáveis:

$$\frac{dP(t)}{dt} = \alpha P(t) \to \frac{dP(t)}{P(t)} = \alpha dt \to \int \frac{dP(t)}{P(t)} = \alpha \int dt \to \ln P(t) = \alpha t + C \to P(t) = ke^{\alpha t}$$

Vamos aplicar os dados do problema para determinar as constantes:

$$P(t) = ke^{\alpha t} \text{ e } P(0) = 6.000 \to 6.000 = ke^{\alpha \cdot 0} \to k = 6.000$$

Logo,

$$P(t) = 6.000e^{\alpha t} \text{ e } P(1) = 9.000 \rightarrow 9.000 = 6.000e^{\alpha \cdot 1} \rightarrow e^{\alpha} = \frac{9.000}{6.000} = 1{,}5$$

$$\alpha = \ln 1{,}5 = 0{,}4055$$

Portanto, a equação de crescimento da população é dada por

$$P(t) = 6.000e^{0{,}4055t}$$

Para que o crescimento populacional triplique, ele deve chegar a 18.000, substituindo,

$$18.000 = 6.000e^{0{,}4055t} \rightarrow e^{0{,}4055t} = \frac{18.000}{6.000} = 3 \rightarrow 0{,}4055t = \ln 3 \rightarrow t = \frac{1{,}0986}{0{,}4055} = 2{,}71$$

$$t = 2{,}71 = 2 + 0{,}71 \times (60) = 2\text{h}\,43 \text{ min}$$

Resposta: Em 2 horas e 43 minutos.

P 5.24 Um fermento cresce a uma taxa proporcional à quantidade presente. Se a quantidade original duplica em três horas, quantas horas são necessárias para ela triplicar?

P 5.25 Uma colônia de insetos cresce a uma taxa proporcional à sua quantidade inicial. Se a quantidade inicial duplica em um dia, qual seria a quantidade existente em 5 dias?

R 5.26 A Lei de Resfriamento de Newton é dada por:

$$\frac{dT}{dt} = K(T - T_M), \text{ onde } T_M \text{ é a temperatura do meio}$$

Um bolo é tirado do forno e sua temperatura é de 180 °C. Cinco minutos depois, sua temperatura é 100 °C. Quanto tempo levará para o bolo esfriar até 30 °C? (Temperatura ambiente: 25 °C.)

Resolução:

Aplicando a Lei de Resfriamento de Newton e os dados do problema,

$$\begin{cases} \dfrac{dT}{dt} = K(T - 25) \\ P(0) = 180 \\ P(5) = 100 \end{cases}$$

Vamos resolver a equação diferencial a variáveis separáveis:

$$\frac{dT}{dt} = K(T-25) \to \frac{dT}{(T-25)} = Kdt \to \int \frac{dT}{(T-25)} =$$

$$= K\int dt \to \ln(T-25) = Kt + C \to T - 25 = ke^{Kt} \to T(t) = 25 + ke^{Kt}$$

Vamos aplicar os dados do problema para determinar as constantes:

$$T(t) = 25 + ke^{Kt} \text{ e } T(0) = 180 \to 180 = 25 + ke^{K.0} \to k = 155$$

Logo,

$$T(t) = 25 + 155e^{Kt} \text{ e } T(5) = 100 \to 100 = 25 + 155e^{K.5} \to e^{5K} = \frac{75}{155}$$

$$5K = \ln\left(\frac{75}{155}\right) = -0{,}7259 \to K = -0{,}1452$$

Portanto, a equação da temperatura do bolo é dada por

$$T(t) = 25 + 155e^{-0{,}1452t}$$

Para que o bolo chegue à temperatura de 30 °C, devemos substituir

$$30 = 25 + 155e^{-0{,}1452t} \to e^{-0{,}1452t} = \frac{5}{155} \to -0{,}1452t = \ln\left(\frac{5}{155}\right) = -3{,}4340$$

$$t = \frac{-3{,}4340}{-0{,}1452} = 23{,}65$$

$$t = 23{,}65 = 2 + 0{,}65 \times (60) = 23 \text{ min } 39 \text{s}$$

Resposta: Em 23 minutos e 39 segundos.

P 5.27 Um corpo à temperatura de 60 °C é colocado em um forno cuja temperatura é mantida em 230 °C. Se, após 10 minutos, a temperatura do corpo é de 120 °C, determine o tempo necessário para que o corpo atinja a temperatura de 170 °C.

P 5.28 Um corpo com temperatura desconhecida é colocado em um refrigerador com temperatura constante de 0 °F. Se, após 20 minutos, a temperatura do corpo é de 40 °F, e após 40 minutos é de 20 °F, determine a temperatura inicial do corpo.

P 5.29 Uma mulher liga para a polícia dizendo que encontrou seu marido morto em casa. Meia hora depois, a polícia científica chega e mede a temperatura do corpo, 30 °C. Após outros levantamentos da cena do crime, transcorrido mais 15 minutos, a polícia mede novamente a temperatura do corpo, que agora mede 27 °C. Imediatamente, a polícia prende a mulher. Explique, demonstrando com contas. (Temperatura do meio: 25 °C.)

R 5.30 Chamando de $C(t)$ o saldo da conta bancária, o crescimento do saldo em uma aplicação é proporcional ao próprio saldo e a constante de proporcionalidade é o juro pago no período. Ou seja,

$$\frac{dC(t)}{dt} = j.C(t)$$

Uma pessoa deposita R$ 30.000,00 em uma aplicação que paga 7% ao ano de juros (ignorando a correção monetária). Determine:

a) O saldo após 5 anos;

b) O tempo necessário para que a quantia duplique.

Resolução:

Pelos dados do problema,

$$\begin{cases} \dfrac{dC(t)}{dt} = 0{,}07 \cdot C(t) \\ P(0) = 30.000 \end{cases}$$

Vamos resolver a equação diferencial a variáveis separáveis:

$$\frac{dC(t)}{dt} = 0{,}07C(t) \rightarrow \frac{dC(t)}{C(t)} = 0{,}07dt \rightarrow \int \frac{dC(t)}{C(t)} = 0{,}07\int dt \rightarrow \ln C(t) = 0{,}07t + C$$

$$\rightarrow C(t) = ke^{0{,}07t}$$

Vamos aplicar os dados do problema para determinar as constantes:

$$C(t) = ke^{0{,}07t} \text{ e } P(0) = 30.000 \rightarrow 30.000 = ke^{0{,}07\cdot 0} \rightarrow k = 30.000$$

Portanto, a equação da aplicação é dada por,

$$C(t) = 30.000\ e^{0{,}07t}$$

O saldo após 5 anos,

$$C(5) = 30.000\ e^{0{,}07t} = 42.600$$

O tempo necessário para que a quantia duplique é dado por,

$$60.000 = 30.000e^{0,07t} \rightarrow 2 = e^{0,07t} \rightarrow 0,07 = \ln 2 \rightarrow t = \frac{0,6931}{0,07} = 9,90$$

$$t = 9,90 = 9 + 0,9 \times (12) = 9a11m$$

Resposta: a) R$ 42.600,00. b) Em 9 anos e 10 meses.

P 5.31 Uma pessoa dispõe de R$ 6.000,00 e planeja investir em certa aplicação. Qual deve ser a taxa anual a ser paga pelo banco se, após 4 anos, o depositante necessita resgatar R$ 10.000,00?

R 5.32 Calcular a transformada de Laplace da função

$$f(t) = \begin{cases} 0, & \text{para} \, 0 \le t < 1 \\ 1, & \text{para} \, t \ge 1 \end{cases}$$

$$\mathcal{L}\{f(t)\} = \int_0^1 e^{-st}.0dt + \int_1^\infty e^{-st}1dt = 0 + \lim_{w\to\infty} \left.\frac{e^{-st}}{-s}\right|_1^w = \lim_{w\to\infty}\left[\frac{e^{-sw}}{-s} - \frac{e^{-s}}{-s}\right] = 0 + \frac{e^{-s}}{s} = \frac{e^{-s}}{s}$$

P 5.33 Calcular a transformada de Laplace das seguintes funções:

a) $f(t) = \begin{cases} -1, & \text{para} \, 0 \le t < 1 \\ t^2, & \text{para} \, t \ge 1 \end{cases}$

b) $f(t) = \begin{cases} 1, & \text{para} \, 0 \le t < 2 \\ t, & \text{para} \, t \ge 2 \end{cases}$

c) $f(t) = \begin{cases} -t, & \text{para} \, 0 \le t < 1 \\ t, & \text{para} \, t \ge 1 \end{cases}$

d) $f(t) = \begin{cases} t+1, & \text{para} \, 0 \le t < 1 \\ t-1, & \text{para} \, t \ge 1 \end{cases}$

R 5.34 Calcular a transformada inversa de $F(s) = \frac{5}{s^2+9}$:

Aplicando a linearidade e a tabela,

$$\mathcal{L}^{-1}\left\{\frac{5}{s^2+9}\right\} = 5.\mathcal{L}^{-1}\left\{\frac{1}{s^2+3^2}\right\} = \frac{5}{3}.\mathcal{L}^{-1}\left\{\frac{3}{s^2+3^2}\right\} = \frac{5}{3}.\text{sen}(3t)$$

P 5.35 Aplicar a transformada inversa nas seguintes funções:

a) $F(s)=\dfrac{2s}{s^2-4s+3}$

b) $F(s)=\dfrac{3s+1}{s^2-4}$

c) $F(s)=\dfrac{1-2s}{s(s^2+1)}$

d) $F(s)=\dfrac{3}{s^2-4s-5}$

e) $F(s)=\dfrac{4s-4}{s^2-2s-35}$

R 5.36 Resolver o problema de valor inicial, aplicando a Transformada de Laplace.

$$\begin{cases} y''-3y'+2y=\text{sen}t \\ y(0)=1 \\ y'(0)=0 \end{cases}$$

Resolução: Primeiro, aplicamos a transformada de Laplace na equação principal:

$$\mathcal{L}\{y''-3y'+2y\}=\mathcal{L}\{\text{sen}t\}$$

Como a transformada de Laplace é linear,

$$\mathcal{L}\{y''\}-3\mathcal{L}\{y'\}+2\mathcal{L}\{y\}=\mathcal{L}\{\text{sen}t\}$$

Aplicando a transformada de Laplace das derivadas,

$$\left[s^2\mathcal{L}\{y\}-s.f(0)-f'(0)\right]-3\left[s\mathcal{L}\{y\}-f(0)\right]+2\mathcal{L}\{y\}=\frac{1}{s^2+1}$$

Chamando $\mathcal{L}\{y\}=F(s)$,

$$\left(s^2-3s+2\right)F(s)-s.f(0)-f'(0)+3f(0)=\frac{1}{s^2+1}$$

Substituindo os valores iniciais da EDO,

$$\left(s^2-3s+2\right)F(s)-s.1-0+3.1=\frac{1}{s^2+1}$$

$$\left(s^2-3s+2\right)F(s)=\frac{1}{s^2+1}+s-3=\frac{s^3-3s^2+s-2}{s^2+1}$$

$$F(s)=\frac{s^3-3s^2+s-2}{\left(s^2+1\right)\left(s^2-3s+2\right)}$$

Vamos fatorar o denominador e separar em somas de frações parciais,

$$F(s)=\frac{s^3-3s^2+s-2}{\left(s^2+1\right)(s-1)(s-2)}=\frac{As+B}{s^2+1}+\frac{C}{s-1}+\frac{D}{s-2}$$

$$=\frac{(As+B)(s-1)(s-2)+C\left(s^2+1\right)(s-2)+D\left(s^2+1\right)(s-1)}{\left(s^2+1\right)(s-1)(s-2)}$$

Então,

$$(As+B)(s-1)(s-2)+C\left(s^2+1\right)(s-2)+D\left(s^2+1\right)(s-1)=s^3-3s^2+s-2$$

Vamos atribuir valores para determinar os coeficientes:

Para $s=2$:

$$(A.2+B)(2-1)(2-2)+C\left(2^2+1\right)(2-2)+D\left(2^2+1\right)(2-1)$$

$$=2^3-3.2^2+2-2 \;\rightarrow\; 5D=-4 \;\rightarrow\; D=-\frac{4}{5}$$

Para $s=1$:

Para determinar A e B, vamos atribuir valores quaisquer:

Para $s = 0$:

$$(A.0+B)(0-1)(0-2)+C\left(0^2+1\right)(0-2)+D\left(0^2+1\right)(0-1)$$

$$=0^3-3.0^2+0-2 \;\rightarrow 2B-2C-D=-2$$

Substituindo C e D,

$$2B-2.\frac{3}{2}-\left(-\frac{4}{5}\right)=-2 \quad\rightarrow\; 2B=-2+3+\frac{4}{5}=\frac{9}{5} \quad\rightarrow\; B=\frac{9}{10}$$

Para $s = -1$:

$$\left(A.(-1)+B\right)(-1-1)(-1-2)+C\left((-1)^2+1\right)(-1-2)+D\left((-1)^2+1\right)(-1-1)$$

$$=(-1)^3-3.(-1)^2+(-1)-2 \quad \rightarrow -6A+6B-6C-4D=-7$$

Substituindo B, C e D,

$$-6A+6.\frac{9}{10}-6.\frac{3}{2}-4\left(-\frac{4}{5}\right)=-7 \quad \rightarrow \quad -6A=-7-\frac{16}{5}+9-\frac{27}{5}=-\frac{33}{5} \quad \rightarrow \quad A=-\frac{11}{10}$$

$$F(s)=\frac{s^3-3s^2+s-2}{\left(s^2+1\right)(s-1)(s-2)}=\frac{\left(-\frac{11}{10}\right)s+\frac{9}{10}}{s^2+1}+\frac{\frac{3}{2}}{s-1}+\frac{-\frac{4}{5}}{s-2}$$

$$=-\frac{11}{10}.\frac{s}{s^2+1}+\frac{9}{10}.\frac{1}{s^2+1}+\frac{3}{2}.\frac{1}{s-1}-\frac{4}{5}.\frac{1}{s-2}$$

Agora, aplicando a transformada inversa,

$$y=\mathcal{L}^{-1}\left\{-\frac{11}{10}.\frac{s}{s^2+1}+\frac{9}{10}.\frac{1}{s^2+1}+\frac{3}{2}.\frac{1}{s-1}-\frac{4}{5}.\frac{1}{s-2}\right\}$$

$$=-\frac{11}{10}\mathcal{L}^{-1}\left\{\frac{s}{s^2+1}\right\}+\frac{9}{10}\mathcal{L}^{-1}\left\{\frac{1}{s^2+1}\right\}+\frac{3}{2}\mathcal{L}^{-1}\left\{\frac{1}{s-1}\right\}-\frac{4}{5}\mathcal{L}^{-1}\left\{\frac{1}{s-2}\right\}=$$

$$=-\frac{11}{10}\cos t+\frac{9}{10}\operatorname{sen} t+\frac{3}{2}e^t-\frac{4}{5}e^{2t}$$

Resposta: $y=-\frac{11}{10}\cos t+\frac{9}{10}\operatorname{sen} t+\frac{3}{2}e^t-\frac{4}{5}e^{2t}$

P 5.37 Resolver os problemas de valor inicial, aplicando a Transformada de Laplace:

a) $\begin{cases} y''-y'-6y=0 \\ y(0)=0 \\ y'(0)=1 \end{cases}$

b) $\begin{cases} y''+2y'+y=\cos(2t) \\ y(0)=1 \\ y'(0)=-1 \end{cases}$

c) $\begin{cases} y'' + 4y = e^{3t} \\ y(0) = -1 \\ y'(0) = 1 \end{cases}$

d) $\begin{cases} y'' + y = t^2 \\ y(0) = 1 \\ y'(0) = 0 \end{cases}$

e) $\begin{cases} y'' - 5y' + 6y = \text{sen}t \\ y(0) = 1 \\ y'(0) = -1 \end{cases}$

f) $\begin{cases} y' + 3y = e^{2t} \\ y(0) = 2 \end{cases}$

g) $\begin{cases} y^{IV} + 3y'' = 0 \\ y(0) = 1 \\ y'(0) = -1 \\ y''(0) = 0 \\ y'''(0) = 0 \end{cases}$

h) $\begin{cases} y''' + 3y'' + 3y' + y = e^{2t} \\ y(0) = 0 \\ y'(0) = 1 \\ y''(0) = -1 \end{cases}$

i) $\begin{cases} y'' - 2y' + y = \cos(3t) \\ y(0) = 1 \\ y'(0) = 0 \end{cases}$

j) $\begin{cases} y'' - 6y' - 9y = t^3 \\ y(0) = -1 \\ y'(0) = 1 \end{cases}$

RESPOSTAS DOS EXERCÍCIOS PROPOSTOS

P 5.2

a) $y = \frac{1}{50}.\left[\text{sen}\left(5x^2 - 1\right) - 5x^2.\cos\left(5x^2 - 1\right)\right] + C$

b) $y = \frac{1}{20}.\left(x^2 + 1\right)^{10} - \frac{1}{18}.\left(x^2 + 1\right)^9 + C$

c) $y = \frac{1}{6}\ln\left|2x^3 + 1\right| + C$

d) $y = \frac{2}{5}(x+1)^{5/2} - \frac{4}{3}(x+1)^{3/2} + 2(x+1)^{1/2} + C$

P 5.3

a) $y = \ln x\left[\ln(\ln x) - 1\right] + 3$

b) $y = \frac{x^2}{2} + \frac{x^3}{3} + 1$

c) $y = -\frac{1}{4}\text{sen}(2x) + \frac{1}{16}\cos(4x) + \frac{47}{16}x + \frac{31}{16}$

P 5.5

a) $y = \frac{ke^{-1/x}}{x}$

b) $y^2 + 1 = k(1 + x)$

c) $y = \frac{1}{2}\ln\left(\frac{2}{3}e^{3x} + C\right)$

d) $y - \ln|y + 1| = 3x - \ln|x| + C$

e) $y + 2\ln|y - 2| = x - \ln|x| + C$

f) $y - 3\ln|y + 1| = x - 5\ln|x + 4| + C$

g) $\left|y^2 + 1\right| = k\left|x^2 - 1\right|$

h) $\text{arctg}^2 y = C - \ln\left(x^2 + 2\right)$

i) $\ln\left(y^2 + 1\right) = x^2\text{arctg}x - \ln\left(x^2 + 1\right) + C$

j) $y = k\left(\dfrac{x}{4-x}\right)^{1/4}$

k) $y = \dfrac{1}{\ln|x| - x + C}$

P 5.7

a) $x^2 + 3xy - \dfrac{y^3}{3} = k$

b) $x^4 y + xy^2 - \dfrac{y^4}{4} = k$

c) $\dfrac{x^2}{2} + xy^4 + 3y\,\text{sen}x = k$

d) Não é exata.

e) $y^4\text{sen}x - x^4 y + \dfrac{x^3}{3} + \ln|\sec y + \text{tg}y| = k$

P 5.9

a) $a = -6; b = -12;\ \ x^2y^3 - 2x^3y - 4xy^3 + 2x^2 - 3y^3 = k$

b) $a = -10; b = 6;\ \ x^3y - 5x^2y + 2xy^3 + 7x - 8y^2 = k$

c) $a = 2; b = 8;\ \ x^2y^3 + 4xy^2 + 7x^3y + 5x - 8y^3 = k$

d) $a = 1; b = 2;\ \ \dfrac{x^3y^2}{3} - \dfrac{x}{y} - x^3 + y^2e^x - y^2 + y = k$

P 5.11

a) $y = Cx^3 - x^2$

b) $y = \dfrac{(1+x^2)}{2}\left[\ln(1+x^2) + C\right]$

c) $y = \dfrac{1}{(2x+1)e^x}\left[e^{x^2+x} + C\right]$

d) $y = \dfrac{1}{x+2}\left[\dfrac{x^3}{3} - \dfrac{x^2}{2} + 2x + C\right]$

e) $y = \dfrac{1}{\sqrt{x^2+1}}\left[\dfrac{1}{2}\ln(x^2+1) + C\right]$

f) $y = \dfrac{1}{6x-1}\left[e^{3x^2} + Ce^x\right]$

P 5.13

a) $y = C_1 e^{3x} + C_2 e^{4x}$

b) $y = C_1 e^{2x} + C_2 x e^{2x}$

c) $y = e^{x}\left(C_1.\cos x + C_2.\text{sen}x\right)$

d) $y = C_1 + C_2 x + C_3 e^{3x}$

P 5.15

a) $y = \dfrac{1}{2} + \dfrac{1}{2} e^{4x}$

b) $y = e^{-3x} + 9xe^{-3x}$

c) $y = e^{x}\left(2.\cos x - \dfrac{1}{2}.\text{sen}x\right)$

d) $y = 4e^{x} - 2e^{2x}$

P 5.17

a) $y = e^{3x}\left(C_1.\cos(3x) + C_2.\text{sen}(3x)\right) + \dfrac{1}{6}$

b) $y = C_1 e^{5x} + C_2 x e^{5x} + \dfrac{x^2}{25} + \dfrac{20x}{625} + \dfrac{131}{625}$

c) $y = C_1 + C_2 e^{4x} - \dfrac{x^2}{12} - \dfrac{5x}{16}$

d) $y = e^{2x}\left(C_1.\cos x + C_2.\text{sen}x + 1\right)$

e) $y = C_1 e^{-2x} + C_2 x e^{-2x} + \dfrac{1}{2} x^2 e^{-2x}$

f) $y = C_1 + C_2 e^{5x} - 2x^2 - \dfrac{4x}{5}$

g) $y = C_1 e^{-2x} + C_2 e^{x} - \text{sen}(2x)$

h) $y = C_1.\cos(3x) + C_2.\text{sen}(3x) + \dfrac{1}{6} x.\text{sen}(3x)$

P 5.19

a) $y = e^{-x}\left(1 - \dfrac{1}{2} x^2\right)$

b) $y = e^{-x} + \dfrac{x^3}{3} - x^2 + 2x + 1$

c) $y = \cos(3x) + \dfrac{2}{3}\text{sen}(3x) + \dfrac{1}{6}x.\text{sen}(3x)$

d) $y = -\dfrac{3}{4} - \dfrac{1}{4}e^{-4x} + \dfrac{x}{2}$

e) $y = 2x^2 - 2x + 5 - 5e^{-2x} - 2xe^{-2x}$

P 5.21

a) $y = \left[\dfrac{-2e^{x^2}}{x\left(e^{x^2} + C\right)}\right]^{5/2}$

b) $y = \left[\dfrac{\text{sen}(x^3) + C}{3x^2}\right]^{2/3}$

c) $y = \left(x^2 + 1 + C\sqrt{x^2 + 1}\right)^2$

d) $y = \left[(2x + 3)\left(\dfrac{x}{2} - \dfrac{3}{4}\ln|2x + 3| + C\right)\right]^2$

e) $y^2 = \dfrac{x}{(2.\ln|x + 1| - 2x + C)}$

f) $y^2 = \dfrac{1}{\left(-\dfrac{2x}{3}.\ln|x| - \dfrac{4x}{9} + \dfrac{C}{x^2}\right)}$

P 5.24 4 horas e 48 minutos.

P 5.25 32 vezes a população inicial.

P 5.27 23 minutos e 56 segundos.

P 5.28 Temperatura inicial: 80 °F.

P 5.29 A temperatura do corpo quando a mulher ligou era de 36 °C, ou seja, o homem ainda estava vivo.

P 5.31 A taxa deve ser de 12,77% ao ano.

P 5.33

a) $F(s) = -\dfrac{2}{s^2} + 2e^{-s}\left(\dfrac{1}{s} + \dfrac{1}{s^2} + \dfrac{1}{s^3}\right)$

b) $F(s) = \dfrac{1}{s} + \dfrac{e^{-2s}}{s} + \dfrac{e^{-2s}}{s^2}$

c) $F(s) = \dfrac{2e^{-s}}{s} + \dfrac{2e^{-s}}{s^2} - \dfrac{1}{s^2}$

d) $F(s) = \dfrac{-2e^{-s}}{s} + \dfrac{1}{s} + \dfrac{1}{s^2}$

P 5.35

a) $f(t) = 3e^{3t} - e^{t}$

b) $f(t) = \dfrac{7}{4}e^{-2t} + \dfrac{5}{4}e^{2t}$

c) $f(t) = 1 - \cos t - 2.\text{sen}t$

d) $f(t) = \dfrac{1}{2}e^{5t} - \dfrac{1}{2}e^{-t}$

e) $f(t) = 2e^{7t} + 2e^{-5t}$

P 5.37

a) $y = \dfrac{1}{5}e^{3t} - \dfrac{1}{5}e^{-2t}$

b) $y = -\dfrac{3}{25}\cos(2t) + \dfrac{4}{25}\text{sen}(2t) + \dfrac{28}{25}e^{-t} - \dfrac{1}{5}t.e^{-t}$

c) $y = \dfrac{1}{13}e^{3t} - \dfrac{14}{13}\cos(2t) + \dfrac{5}{13}\text{sen}(2t)$

d) $y = -2 + t^2 + 3\cos t$

e) $y=\frac{31}{10}\cos t+\frac{11}{10}\operatorname{sen} t+\frac{29}{5}e^{2t}-\frac{29}{10}e^{3t}$

f) $y=\frac{1}{5}e^{2t}+\frac{9}{5}e^{-3t}$

g) $y=-\frac{3}{25}\cos(2t)+\frac{4}{25}\operatorname{sen}(2t)+\frac{28}{25}e^{-t}-\frac{1}{5}t.e^{-t}$

h) $y=-\frac{3}{25}\cos(2t)+\frac{4}{25}\operatorname{sen}(2t)+\frac{28}{25}e^{-t}-\frac{1}{5}t.e^{-t}$

i) $y=-\frac{3}{25}\cos(2t)+\frac{4}{25}\operatorname{sen}(2t)+\frac{28}{25}e^{-t}-\frac{1}{5}t.e^{-t}$

j) $y=-\frac{3}{25}\cos(2t)+\frac{4}{25}\operatorname{sen}(2t)+\frac{28}{25}e^{-t}-\frac{1}{5}t.e^{-t}$

6 SEQUÊNCIAS E SÉRIES NUMÉRICAS

6.1 INTRODUÇÃO HISTÓRICA

A ideia de sequência é muito antiga e vem da época dos babilônicos. Tem-se registros de somas de termos de uma sequência em documentos muito antigos, como a tábua Plimpton 322, cerca de 1900 a 1600 a.C. Pitágoras (585 a.C.-500 a.C.) e os sábios gregos que viveram depois dele conheciam bem as progressões aritméticas, as geométricas, as harmônicas e as musicais.

Mas foi Zenão (490 a.C.-425 a.C.), com uma coletânea de 40 paradoxos relativos ao contínuo e ao infinito, que inspirou os pais do Cálculo Diferencial e Integral a estudar mais de perto o assunto.

Em 1202, Leonardo de Pisa (Fibonacci = filho de Bonacci), matemático e comerciante da Idade Média, escreveu um livro denominado *Liber Abacci*, ilustrado com muitos problemas, sendo que um deles é o dos pares de coelhos: Deseja-se saber quantos pares de coelhos podem ser gerados de um único par em um ano, se de um modo natural a cada mês ocorre a produção de um par, e um par começa a produzir coelhos quando completa dois meses de vida. Esta ficou conhecida como *sequência de Fibonacci* e tem muitas propriedades interessantes.

Por volta de 1590, Napier revelou possuir completo conhecimento da correspondência entre progressões aritméticas e geométricas, que o levou à construção dos logaritmos.

Gauss, em 1787, aos 10 anos de idade, durante uma aula de Matemática, quando seu professor pediu para que todos os alunos obtivessem a soma dos números de 1 a 100, em poucos minutos apresentou o resultado correto, usando o que conhecemos hoje como a soma dos n primeiros números de uma progressão aritmética.

Hoje, as sequências e séries têm ampla aplicação em todas as áreas, desde a matemática aplicada (construção de algoritmos computacionais) até a biologia (controle de epidemias).

Vamos apresentar neste capítulo alguns conceitos básicos para o estudo de sequências e séries.

6.2 CONCEITO DE SEQUÊNCIA NUMÉRICA

Chamamos de sequência o conjunto imagem de uma função *f* cujo domínio é o conjunto dos inteiros positivos.

$$\begin{aligned} f:\mathbb{Z}_+ &\to A \\ n &\mapsto f(n) \end{aligned}$$

Exemplos:

E 6.1 Seja a sequência: $1,2,4,8,16,\ldots$. Note que, $f(n)=2^n$, para todo $n \geq 0$.

E 6.2 Seja a sequência: $1,-1,1,-1,1,\ldots$. Note que, $f(n)=(-1)^n$, para todo $n \geq 0$.

Uma maneira de representar uma sequência é pela expressão do termo geral:

$$\{a_n\}_{n\in\mathbb{N}}$$

Exemplos:

E 6.3 Progressão aritmética (P.A.) de razão r = 3: $\{3n\}_{n\in\mathbb{N}}$

E 6.4 Progressão geométrica (P.G.) de razão q = 4: $\{4^n\}_{n\in\mathbb{N}}$

Dizemos que uma sequência numérica $\{a_n\}_{n\in\mathbb{N}}$ converge, se $\lim\limits_{n\to\infty} a_n$ existe e é finito, ou seja, se existe $L \in \mathbb{R}$ tal que $\lim\limits_{n\to\infty} a_n = L$. Ou, ainda, dado $\varepsilon > 0$, existe $N > 0$ tal que $|a_n - L| < \varepsilon$, para todo $n > N$.

Caso contrário, dizemos que a sequência diverge.

Observação

Para se calcular o limite de uma sequência, deve-se associar a uma função real que coincida com o termo geral da sequência nos números naturais e proceder com os métodos conhecidos para cálculo de limites.

Exemplo:

E 6.5 Verificar a convergência da sequência $\left\{\dfrac{12n}{3n+1}\right\}_{n\in\mathbb{N}}$.

Resolução:

Como para cada $n \in \mathbb{N}$, o termo geral é dado por $f(n)=\dfrac{12n}{3n+1}$, calculamos o limite quando x tende para infinito, associando à função real.

$$f(x)=\frac{12x}{3x+1}$$

Então,

$$\lim_{n\to\infty} a_n = \lim_{x\to\infty} f(x) = \lim_{x\to\infty}\frac{12x}{3x+1} = \lim_{x\to\infty}\frac{\cancel{x}.12}{\cancel{x}.(3+1/x)} = \lim_{x\to\infty}\frac{12}{3+1/x} = \frac{12}{3} = 4.$$

Ou seja, a sequência converge e $\lim_{n\to\infty} a_n = 4$.

6.2.1 SEQUÊNCIAS DECRESCENTES, CRESCENTES E MONÓTONAS

Dizemos que uma sequência $\{a_n\}$ é decrescente se $a_{n+1} \le a_n$, para todo $n \in \mathbb{N}$ e $\{a_n\}$ é crescente se $a_n \le a_{n+1}$, para todo $n \in \mathbb{N}$. Chamamos a sequência $\{a_n\}$ de monótona se ela é decrescente ou crescente.

Exemplos:

E 6.6 A sequência $\{1,2,3,\ldots\}$ é crescente, portanto, é monótona crescente.

E 6.7 A sequência $\left\{1,\dfrac{1}{2},\dfrac{1}{3},\ldots\right\}$ é decrescente, portanto, é monótona decrescente.

E 6.8 A sequência $\{1,0,1,0,1,0\ldots\}$ não é crescente, nem decrescente, portanto, não é monótona.

Observação

Como uma sequência é uma função do conjunto dos números naturais nos reais, para estudar a monotonicidade devemos associar a função real de mesma lei de formação e estudar o sinal da primeira derivada.

Exemplo:

E 6.9 Verificar se $\left\{\frac{n}{n+5}\right\}$ é monótona.

Resolução:

Vamos associar uma função real que coincida com a sequência nos números naturais e analisar o sinal da primeira derivada. Seja a função real $f(x)=\frac{x}{x+5}$. Então, $f'(x)=\frac{1\cdot(x+5)-x\cdot 1}{(x+5)^2}=\frac{5}{(x+5)^2}$. Como $f'(x)>0$, para todo $x \geq 1$, então, a sequência é crescente, logo, é monótona crescente.

6.2.2 TEOREMA DO CONFRONTO

Se $\lim\limits_{n\to\infty} a_n = \lim\limits_{n\to\infty} b_n = L$ e existe $n_0 \in \mathbb{N}$ tal que para todo $n \geq n_0$ se verifica $a_n \leq c_n \leq b_n$, então, $\lim\limits_{n\to\infty} c_n = L$.

Justificativa

Lembrando a definição de limite de função de uma variável, temos:

Dado $\varepsilon > 0$, existe $N_1 > 0$, tal que $|a_n - L| < \varepsilon$, para todo $n > N_1$, ou seja, $L-\varepsilon < a_n < L+\varepsilon$; e também existe $N_2 > 0$, tal que $|b_n - L| < \varepsilon$, para todo $n > N_2$, ou seja, $L-\varepsilon < b_n < L+\varepsilon$. Tomemos $\mathrm{N} = \text{máx}\{\mathrm{N}_1, \mathrm{N}_2\}$. Então, como $a_n \leq c_n \leq b_n$, temos que, para todo $n > N$,

$$L-\varepsilon < a_n \leq c_n \leq b_n < L+\varepsilon$$

Ou seja, $\lim\limits_{n\to\infty} c_n = L$

Consequência 1:

Se $\{a_n\}$ é uma sequência crescente e para todo $n \in \mathbb{N}$, $a_n \leq A$, então, $\{a_n\}$ é convergente e $\lim\limits_{n\to\infty} a_n \leq A$.

Consequência 2:

Se $\{a_n\}$ é uma sequência decrescente e para todo $n \in \mathbb{N}$, $a_n \geq B$, então, $\{a_n\}$ é convergente e $\lim\limits_{n\to\infty} a_n \geq B$.

Exemplo:

E 6.10 Verificar se a sequência $\left\{\frac{\operatorname{sen} n}{n}\right\}$ converge.

Resolução:

Observe que a função real $f(x) = \text{sen}\, x$ é limitada, ou seja, $|\text{sen}\, x| \leq 1, \forall x \in \mathbb{R}$. Então,

$$-\frac{1}{x} \leq \frac{\text{sen} x}{x} \leq \frac{1}{x} \text{ e } \lim_{x \to \infty} \frac{1}{x} = 0$$

Logo, a sequência converge para 0.

6.3 CONCEITO DE SÉRIE NUMÉRICA

Seja $\{a_n\}$ uma sequência, e consideremos uma nova sequência:

$$s_1 = a_1$$

$$s_2 = a_1 + a_2$$

$$s_3 = a_1 + a_2 + a_3$$

$$\vdots$$

$$s_k = a_1 + a_2 + a_3 + \ldots + a_k = \sum_{n=1}^{k} a_n$$

A sequência $\{s_k\}$ das somas parciais chama-se *Série Infinita* (associada à sequência $\{a_n\}$) e é representada por:

$$\sum_{n=1}^{\infty} a_n$$

Os números a_n são chamados de termos da série e os números $s_1, s_2, s_3, \ldots$, somas parciais de ordem 1, 2, 3, ..., da série, respectivamente.

Se a sequência $\{s_k\}$ converge, diz-se que $\sum_{n=1}^{\infty} a_n$ é uma série convergente e, nesse caso, $\lim_{n \to \infty} s_n$ é chamado de soma da série $\sum_{n=1}^{\infty} a_n$. Se a sequência $\{s_k\}$ diverge, então, a série $\sum_{n=1}^{\infty} a_n$ é divergente.

6.3.1 SÉRIE GEOMÉTRICA

A série geométrica é aquela cujos termos, em forma de sequência, formam uma progressão geométrica, ou seja,

$$\sum_{n=1}^{\infty} aq^{n-1} = a + aq + aq^2 + \cdots + aq^{k-1} + \cdots,$$

onde cada termo subsequente é obtido multiplicando o seu antecessor pela razão q. Vamos obter a fórmula da soma parcial desta série:

$$S_n = a + aq + aq^2 + \cdots + aq^{n-1} \qquad (1)$$

multiplicando a expressão apresentada aqui por q,

$$S_n.q = aq + aq^2 + aq^3 + \cdots + aq^n \qquad (2)$$

Subtraindo a Equação (2) da Equação (1):

$S_n - S_n.q = a - a.q^n$, ou seja, $S_n(1-q) = a.(1-q^n)$, ou, ainda,

$$S_n = \frac{a(1-q^n)}{1-q}, \text{ se q} \neq 1.$$

Observe que, se $|q| < 1$, a série geométrica converge, se $|q| > 1$, a série geométrica diverge. Note também que, se a série converge, a soma é dada por:

$$s = \lim_{n\to\infty} s_n = \lim_{n\to\infty} \frac{a\left(1-q^n\right)}{1-q} = \frac{a}{1-q}$$

Exemplos:

E 6.11 Verificar se a série geométrica converge e, se convergir, calcular a soma:

$$\sum_{n=1}^{\infty} 3^{-n}$$

Resolução:

Note que os primeiros termos da série geométrica são: $\frac{1}{3} + \frac{1}{9} + \frac{1}{27} + \ldots$, ou seja, a razão é $q = \frac{1}{3}$. Logo, a série é convergente e a soma é dada por:

$$s = \lim_{n\to\infty} s_n = \frac{a}{1-q} = \frac{1/3}{1-1/3} = \frac{1/3}{2/3} = \frac{1}{2}$$

Resposta: A série converge e sua soma é $1/2$.

E 6.12 Verificar se a série geométrica converge e, se convergir, calcular a soma:

$$\sum_{n=1}^{\infty} 2^{n}$$

Resolução:

Note que os primeiros termos da série geométrica são: $2 + 4 + 8 + \ldots$, ou seja, a razão é $q = 2$. Logo, a série é divergente.

Resposta: A série é divergente.

E 6.13 Usar a série geométrica para expressar a dízima periódica como fração:

$$0{,}333\ldots$$

Resolução:

Vamos escrever a dízima como uma série geométrica:

$$0{,}333\ldots = 0{,}3 + 0{,}03 + 0{,}003 + \ldots = \sum_{n=1}^{\infty} 3\left(\frac{1}{10}\right)^n$$

Neste caso, o primeiro termo é $a = \frac{3}{10}$ e a razão é $q = \frac{1}{10}$. Logo, a série é convergente e a soma é dada por:

$$0{,}333\ldots = \frac{a}{1-q} = \frac{3/10}{1-1/10} = \frac{3/10}{9/10} = \frac{3}{9} = \frac{1}{3}$$

Resposta: $0{,}333\ldots = \frac{1}{3}$.

6.3.2 SÉRIE TELESCÓPICA

É uma série cuja soma pode ser determinada por meio da simplificação de seu termo geral, que pode ser expresso em somas de frações parciais. Por exemplo, calcular a soma $\sum_{n=1}^{\infty} \frac{1}{n(n+1)}$.

Usando a decomposição em frações parciais do termo geral, temos:

$$\frac{1}{n(n+1)} = \frac{A}{n} + \frac{B}{n+1} = \frac{A(n+1)+Bn}{n(n+1)}$$, que, determinando A e B,

$$A(n+1) + Bn = 1 \rightarrow An + A + Bn = 1$$

$$\begin{cases} A + B = 0 \\ A = 1 \end{cases} \rightarrow B = -1$$

Logo,

$\frac{1}{n(n+1)} = \frac{1}{n} - \frac{1}{n+1}$. Com esta nova expressão do termo geral, podemos escrever a soma parcial S_n como:

$$S_n = \left(1 - \frac{1}{2}\right) + \left(\frac{1}{2} - \frac{1}{3}\right) + \left(\frac{1}{3} - \frac{1}{4}\right) + \cdots + \left(\frac{1}{n} - \frac{1}{n+1}\right) = 1 - \frac{1}{n+1}$$. Logo,

$$\sum_{n=1}^{\infty} \frac{1}{n(n+1)} = \lim_{n \leftarrow \infty} S_n = \lim_{n \to \infty}\left(1 - \frac{1}{n+1}\right) = 1$$

6.3.3 SÉRIE HARMÔNICA

A série do tipo $\sum_{n=1}^{\infty} \frac{1}{n} = 1 + \frac{1}{2} + \frac{1}{3} + \frac{1}{4} + \cdots + \frac{1}{k} + \cdots$ é denominada série harmônica. Vamos mostrar que a série harmônica é divergente. Agrupemos os termos da série, como segue:

$$1 + \frac{1}{2} + \left(\frac{1}{3} + \frac{1}{4}\right) + \left(\frac{1}{5} + \frac{1}{6} + \frac{1}{7} + \frac{1}{8}\right) + \left(\frac{1}{9} + \frac{1}{10} + \cdots + \frac{1}{16}\right) + \cdots$$

Sabemos que:

$$\frac{1}{3} + \frac{1}{4} > \frac{1}{4} + \frac{1}{4} = \frac{1}{2}$$

$$\frac{1}{5} + \frac{1}{6} + \frac{1}{7} + \frac{1}{8} > \frac{1}{8} + \frac{1}{8} + \frac{1}{8} + \frac{1}{8} = \frac{1}{2}$$

$$\frac{1}{9} + \frac{1}{10} + \cdots + \frac{1}{16} > \frac{1}{16} + \frac{1}{16} + \cdots + \frac{1}{16} = \frac{1}{2}$$

Como a soma dos termos dentro de cada par de parênteses é maior do que ½, obtemos as seguintes desigualdades:

$$S_4 > 1 + \frac{1}{2} + \frac{1}{2} > 3.\frac{1}{2}$$

$$S_8 > 1 + \frac{1}{2} + \frac{1}{2} + \frac{1}{2} > 4.\frac{1}{2}$$

$$S_{16} > 1 + \frac{1}{2} + \frac{1}{2} + \frac{1}{2} + \frac{1}{2} > 5.\frac{1}{2}$$

$$\vdots$$

Mostra-se, por indução matemática, que: $S_{2^k} > (k+1).\frac{1}{2}$, para todo inteiro positivo k. Segue, portanto, que podemos fazer S_n tão grande quanto quisermos, bastando usar n suficientemente grande, isto é, $\lim_{n\to\infty} S_n = \infty$, ou seja, a série diverge.

6.3.4 PROPRIEDADES DAS SÉRIES

1) Se $\sum_{n=1}^{\infty} a_n$ e $\sum_{n=1}^{\infty} b_n$ são convergentes, então:

a) $\sum_{n=1}^{\infty} (a_n \pm b_n) = \sum_{n=1}^{\infty} a_n \pm \sum_{n=1}^{\infty} b_n$ é convergente;

b) $\sum_{n=1}^{\infty} c.a_n = c.\sum_{n=1}^{\infty} a_n$ é convergente, onde $c \in \mathbb{R}$.

2) Se $\sum_{n=1}^{\infty} a_n$ é convergente e $\sum_{n=1}^{\infty} b_n$ é divergente, então, $\sum_{n=1}^{\infty} (a_n + b_n)$ é divergente.

3) Se $\sum_{n=1}^{\infty} a_n$ é convergente, então, $\lim_{n\to\infty} a_n = 0$.

Vamos justificar apenas o item 3:

Como $\sum_{k=1}^{\infty} a_k = S$, então, $\lim_{n\to\infty} S_n = S$ e $\lim_{n\to\infty} S_{n-1} = S$. Mas $a_n = S_n - S_{n-1}$.

Logo, $\lim_{n\to\infty} a_n = \lim_{n\to\infty} \left(S_n - S_{n-1}\right) = S - S = 0$.

Observação

Não é verdade que se $\lim_{n\to\infty} a_n = 0$, então, a série $\sum_{n=1}^{\infty} a_n$ é convergente, basta ver a série harmônica, pois $\lim_{n\to\infty} \frac{1}{n} = 0$ e a série é divergente, como vimos aqui.

Exemplo:

E 6.14 Determinar, usando as propriedades de série, se as séries a seguir convergem ou divergem:

a) $\sum_{n=1}^{\infty} \left[\left(\frac{1}{5}\right)^n + \left(\frac{1}{4}\right)^n\right]$

b) $\sum_{n=1}^{\infty} \frac{3}{n}$

c) $\sum_{n=1}^{\infty} \left(\frac{1}{n} + 2^{-n}\right)$

Resolução:

a) Observe que temos a soma de duas séries geométricas de razão 1⁄5 e 1⁄4, respectivamente. Portanto, as duas são convergentes, logo, a soma é convergente e converge para:

$$\frac{1/5}{1-1/5} + \frac{1/4}{1-1/4} = \frac{1/5}{4/5} + \frac{1/4}{3/4} = \frac{1}{4} + \frac{1}{3} = \frac{3+4}{12} = \frac{7}{12}$$

Resposta: A série converge para $\frac{7}{12}$.

b) Observe que temos uma constante, 3, multiplicando a série harmônica, que sabemos que é divergente. Logo, a série é divergente.

Resposta: A série diverge.

c) Observe que temos a soma da série harmônica, que é divergente, com uma série geométrica. Logo, a soma é divergente.

Resposta: A série diverge.

6.3.5 SÉRIES INFINITAS DE TERMOS POSITIVOS

Seja $\sum_{n=1}^{\infty} a_n$ uma série de termos positivos, ou seja, $a_n > 0$, para todo n. Neste caso, vamos apresentar critérios para estudar quando uma série deste tipo converge ou não.

Teorema:

Uma série infinita de termos positivos é convergente se, e somente se, sua sequência de somas parciais tiver um limitante superior.

Exemplo:

E 6.15 Vamos demonstrar que a série $\sum_{n=1}^{\infty} \frac{1}{n!}$ é convergente usando o resultado apresentado aqui.

Resolução:

Devemos encontrar um limitante superior para a sequência das somas parciais desta série.

$$S_1 = \frac{1}{1!} = \frac{1}{1} = 1$$

$$S_2 = \frac{1}{1!} + \frac{1}{2!} = 1 + \frac{1}{2.1} = 1 + \frac{1}{2}$$

$$S_3 = \frac{1}{1!} + \frac{1}{2!} + \frac{1}{3!} = 1 + \frac{1}{2} + \frac{1}{3.2.1} = 1 + \frac{1}{2} + \frac{1}{6}$$

$$\vdots$$

$$S_n = \frac{1}{1!} + \frac{1}{2!} + \frac{1}{3!} + \cdots + \frac{1}{n!} = 1 + \frac{1}{2} + \frac{1}{6} + \cdots + \frac{1}{n.\cdots.3.2.1}$$

Considerando os primeiros k termos da série geométrica com a = 1 e r = ½, temos:

$$\sum_{n=1}^{k} \frac{1}{2^{n-1}} = 1 + \frac{1}{2} + \frac{1}{4} + \cdots + \frac{1}{2^{k-1}}$$

Note que ela é convergente e sua soma é dada por $\sum_{n=1}^{\infty} \frac{1}{2^{n-1}} = \frac{1}{1 - \frac{1}{2}} = \frac{1}{\frac{1}{2}} = 2.$

Note, também, que cada termo da soma parcial da série $\sum_{n=1}^{\infty}\frac{1}{n!}$ é menor ou igual à soma parcial da série $\sum_{n=1}^{\infty}\frac{1}{2^{n-1}}$, isto é, $\frac{1}{n!}\leq\frac{1}{2^{n-1}}$, para todo inteiro positivo n. Logo, $S_k=\sum_{n=1}^{k}\frac{1}{n!}\leq\sum_{n=1}^{k}\frac{1}{2^{n-1}}<2$. Portanto, S_k tem 2 como limitante superior e, pelo teorema apresentado aqui, a série é convergente.

6.3.5.1 Teste da comparação

Sejam $\sum_{n=1}^{\infty}a_n$ e $\sum_{n=1}^{\infty}b_n$ séries de termos positivos.

1) Se $\sum_{n=1}^{\infty}b_n$ é convergente e $a_n\leq b_n$ para todo inteiro positivo n, então, $\sum_{n=1}^{\infty}a_n$ converge;

2) Se $\sum_{n=1}^{\infty}a_n$ é divergente e $a_n\leq b_n$ para todo inteiro positivo n, então, $\sum_{n=1}^{\infty}b_n$ diverge.

Consequência do teste da comparação:

Seja $\lim_{n\to\infty}\frac{a_n}{b_n}=c,\quad c>0\quad$ e $\quad c\neq\infty$. $\sum_{n=1}^{\infty}a_n$ é divergente $\Leftrightarrow$ $\sum_{n=1}^{\infty}b_n$ é divergente e, consequentemente, $\sum_{n=1}^{\infty}a_n$ é convergente $\Leftrightarrow$ $\sum_{n=1}^{\infty}b_n$ é convergente.

Exemplos:

E 6.16 Usar o teste da comparação para mostrar que a série $\sum_{n=1}^{\infty}\frac{\text{sen}^2 n}{2^n}$ converge.

Resolução:

Observe que $\text{sen}^2 n\leq 1$, logo, $\frac{\text{sen}^2 n}{2^n}\leq\left(\frac{1}{2}\right)^n$, que é uma série geométrica de razão ½, portanto, convergente. Logo, a série converge.

E 6.17 Usar o teste da comparação para verificar se a série $\sum_{n=1}^{\infty}\frac{n^2+1}{n^3}$ converge ou diverge.

Resolução:

Observe que,

$$n^2+1>n^2\rightarrow\frac{n^2+1}{n^3}>\frac{n^2}{n^3}=\frac{1}{n},\text{ para } n\geq 1$$

Logo, a série apresentada tem termo geral maior que o termo geral da série harmônica, que é divergente. Portanto, a série é divergente.

6.3.5.2 *Teste da razão*

Seja $\sum_{n=1}^{\infty} a_n$ uma série de termos positivos e considere a seguinte razão:

$$L = \lim_{n\to\infty} \frac{a_{n+1}}{a_n}$$

1) Se $L < 1$, a série é convergente;
2) Se $L > 1$, a série é divergente;
3) Se $L = 1$, nada se pode afirmar, ou seja, devemos aplicar outro recurso para estudar esta série.

Exemplos:

E 6.18 Usar o teste da razão para mostrar que a série $\sum_{n=1}^{\infty} \frac{5^n}{n!}$ converge.

Resolução:

Fazendo o limite indicado no teste,

$$\lim_{n\to\infty} \frac{a_{n+1}}{a_n} = \lim_{n\to\infty}\left(a_{n+1}\cdot\frac{1}{a_n}\right) = \lim_{n\to\infty}\left[\frac{5^{n+1}}{(n+1)!}\cdot\frac{n!}{5^n}\right] = \lim_{n\to\infty}\left[\frac{\cancel{5^n}\cdot 5}{(n+1).\cancel{n!}}\cdot\frac{\cancel{n!}}{\cancel{5^n}}\right] = \lim_{n\to\infty}\frac{5}{n+1} = 0,$$

como $0 < 1$, a série é convergente.

E 6.19 Usar o teste da razão para verificar a convergência da série $\sum_{n=1}^{\infty} \frac{n^n}{n!}$

Resolução:

Fazendo o limite indicado no teste,

$$\lim_{n\to\infty} \frac{a_{n+1}}{a_n} = \lim_{n\to\infty}\left(a_{n+1}\cdot\frac{1}{a_n}\right) = \lim_{n\to\infty}\left(\frac{(n+1)^{n+1}}{(n+1)!}\cdot\frac{n!}{n^n}\right) = \lim_{n\to\infty}\left(\frac{(n+1)^{n+1}}{(n+1)\cdot\cancel{n!}}\cdot\frac{\cancel{n!}}{n^n}\right)$$

$$= \lim_{n\to\infty}\left(\frac{(n+1)^n\cdot(n+1)}{(n+1)}\cdot\frac{1}{n^n}\right)$$

$$= \lim_{n\to\infty}\left(\frac{(n+1)^n}{1}\cdot\frac{1}{n^n}\right) = \lim_{n\to\infty}\left(\frac{(n+1)^n}{n^n}\right) = \lim_{n\to\infty}\left(\frac{n+1}{n}\right)^n = \lim_{n\to\infty}\left(1+\frac{1}{n}\right)^n = e$$

Lembrando que o último limite é um limite fundamental apresentado no Capítulo1 do Volume 2, como $e \sim 2{,}71 > 1$, a série diverge.

6.3.5.3 *Teste da raiz (ou de Cauchy)*

Seja $\sum_{n=1}^{\infty} a_n$ uma série de termos positivos, considere o limite da seguinte raiz:

$$L = \lim_{n\to\infty} \sqrt[n]{a_n}$$

1) Se $L < 1$, a série é convergente;
2) Se $L > 1$, a série é divergente;
3) Se $L = 1$, nada se pode afirmar, ou seja, devemos aplicar outro recurso para estudar esta série.

Exemplos:

E 6.20 Aplicar o teste da raiz para mostrar que a série $\sum_{n=1}^{\infty} \frac{1}{n^n}$ converge.

Resolução:

Aplicando o limite do teste,

$\lim_{n\to\infty} \sqrt[n]{\frac{1}{n^n}} = \lim_{n\to\infty} \frac{1}{n} = 0$, como $0 < 1$, a série é convergente.

E 6.21 Aplicar o teste da raiz para verificar a convergência ou não da série $\sum_{n=1}^{\infty} \frac{2^n}{n^2}$.

Resolução:

Aplicando o limite do teste,

$$\lim_{n\to\infty} \sqrt[n]{\frac{2^n}{n^2}} = \lim_{n\to\infty} \frac{2}{\sqrt[n]{n^2}} = \lim_{n\to\infty} \frac{2}{\left(\sqrt[n]{n}\right)^2}$$

Concluímos que para resolver $\lim_{n\to\infty} \sqrt[n]{n}$ precisamos aplicar o 4º caso da regra de L'Hospital,

$$\lim_{n\to\infty} \sqrt[n]{n} = \lim_{n\to\infty} n^{\frac{1}{n}} = L \to \ln L = \lim_{n\to\infty} \ln n^{\frac{1}{n}} \to \ln L = \lim_{n\to\infty} \frac{1}{n} \ln n = \lim_{n\to\infty} \frac{\ln n}{n}$$

Derivando, temos,

$$\ln L = \lim_{n\to\infty} \frac{\ln n}{n} \overline{\overline{L'H}} \lim_{n\to\infty} \frac{1/n}{1} = 0 \to L = e^0 = 1$$

Voltando à análise,

$$\lim_{n\to\infty} \sqrt[n]{\frac{2^n}{n^2}} = \lim_{n\to\infty} \frac{2}{\left(\sqrt[n]{n}\right)^2} = \frac{2}{1^2} = 2 > 1$$

Portanto, a série é divergente.

6.3.5.4 Teste da integral

Seja $\sum_{n=1}^{\infty} a_n$ uma série de termos positivos e $f(x)$ uma função real positiva e decrescente, tal que $f(n) = a_n$, para cada $n \geq 1$ e o seguinte número real:

$$L = \lim_{n\to\infty} \int_1^n f(x)dx$$

1) Se o limite existe e é finito, a série é convergente;
2) Caso contrário, a série é divergente.

Exemplos:

E 6.22 Usando o teste da integral, mostrar que a série $\sum_{n=1}^{\infty} \frac{1}{n^2}$ converge.

Resolução:

Vamos resolver a integral,

$$\int_1^n \frac{1}{x^2} dx = \int_1^n x^{-2} dx = \left[\frac{x^{-1}}{-1}\right]_1^n = \left[-\frac{1}{x}\right]_1^n = -\frac{1}{n} + \frac{1}{1} = -\frac{1}{n} + 1$$

Agora,

$$L = \lim_{n\to\infty} \int_1^n \frac{1}{x^2} dx = \lim_{n\to\infty} \left(-\frac{1}{n} + 1\right) = 1$$

Como o limite existe e é finito, a série converge.

E 6.23 Dada a série $\sum_{n=1}^{\infty} \frac{1}{n^p}$, usando o teste da integral, mostrar que ela converge para $p > 1$ e diverge para $p = 1$ (que é a série harmônica) e para $p < 1$. Esta série é chamada de *hiper-harmônica*.

Resolução:

Vamos fazer a integral separadamente,

$$\int_1^n \frac{1}{x^p} dx = \int_1^n x^{-p} dx = \left[\frac{x^{-p+1}}{-p+1} \right]_1^n = \left[-\frac{1}{(p-1)x^{p-1}} \right]_1^n = -\frac{1}{(p-1)n^{p-1}} + \frac{1}{p-1}$$

Agora,

$$L = \lim_{n\to\infty} \int_1^n \frac{1}{x^p} dx = \lim_{n\to\infty} \left(-\frac{1}{(p-1)n^{p-1}} + \frac{1}{p-1} \right)$$

Vamos observar que se $p < 1$, então, $\frac{1}{n^{p-1}}$ tende a zero, quando $n \to \infty$ e, logo,

$$L = \lim_{n\to\infty} \int_1^n \frac{1}{x^p} dx = \lim_{n\to\infty} \left(-\frac{1}{(p-1)n^{p-1}} + \frac{1}{p-1} \right) = \frac{1}{p-1}$$

A série converge. E, se $p > 1$, então, $\frac{1}{n^{p-1}}$ tende a ∞, quando $n \to \infty$ e, logo, o limite tende a $-\infty$, a série diverge.

6.3.6 SÉRIES ALTERNADAS

Seja $\sum_{n=1}^{\infty} a_n$ uma série de termos positivos. Chamamos $\sum_{n=1}^{\infty} (-1)^n a_n$ de série alternada, ou seja, uma série em que o sinal de seus termos subsequentes se alterna. Vamos estudar a convergência destas séries.

Teorema:

Se $\sum_{n=1}^{\infty} a_n$ é uma série de termos positivos que converge, então, $\sum_{n=1}^{\infty} (-1)^n a_n$ converge.

Neste caso, dizemos que a série alternada *converge absolutamente*. Se acontecer da série $\sum_{n=1}^{\infty} (-1)^n a_n$ convergir, mas a série de termos positivos $\sum_{n=1}^{\infty} a_n$ divergir, dizemos que a série alternada *converge condicionalmente*. Vamos apresentar um teorema que estuda a convergência das séries alternadas.

6.3.6.1 Teorema da convergência (Critério de Leibniz)

Seja $\sum_{n=1}^{\infty}(-1)^n a_n$ uma série alternada. Dizemos que esta série converge se:

1) $a_n \geq a_{n+1}, \forall n$, e

2) $\lim_{n\to\infty} a_n = 0$.

Observação

Para se estudar a convergência de uma série alternada, primeiro, verificamos se a série de termos positivos é convergente, pois, pelo teorema apresentado aqui, se for, ela será absolutamente convergente. Se a série de termos positivos não for convergente, então, aplicamos o Critério de Leibniz para verificar se a série alternada é condicionalmente convergente.

Exemplos:

E 6.24 Estudar a convergência da série alternada $\sum_{n=1}^{\infty}\frac{(-1)^n}{3n-1}$.

Resolução:

Primeiro, vamos verificar se a série de termos positivos $\sum_{n=1}^{\infty}\frac{1}{3n-1}$ converge ou não. Usando o teste da integral,

$$L = \lim_{n\to\infty}\int_1^n \frac{1}{3x-1}dx = \lim_{n\to\infty}\left(\frac{1}{3}\ln(3n-1) - \frac{1}{3}\ln 2\right) = \ln\infty = \infty.$$

Logo, a série de termos positivos diverge. Vamos, então, aplicar o Critério de Leibniz:

$$a_n = \frac{1}{3n-1} \to a_{n+1} = \frac{1}{3(n+1)-1} = \frac{1}{3n+3-1} = \frac{1}{3n+2}$$

Observe que, para $n \geq 1$, $3n+2 > 3n-1$, logo,

$$\frac{1}{3n-1} > \frac{1}{3n+2} \to a_n > a_{n+1}$$

E, também,

$$\lim_{n\to\infty} a_n = \lim_{n\to\infty}\frac{1}{3n-1} = 0$$

Logo, satisfaz o Critério de Leibniz, portanto, a série alternada converge condicionalmente.

E 6.25 Estudar a convergência da série alternada $\sum_{n=1}^{\infty}(-1)^n e^{-n}$.

Resolução:

Primeiro, vamos verificar se a série de termos positivos $\sum_{n=1}^{\infty}\frac{1}{e^n}$ converge ou não. Usando o teste da razão,

$$\lim_{n\to\infty}\frac{a_{n+1}}{a_n}=\lim_{n\to\infty}\left(a_{n+1}\cdot\frac{1}{a_n}\right)=\lim_{n\to\infty}\left(\frac{1}{e^{n+1}}\cdot\frac{e^n}{1}\right)=\lim_{n\to\infty}\left(\frac{e^n}{e^{n+1}}\right)=\frac{1}{e}<1$$

Logo, a série de termos positivos converge, portanto, a série é absolutamente convergente.

6.3.7 SÉRIES DE POTÊNCIAS

Seja x_0 um número real e considere a seguinte série $\sum_{n=0}^{\infty}a_n(x-x_0)^n$. Esta série é chamada de *série de potências* de $(x-x_0)$. Para cada x real, ela é uma série numérica e, por isso, precisamos determinar para que valores de x ela vai convergir ou não, ou seja, precisamos determinar seu *intervalo de convergência*. Para isso, temos o seguinte resultado:

Teorema:

Seja $\sum_{n=0}^{\infty}a_n(x-x_0)^n$ uma série de potências de $(x-x_0)$. Uma das três alternativas (e somente uma) acontece:

1) A série de potências converge apenas para $x=x_0$;

2) A série de potências converge absolutamente para todo x real;

3) Existe um número positivo R tal que a série de potências converge absolutamente para $|x-x_0|<R$ e diverge para $|x-x_0|>R$.

Observação

No caso (3), a série pode convergir absolutamente, convergir condicionalmente ou divergir em $x=x_0\pm R$. O número R é chamado de *Raio de Convergência*. No caso (1), consideramos $R = 0$, e no caso (2), dizemos que $R=\infty$.

Exemplos:

E 6.26 Encontrar o intervalo de convergência da série de potências $\sum_{k=1}^{\infty}\frac{(-1)^k x^k}{k}$.

Resolução:

Neste caso, $x_o = 0$. Pelo teste da razão, temos:

$$\lim_{n\to\infty}\left|\frac{a_{n+1}}{a_n}\right| = \lim_{n\leftarrow\infty}\left|\frac{x^{n+1}.n}{(n+1).x^n}\right| = |x|\lim_{n\leftarrow\infty}\frac{n}{n+1} = |x|.$$

A série converge absolutamente se $|x| < 1$. Agora, se $x = -1$, temos $\sum_{k=1}^{\infty}\frac{(-1)^{2k}}{k}$, ou seja, a série fica $\sum_{k=1}^{\infty}\frac{1}{k}$, que é a série harmônica, que sabemos que diverge. Se $x = 1$, temos $\sum_{k=1}^{\infty}\frac{(-1)^k}{k}$, aplicando o Critério de Leibniz, vemos que ela é condicionalmente convergente. Logo, o intervalo de convergência da série de potências apresentada aqui é $I =]-1,1]$. O raio de convergência neste caso é 1.

Resposta: $I =]-1,1]$.

E 6.27 Encontrar o intervalo de convergência da série de potências $\sum_{k=1}^{\infty}\frac{k}{2^k x^k}$

Resolução:

Vamos aplicar o teste da raiz,

$$\lim_{n\to\infty}\sqrt[n]{a_n} = \lim_{n\to\infty}\sqrt[n]{\frac{n}{2^n x^n}} = \lim_{n\to\infty}\frac{\sqrt[n]{n}}{2|x|}$$

Como, pelo exemplo **E 5.21**, $\lim_{n\to\infty}\sqrt[n]{n} = 1$, temos que,

$$\lim_{n\to\infty}\sqrt[n]{a_n} = \lim_{n\to\infty}\frac{\sqrt[n]{n}}{2|x|} = \frac{1}{2|x|}$$

que converge se

$$\frac{1}{2|x|} < 1 \to 1 < 2|x| \to |x| > \frac{1}{2}$$

A série converge se $|x| > \frac{1}{2}$. Agora, para $x = \frac{1}{2}$,

$$\sum_{k=1}^{\infty}\frac{k}{2^k\left(\frac{1}{2}\right)^k} = \sum_{k=1}^{\infty}k$$

que é divergente. Para $x = -\frac{1}{2}$, temos $\sum_{k=1}^{\infty}(-1)^k k$, que também diverge. Portanto, o intervalo de convergência é $I = \left]-\infty; -\frac{1}{2}\right[\cup \left]\frac{1}{2}; +\infty\right[$.

Resposta: $I = \left]-\infty; -\frac{1}{2}\right[\cup \left]\frac{1}{2}; +\infty\right[$.

6.3.7.1 Séries de Taylor e de MacLaurin

Seja $f: I \subset \mathbb{R} \to \mathbb{R}$ uma função que tem derivadas de todas as ordens em um intervalo I, e $x_0 \in I$. Então, podemos escrever $f(x)$ como uma série de potências:

$$f(x) = \sum_{n=0}^{\infty} a_n (x - x_0)^n = a_0 + a_1(x - x_0) + a_2(x - x_0)^2 + \cdots$$

Observe que

$$f(x_0) = a_0 + a_1(x_0 - x_0) + a_2(x_0 - x_0)^2 + a_3(x_0 - x_0)^3 + \ldots = a_0$$

Se derivarmos a expressão, teremos

$$f'(x) = 0 + a_1 + 2a_2(x - x_0) + 3a_3(x - x_0)^2 + 4a_4(x - x_0)^3 + \ldots$$

Substituindo $x = x_0$,

$$f'(x_0) = a_1 + 2a_2(x_0 - x_0) + 3a_3(x_0 - x_0)^2 + 4a_4(x_0 - x_0)^3 + \ldots = a_1$$

Calculando a derivada de 2ª ordem da série,

$$f''(x) = 0 + 2a_2 + 3.2a_3(x - x_0) + 4.3a_4(x - x_0)^2 + \ldots$$

Substituindo mais uma vez em $x = x_0$,

$$f''(x_0) = 2a_2 + 3.2a_3(x_0 - x_0) + 4.3a_4(x_0 - x_0)^2 + \ldots = 2a_2 \to a_2 = \frac{f''(x_0)}{2}$$

Ainda, calculando a derivada de 3ª ordem,

$$f'''(x) = 0 + 3.2a_3 + 4.3.2a_4(x - x_0) + \ldots$$

E, mais uma vez, substituindo em $x = x_0$,

$$f'''(x_0) = 3.2a_3 + 4.3.2a_4(x_0 - x_0) + \ldots = 3.2a_3 \to a_3 = \frac{f'''(x_0)}{3!}.$$

Assim, percebemos que

$$a_n = \frac{f^{(n)}(x_0)}{n!}, \text{ para } n \geq 0$$

Observação

Se $x_0 = 0$, chamamos a série de Série de MacLaurin, e se $x_0 \neq 0$, é a Série de Taylor.

Foto: Wikipédia.

Matemático inglês, publicou seu trabalho sobre séries em 1715, no livro *Methodus incrementorum*. Desenvolveu a série para dar soluções aproximadas de equações diferenciais. Sua teoria só foi reconhecida em 1755, quando Euler aplicou-a no cálculo diferencial e Lagrange desenvolveu o resto, aplicando na teoria das funções.

BROOK TAYLOR ***(1685-1731)***

Foto: Wikipédia.

Matemático escocês, entrou para a universidade aos 11 anos, tornou-se professor aos 19 e aos 25 já lecionava na Universidade de Edimburgo. Usou a série de Taylor para o caso particular $c = 0$, mas deu crédito a Taylor. Trabalhou em geometria e álgebra, principalmente com curvas.

COLIN MACLAURIN ***(1698-1746)***

Exemplos:

E 6.28 Determinar a série de MacLaurin da função $f(x) = e^x$.

Resolução:

Primeiro, devemos encontrar uma fórmula para as derivadas da função. Como

$$f'(x) = e^x \rightarrow f^{(n)}(x) = e^x, \text{ para todo } n \geq 1$$

Então,

$$a_n = \frac{f^{(n)}(0)}{n!} = \frac{e^0}{n!} = \frac{1}{n!}$$

Logo, temos:

$$e^x = \sum_{n=0}^{\infty} \frac{x^n}{n!} = 1 + x + \frac{x^2}{2} + \frac{x^3}{6} + \frac{x^4}{24} + \dots$$

E 6.29 Determinar a série de MacLaurin da função $f(x) = \operatorname{sen} x$.

Resolução:

Primeiro, devemos encontrar uma fórmula para as derivadas da função. Como

$$f(x) = \operatorname{sen} x \to f(0) = \operatorname{sen} 0 = 0$$

$$f'(x) = \cos x \to f'(0) = \cos 0 = 1$$

$$f''(x) = -\operatorname{sen} x \to f''(0) = -\operatorname{sen} 0 = 0$$

$$f'''(x) = -\cos x \to f'''(0) = -\cos 0 = -1$$

$$f^{(4)}(x) = \operatorname{sen} x \to f^{(4)}(0) = \operatorname{sen} 0 = 0$$

$$f^{(5)}(x) = \cos x \to f^{(5)}(0) = \cos 0 = 1$$

Observe que as derivadas de ordem par, no ponto $x_0 = 0$, são zero, e as derivadas de ordem ímpar alternam de sinal, entre 1 e -1. Logo,

$$a_n = \begin{cases} 0, \text{ se } n = 2k \\ \dfrac{(-1)^k}{(2k+1)!}, \text{ se } n = 2k+1 \end{cases}$$

Portanto,

$$\operatorname{sen} x = \sum_{k=0}^{\infty} (-1)^k \frac{x^{2k+1}}{(2k+1)!} = x - \frac{x^3}{3!} + \frac{x^5}{5!} - \frac{x^7}{7!} + \dots$$

E 6.30 Determinar a série de MacLaurin da função $f(x) = \cos x$.

Resolução:

Primeiro, devemos encontrar uma fórmula para as derivadas da função. Como

$$f(x) = \cos x \to f(0) = \cos 0 = 1$$

$$f'(x) = -\operatorname{sen} x \to f'(0) = -\operatorname{sen} 0 = 0$$

$$f''(x) = -\cos x \to f''(0) = -\cos 0 = -1$$

$$f'''(x) = \operatorname{sen} x \to f'''(0) = \operatorname{sen} 0 = 0$$

$$f^{(4)}(x) = \cos x \to f^{(4)}(0) = \cos 0 = 1$$

$$f^{(5)}(x) = -\operatorname{sen} x \to f^{(5)}(0) = -\operatorname{sen} 0 = 0$$

Observe que as derivadas de ordem ímpar, no ponto $x_0 = 0$, são zero, e as derivadas de ordem par alternam de sinal, entre 1 e -1. Logo,

$$a_n = \begin{cases} 0, \text{ se } n = 2k+1 \\ \dfrac{(-1)^k}{(2k)!}, \text{ se } n = 2k \end{cases}$$

Portanto,

$$\cos x = \sum_{k=0}^{\infty} (-1)^k \frac{x^{2k}}{(2k)!} = 1 - \frac{x^2}{2!} + \frac{x^4}{4!} - \frac{x^6}{6!} + \ldots$$

E 6.31 Aplicando a série de MacLaurin, expressar a função $f(\theta) = e^{i\theta}$ em função das séries de $\operatorname{sen}\theta$ e $\cos\theta$.

Resolução:

Vamos utilizar os resultados dos exemplos apresentados aqui,

$$e^{i\theta} = \sum_{n=0}^{\infty} \frac{(i\theta)^n}{n!} = 1 + (i\theta) + \frac{(i\theta)^2}{2!} + \frac{(i\theta)^3}{3!} + \frac{(i\theta)^4}{4!} + \frac{(i\theta)^5}{5!} + \ldots$$

Lembrando que

$$i^2 = -1;\ i^3 = -i;\ i^4 = 1;\ i^5 = i$$

$$e^{i\theta} = 1 + i\theta - \frac{(\theta)^2}{2} - i\frac{(\theta)^3}{3!} + \frac{(\theta)^4}{4!} + i\frac{(\theta)^5}{5!} + \ldots =$$

$$= \left[1 - \frac{(\theta)^2}{2} + \frac{(\theta)^4}{4!} + \ldots\right] + i\left[\theta - \frac{(\theta)^3}{3!} + \frac{(\theta)^5}{5!} + \ldots\right] = \cos\theta + i\operatorname{sen}\theta$$

Resposta: $e^{i\theta} = \cos\theta + i\operatorname{sen}\theta$.

Observação

Se substituirmos $\theta = \pi$, temos $e^{i\pi} = \cos\pi + i\,\mathrm{sen}\,\pi = -1$. Daí, temos a fórmula:

$$e^{i\pi} + 1 = 0$$

Ou seja, a fórmula que envolve os mais importantes números da matemática.

6.3.7.2 Fórmula de Taylor com Resto de Lagrange

Seja $f:[a,b] \subset \mathbb{R} \to \mathbb{R}$ uma função, tal que suas n primeiras derivadas existam e sejam contínuas em $[a,b]$ e que a derivada de ordem $(n+1)$ exista em $]a,b[$. Seja $c \in [a,b]$. Então, para cada $x \in [a,b]$, $x \neq c$, existe um ponto z entre c e x, tal que:

$$f(x) = f(c) + f'(c)(x-c) + \frac{f''(c)}{2!}(x-c)^2 + \cdots + \frac{f^{(n)}(c)}{n!}(x-c)^n + R_n(x)$$

onde $R_n(x) = \dfrac{f^{(n+1)}(z)}{(n+1)!}(x-c)^{n+1}$. Isto é, $f(x) = P_n(x) + R_n(x)$.

$P_n(x)$ é chamado de polinômio de Taylor de grau n da função $f(x)$ no ponto c e $R_n(x)$ é chamado de Resto de Lagrange.

Portanto, a função $f(x)$ pode ser aproximada, numa vizinhança de c, pelo polinômio de Taylor de grau n, $P_n(x)$, com erro $R_n = \dfrac{f^{(n+1)}(z)}{(n+1)!}(x-c)^{n+1}$, onde $z \in]c,x[$, se $x > c$ e $z \in]x,c[$, se $c > x$.

JOSEPH LOUIS LAGRANGE *(1736-1813)*

Matemático italiano. Com um elevado senso crítico, levou 33 anos para publicar sua obra prima *Mecânica analítica*, e dizia nunca estar totalmente satisfeito com seu próprio trabalho. Seus trabalhos eram voltados à análise matemática, e aplicou o cálculo diferencial à teoria das probabilidades.

Foto: Wikipédia.

Exemplo:

E 6.32 Seja $f(x) = \ln x$,

a) Determinar $P_3(x)$ e $R_3(x)$ em $c = 1$;

b) Aproximar ln (1,1) com quatro casas decimais, utilizando $P_3(1{,}1)$; e usar $R_3(1{,}1)$ para estimar o erro nesta aproximação.

$$P_3(x) = f(1) + f'(1)(x-1) + \frac{f''(1)}{2!}(x-1)^2 + \frac{f'''(1)}{3!}(x-1)^3$$

$$R_3(x) = \frac{f^{(4)}(z)}{4!}(x-1)^4, \text{ onde } z \text{ está entre 1 e } x.$$

Fazendo as contas:

a) $P_3(x) = (x-1) - \frac{1}{2}(x-1)^2 + \frac{1}{3}(x-1)^3$ e $R_3(x) = \frac{-6}{4!z^4}(x-1)^4 = \frac{-1}{4z^4}(x-1)^4$, onde z está entre 1 e x.

b) $\ln(1{,}1) = P_3(1{,}1) + R_3(1{,}1) \cong P_3(1{,}1) = 0{,}1 - \frac{1}{2}(0{,}1)^2 + \frac{1}{3}(0{,}1)^3 \cong 0{,}0953$.

Para estimar o erro,

$|R_3(1{,}1)| = \left|\frac{-(0{,}1)^4}{4z^4}\right|$, onde $1 < z < 1{,}1$. Como $z > 1$, então, $1/z < 1$, portanto, $1/z^4 < 1$.

Logo, $|R_3(1{,}1)| \le \left|\frac{0{,}0001}{4}\right| = 0{,}000025$. Como $0{,}000025 < 0{,}0001$, a aproximação de ln (1,1) tem precisão de 4 casas decimais.

6.4 SÉRIE DE FOURIER

Assim como as séries de potências, temos outra série de funções muito usada em aplicações e em resolução de equações diferenciais. Criada por Jean-Baptiste Joseph Fourier (1768-1830), que foi um matemático e físico francês, a série que leva seu nome é de funções trigonométricas e sua principal aplicação é em problemas de condução de calor. Consiste em escrever uma função $f(x)$ em uma série de senos e cossenos:

$$f(x) = a_0 + \sum_{n=1}^{\infty}\left(a_n \cos(nx) + b_n \operatorname{sen}(nx)\right)$$

Dizemos que uma função real é periódica, de período P se $f(x+P) = f(x)$, para todo x do domínio da função. Neste caso, para um número inteiro $k, f(x+kP) = f(x)$, para todo x do domínio da função.

Exemplo:

E 6.33 A função $f(x) = \cos x$ é periódica de período 2π.

Basta notar que $f(x+2\pi) = \cos(x+2\pi) = \cos x.\cos 2\pi - \operatorname{sen} x.\operatorname{sen} 2\pi = \cos x$

6.4.1 CÁLCULO DOS COEFICIENTES DA SÉRIE DE FOURIER

Vamos trabalhar com uma função $f:[-\pi,\pi]\to\mathbb{R}$ integrável. Para definir os coeficientes $a_0, a_n \, e \, b_n$, precisamos inicialmente do resultado de algumas integrais.

1) $\int_{-\pi}^{\pi}\cos(nx)dx = 0$. Por substituição de variável,

$$t = nx \quad \rightarrow \quad dt = ndx$$

$$\int_{-\pi}^{\pi}\cos(nx)dx = \left.\frac{\text{sen}(nx)}{n}\right|_{-\pi}^{\pi} = \frac{\text{sen}(n\pi)}{n} - \frac{\text{sen}(-n\pi)}{n} = 0$$

2) $\int_{-\pi}^{\pi}\text{sen}(nx)dx = 0$. Por substituição de variável,

$$t = nx \quad \rightarrow \quad dt = ndx$$

$$\int_{-\pi}^{\pi}\text{sen}(nx)dx = -\left.\frac{\cos(nx)}{n}\right|_{-\pi}^{\pi} = -\frac{\cos(n\pi)}{n} + \frac{\cos(-n\pi)}{n} = -\frac{\cos(n\pi)}{n} + \frac{\cos(n\pi)}{n} = 0$$

3) $\int_{-\pi}^{\pi}\text{sen}(nx).\cos(kx)dx = 0$ para qualquer valor inteiro de n e k.
Se $n = k$, fazemos substituição de variável,

$$t = \text{sen}(kx) \quad \rightarrow \quad dt = k.\cos(kx)dx$$

$$\int_{-\pi}^{\pi}\text{sen}(kx).\cos(kx)dx = \int_{t_1}^{t_2} t.\frac{dt}{k} = \left.\frac{\text{sen}^2(kx)}{2k}\right|_{-\pi}^{\pi} = 0$$

Se $n \neq k$, do Capítulo 10 do Volume 1, lembramos que

$$\text{sen}(a+b) - \text{sen}(a-b) = 2\text{sen}b.\cos a$$

$$\int_{-\pi}^{\pi}\text{sen}(kx).\cos(nx)dx = \frac{1}{2}\left\{\int_{-\pi}^{\pi}\text{sen}[(k+n)x]dx - \int_{-\pi}^{\pi}\text{sen}[(k-n)x]dx\right\} = 0$$

Por causa do item 2.

4) $\int_{-\pi}^{\pi}\cos(kx)\cos(nx)dx = 0$ para $n \neq k$. Do capítulo 10 do volume 1, lembramos que,

$$\cos(a+b) + \cos(a-b) = 2\cos a.\cos b$$

$$\int_{-\pi}^{\pi}\cos(kx).\cos(nx)dx = \frac{1}{2}\left\{\int_{-\pi}^{\pi}\cos[(k+n)x]dx + \int_{-\pi}^{\pi}\cos[(k-n)x]dx\right\} = 0$$

Por causa do item 1.

5) $\int_{-\pi}^{\pi} \cos^2(nx)dx = \pi$. Pela tabela de integrais do Volume 2, temos:

$$\int_{-\pi}^{\pi} \cos^2(nx)dx = \left[\frac{x}{2} + \frac{1}{4n}\text{sen}(2nx)\right]\Bigg|_{-\pi}^{\pi} = \frac{\pi}{2} + \frac{\pi}{2} = \pi$$

6) $\int_{-\pi}^{\pi} \text{sen}^2(nx)dx = \pi$. Pela tabela de integrais do Volume 2, temos:

$$\int_{-\pi}^{\pi} \text{sen}^2(nx)dx = \left[\frac{x}{2} - \frac{1}{4n}\text{sen}(2nx)\right]\Bigg|_{-\pi}^{\pi} = \frac{\pi}{2} + \frac{\pi}{2} = \pi$$

7) $\int_{-\pi}^{\pi} \text{sen}(kx)\text{sen}(nx)dx = 0$ para $n \neq k$. Do Capítulo 10 do Volume 1, lembramos que,

$$\cos(a+b) - \cos(a-b) = -2\text{sena.senb}$$

$$\int_{-\pi}^{\pi} \text{sen}(kx).\text{sen}(nx)dx = -\frac{1}{2}\left\{\int_{-\pi}^{\pi} \cos[(k+n)x]dx - \int_{-\pi}^{\pi} \cos[(k-n)x]dx\right\} = 0$$

Por causa do item 1.

Seja $f:[-\pi,\pi] \to \mathbb{R}$ uma função integrável, periódica, de período 2π e vamos integrar a igualdade:

$$f(x) = a_0 + \sum_{n=1}^{\infty}\left(a_n \cos(nx) + b_n \text{sen}(nx)\right)$$

$$\int_{-\pi}^{\pi} f(x)dx = \int_{-\pi}^{\pi} a_0 dx + \sum_{n=1}^{\infty}\left(a_n \int_{-\pi}^{\pi} \cos(nx)dx + b_n \int_{-\pi}^{\pi} \text{sen}(nx)dx\right)$$

Usando as igualdades 1 e 2 acima,

$$\int_{-\pi}^{\pi} f(x)dx = \int_{-\pi}^{\pi} a_0 dx = a_0 \int_{-\pi}^{\pi} dx = a_0.x\Bigg|_{-\pi}^{\pi} = a_0(\pi + \pi) = 2\pi a_0$$

$$\boxed{a_0 = \frac{1}{2\pi}\int_{-\pi}^{\pi} f(x)dx}$$

Agora, voltando à igualdade, vamos multiplicar cada termo por $\cos(kx)$ e integrar,

$$\int_{-\pi}^{\pi} f(x)\cos(kx)dx = \int_{-\pi}^{\pi} a_0 \cos(kx)dx$$

$$+\sum_{n=1}^{\infty}\left(a_n \int_{-\pi}^{\pi} \cos(nx)\cos(kx)dx + b_n \int_{-\pi}^{\pi} \text{sen}(nx)\cos(kx)dx\right)$$

$$\int_{-\pi}^{\pi} f(x)\cos(nx)dx = 0 + \sum_{n=1}^{\infty}\left(a_n \int_{-\pi}^{\pi} \cos(nx)\cos(nx)dx + b_n.0\right)$$

$$\int_{-\pi}^{\pi} f(x)\cos(nx)dx = 0 + \sum_{n=1}^{\infty}(a_n.\pi)$$

Ou seja, para cada $n = 1,2,3,\ldots$

$$\boxed{a_n = \frac{1}{\pi}\int_{-\pi}^{\pi} f(x)\cos(nx)dx}$$

De modo semelhante, voltamos à igualdade e multiplicamos cada termo por $\text{sen}(kx)$ e integramos. Usando os itens 3, 6 e 7, segue que, para cada $n = 1,2,3,\ldots$:

$$\boxed{b_n = \frac{1}{\pi}\int_{-\pi}^{\pi} f(x)\text{sen}(nx)dx}$$

Exemplos:

E 6.34 Expandir a função $f(x) = \begin{cases} -1, & se -\pi < x \leq 0 \\ 1, & se \quad 0 < x \leq \pi \end{cases}$ periódica de período 2π, em série de Fourier.

Resolução:

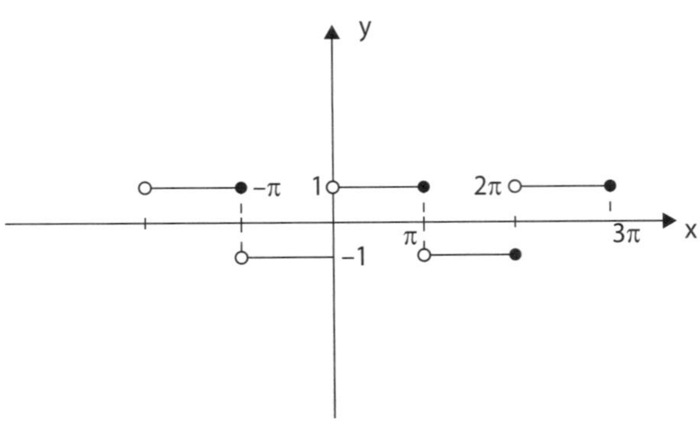

$$a_0 = \frac{1}{2\pi}\left[\int_{-\pi}^{0}(-1)dx + \int_{0}^{\pi}1dx\right] = \frac{1}{2\pi}\left\{[-x]\Bigg|_{-\pi}^{0} + [x]\Bigg|_{0}^{\pi}\right\} = \frac{1}{2\pi}(0-\pi+\pi) = 0$$

$$a_n = \frac{1}{\pi}\left[\int_{-\pi}^{0} -1.\cos(nx)dx + \int_{0}^{\pi}1.\cos(nx)dx\right] = \frac{1}{\pi}\left[-\frac{\text{sen}(nx)}{n}\Bigg|_{-\pi}^{0} + \frac{\text{sen}(nx)}{n}\Bigg|_{0}^{\pi}\right] = 0$$

Temos que as integrais são zero, ou seja,

$$a_n = 0, \text{ para todo } n \geq 1$$

$$b_n = \frac{1}{\pi}\left[\int_{-\pi}^{0} -1.\text{sen}(nx)dx + \int_{0}^{\pi}1.\text{sen}(nx)dx\right]$$

$$= \frac{1}{\pi}\left[\frac{\cos(nx)}{n}\Bigg|_{-\pi}^{0} - \frac{\cos(nx)}{n}\Bigg|_{0}^{\pi}\right] = \frac{1}{\pi}\left[\frac{\cos(0)-\cos(-n\pi)}{n} - \frac{\cos(n\pi)-\cos 0}{n}\right]$$

Lembrando que $\cos(-x) = \cos x$, e que $\cos(n\pi) = \begin{cases} 1, & \text{se } n \text{ é par} \\ -1, & \text{se } n \text{ é ímpar} \end{cases}$

Ou seja, $\cos(n\pi) = (-1)^n$, então:

$$b_n = \begin{cases} 0, & \text{se } n \text{ é par} \\ \dfrac{4}{\pi n}, & \text{se } n \text{ é ímpar} \end{cases}$$

Então,

$$f(x) = a_0 + \sum_{n=1}^{\infty}\left(a_n \cos(nx) + b_n \text{sen}(nx)\right)$$

$$= 0 + \sum_{n=1}^{\infty}\left(0.\cos(nx) + \frac{2}{\pi}\left(\frac{1-(-1)^n}{n}\right)\text{sen}(nx)\right)$$

$$= \frac{4}{\pi}\text{sen}x + \frac{4}{3\pi}\text{sen}(3x) + \frac{4}{5\pi}\text{sen}(5x) + \ldots$$

$$= \frac{4}{\pi}\sum_{k=0}^{\infty}\left(\left(\frac{1}{2k+1}\right)\text{sen}((2k+1)x)\right)$$

E 6.35 Expandir em série de Fourier a função $f(x)=\begin{cases}0, & se -\pi < x \le 0\\ x, & se \quad 0 < x \le \pi\end{cases}$ periódica de período 2π.

Resolução:

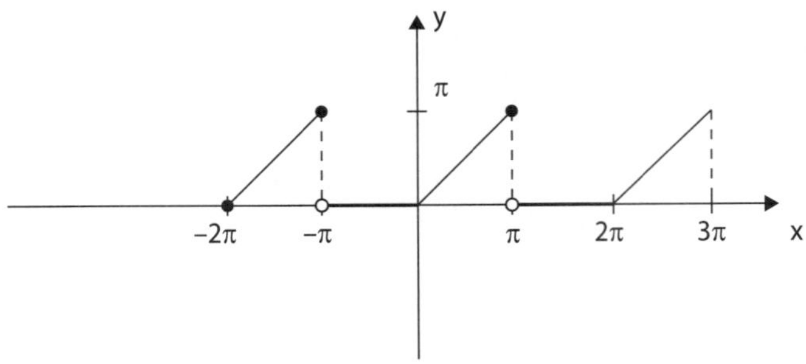

$$a_0 = \frac{1}{2\pi}\left[\int_{-\pi}^{0} 0dx + \int_{0}^{\pi} xdx\right] = \frac{1}{2\pi}\left[\frac{x^2}{2}\right]\Bigg|_0^{\pi} = \frac{\pi}{4}$$

$$a_n = \frac{1}{\pi}\left[\int_{-\pi}^{0} 0.\cos(nx)dx + \int_{0}^{\pi} x.\cos(nx)dx\right]$$

Essa integral se resolve por integração por partes,

$$u = x \quad \to \quad du = dx$$

$$dv = \cos(nx)dx \quad \to \quad v = \frac{\operatorname{sen}(nx)}{n}$$

$$\int_0^{\pi} x.\cos(nx)dx = x.\frac{\operatorname{sen}(nx)}{n}\Bigg|_0^{\pi} - \int_0^{\pi}\frac{\operatorname{sen}(nx)}{n}dx = 0 + \frac{\cos(nx)}{n^2}\Bigg|_0^{\pi} = \frac{\cos(n\pi)}{n^2} - \frac{\cos(0)}{n^2}$$

Como, $\cos(n\pi) = (-1)^n$, então:

$$a_n = \frac{1}{\pi}\left(\frac{(-1)^n - 1}{n^2}\right) = \begin{cases} 0, \text{ se } n \text{ é par} \\ \dfrac{-2}{\pi n^2}, \text{ se } n \text{ é ímpar}\end{cases}$$

$$b_n = \frac{1}{\pi}\left[\int_{-\pi}^{0} 0.\operatorname{sen}(nx)dx + \int_{0}^{\pi} x.\operatorname{sen}(nx)dx\right]$$

Essa integral se resolve pelo método de integração por partes,

$$u = x \qquad \rightarrow \qquad du = dx$$

$$dv = \operatorname{sen}(nx)dx \quad \rightarrow \quad v = -\frac{\cos(nx)}{n}$$

$$\int_0^\pi x.\operatorname{sen}(nx)dx = -x.\frac{\cos(nx)}{n}\Bigg|_0^\pi + \int_0^\pi \frac{\cos(nx)}{n}dx = -\pi.\frac{\cos(n\pi)}{n} + \frac{\operatorname{sen}(nx)}{n^2}\Bigg|_0^\pi$$

$$= -\pi.\frac{(-1)^n}{n} + 0 = \frac{(-1)^n}{n}\pi$$

Logo,

$$b_n = -\frac{1}{\pi}\left(\frac{(-1)^n}{n}\pi\right) = \frac{(-1)^{n+1}}{n}$$

Então,

$$f(x) = a_0 + \sum_{n=1}^{\infty}\left(a_n\cos(nx) + b_n\operatorname{sen}(nx)\right)$$

$$= \frac{\pi}{4} + \sum_{n=1}^{\infty}\left(\frac{1}{\pi}\left(\frac{(-1)^n - 1}{n^2}\right)\cos(nx) + \frac{(-1)^{n+1}}{n}\operatorname{sen}(nx)\right)$$

6.4.2 SÉRIE DE FOURIER PARA FUNÇÕES PARES E FUNÇÕES ÍMPARES

Dizemos que uma função $f(x)$ é função par se $f(-x) = f(x)$, para todo x do domínio da função e chamamos $f(x)$ de função ímpar se $f(-x) = -f(x)$, para todo x do seu domínio.

Exemplos:

E 6.36 $f(x) = \cos x$ é uma função par, pois:

$$f(-x) = \cos(-x) = \cos(0 - x) = \cos 0.\cos x + \operatorname{sen}0.\operatorname{sen}x = \cos x = f(x).$$

Graficamente, há uma simetria entre o 1º e o 2º quadrantes,

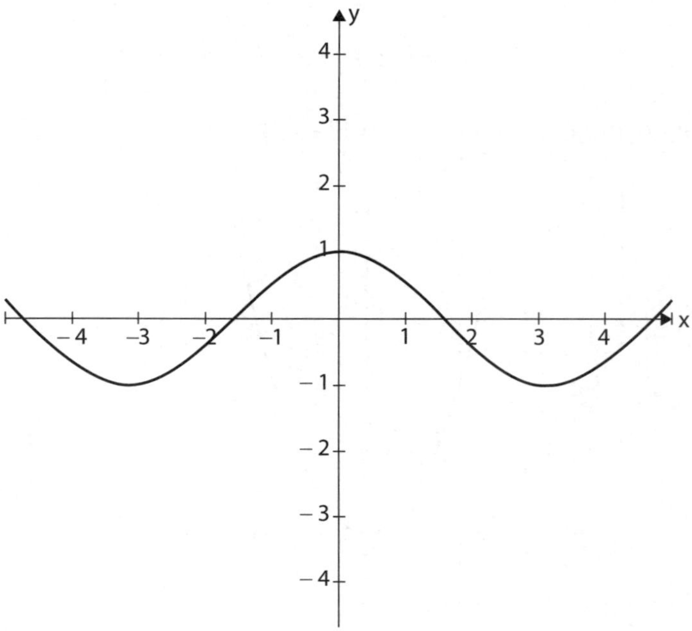

E 6.37 $f(x) = \text{sen}x$ é uma função ímpar, pois:

$$f(-x) = \text{sen}(-x) = \text{sen}(0 - x) = \text{sen}0.\cos x - \text{sen}x.\cos 0 = -\text{sen}x = -f(x).$$

Graficamente, há uma simetria entre o 1º e o 3º quadrantes,

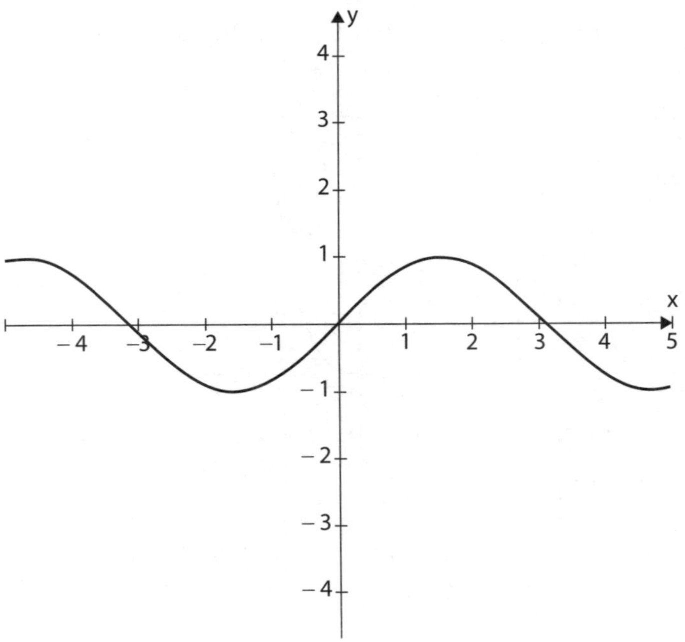

E 6.38 $f(x)=x^2$ é uma função par, pois:

$$f(-x)=(-x)^2=x^2=f(x).$$

Graficamente, há uma simetria entre o 1º e o 2º quadrantes,

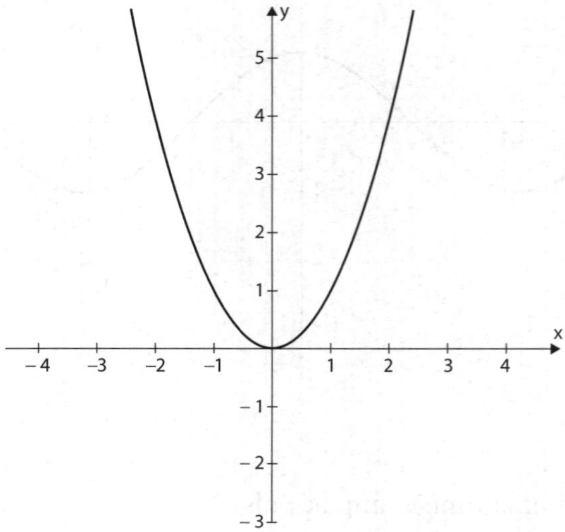

E 6.39 $f(x)=x^3$ é uma função ímpar, pois:

$$f(-x)=(-x)^3=-x^3=-f(x).$$

Graficamente, há uma simetria entre o 1º e o 3º quadrantes,

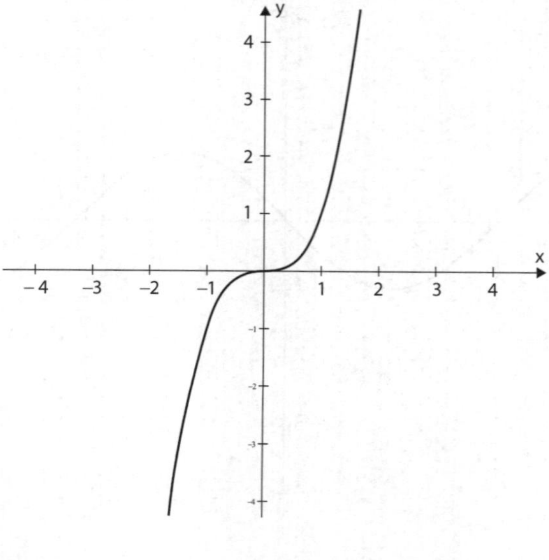

Observações

1) Observe que no exemplo *E 6.34*, a função a ser expandida em série de Fourier, $f(x)$, é ímpar, portanto, $a_0 = 0$ e $a_n = 0$, para todo $n \geq 1$.
2) Se a função $f(x)$ a ser expandida em série de Fourier for par, teremos $b_n = 0$, para todo $n \geq 1$.

Exemplo:

E 6.40 Expandir em série de Fourier a função $f(x) = |x|$, definida no intervalo $[-\pi, \pi]$, periódica de período 2π.

Resolução

Observe que a função é par. Vamos lembrar que,

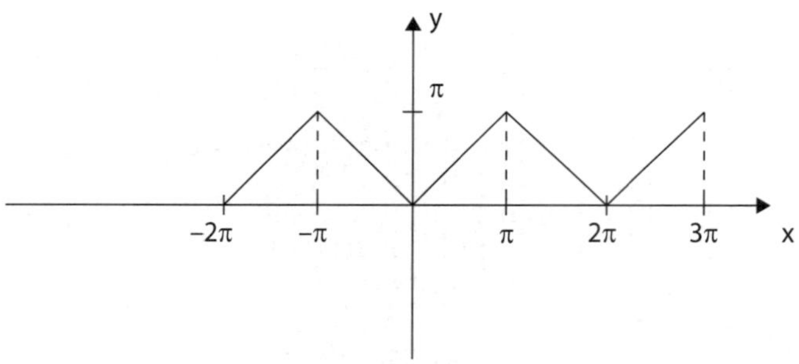

$$|x| = \begin{cases} x, \; se \quad x \geq 0 \\ -x, \; se \; x < 0 \end{cases}$$

Então, $a_0 = \dfrac{1}{2\pi}\left[\int_{-\pi}^{0} -x dx + \int_{0}^{\pi} x dx\right] = \dfrac{1}{2\pi}\left\{\left[-\dfrac{x^2}{2}\right]\Bigg|_{-\pi}^{0} + \left[\dfrac{x^2}{2}\right]\Bigg|^{\pi}\right\} = \dfrac{1}{2\pi}\left\{\dfrac{\pi^2}{2} + \dfrac{\pi^2}{2}\right\} = \dfrac{\pi}{2}$

$$a_n = \frac{1}{\pi}\left[\int_{-\pi}^{0} -x.\cos(nx)dx + \int_{0}^{\pi} x.\cos(nx)dx\right] =$$

A integral é resolvida pelo método de integração por partes,

$$u = x \quad \rightarrow \quad du = dx$$

$$dv = \cos(nx)dx \quad \rightarrow \quad v = \frac{\operatorname{sen}(nx)}{n}$$

$$\int_0^{\pi} x.\cos(nx)dx = x.\frac{\text{sen}(nx)}{n}\Bigg|_0^{\pi} - \int_0^{\pi}\frac{\text{sen}(nx)}{n}dx = \pi.\frac{\text{sen}(n\pi)}{n} - 0.\frac{\text{sen}(0)}{n} + \frac{\cos(nx)}{n^2}\Bigg|_0^{\pi}$$

$$= \frac{\cos(n\pi)}{n^2} - \frac{\cos(0)}{n^2} = \frac{(-1)^n}{n^2} - \frac{1}{n^2}$$

Se fizermos a primeira integral, o resultado será igual. Logo,

$$a_n = \frac{2}{\pi}\left(\frac{(-1)^n - 1}{n^2}\right) = \begin{cases} 0, & se\ n\ é\ \text{par} \\ -\dfrac{4}{\pi n^2}, & se\ n\ é\ \text{ímpar} \end{cases}$$

Como já sabemos que $b_n = 0$, segue que,

$$f(x) = \frac{\pi}{2} - \sum_{k=0}^{\infty}\frac{4}{\pi(2k+1)^2}\cos((2k+1)x)$$

Observações

- Se $f(x)$ é uma função ímpar então para todo $n \geq 1$, $a_0 = 0$, $a_n = 0$ e

$$b_n = \frac{2}{\pi}\int_0^{\pi} f(x)\text{sen}(nx)dx$$

- Se $f(x)$ é uma função par, então para todo $n \geq 1$, $b_n = 0$,

$$a_0 = \frac{1}{\pi}\int_0^{\pi} f(x)dx \quad \text{e} \quad a_n = \frac{2}{\pi}\int_0^{\pi} f(x)\cos(nx)dx$$

6.4.3 CONVERGÊNCIA DA SÉRIE DE FOURIER

Dizemos que uma função $f:[a,b] \to \mathbb{R}$ é contínua por partes se ela tiver um número finito de descontinuidades, por exemplo:

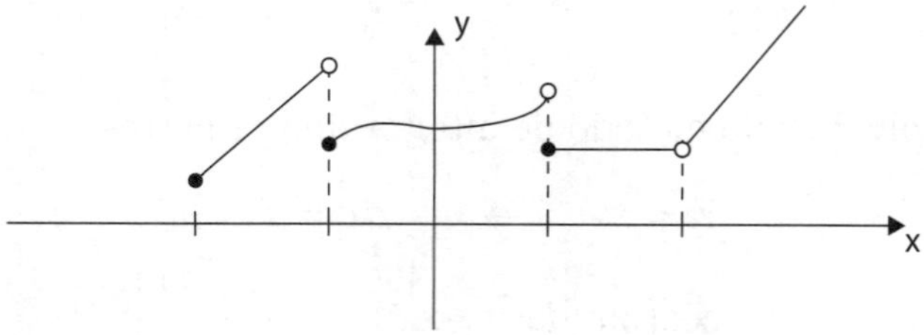

O resultado que trata da convergência da série de Fourier é apresentado no seguinte teorema, do qual vamos omitir a prova:

Teorema:

Dada $f:\mathbb{R}\to\mathbb{R}$, periódica de período 2π, contínua por partes em $[-\pi,\pi]$, se f possui derivadas laterais em cada ponto deste intervalo, então a série de Fourier de f converge e sua soma no ponto x é a semissoma dos limites laterais neste ponto. Se a função for contínua no ponto x, então a série de Fourier coincide com $f(x)$.

Exemplo:

E 6.41 No exemplo *E 6.34*, a função $f(x)=\begin{cases}-1, & se -\pi < x \le 0\\ 1, & se \quad 0 < x \le \pi\end{cases}$ é contínua em todo o intervalo $[-\pi,\pi]$, exceto no ponto $x=0$. Neste ponto, a série converge para $\frac{1}{2}\left[f(0^-)+f(0^+)\right]$, onde $f(0^-)$ representa o limite lateral à esquerda da função, que vale -1 e $f(0^+)$ representa o limite lateral à direita da função, que vale 1, ou seja, a série no ponto $x=0$ tende para $\frac{1}{2}\left[f(0^-)+f(0^+)\right]=\frac{1}{2}[-1+1]=0$. Nos outros pontos,

$$f(x)=\frac{4}{\pi}\sum_{k=0}^{\infty}\left(\left(\frac{1}{2k+1}\right)\text{sen}\left((2k+1)x\right)\right).$$ Ou seja, se $x=\frac{\pi}{2}$,

$$1=f\left(\frac{\pi}{2}\right)=\frac{4}{\pi}\sum_{k=0}^{\infty}\left(\left(\frac{1}{2k+1}\right)\text{sen}\left((2k+1)\frac{\pi}{2}\right)\right)=\frac{4}{\pi}\left[1-\frac{1}{3}+\frac{1}{5}-\dots\right]$$

Assim,

$$\frac{\pi}{4}=1-\frac{1}{3}+\frac{1}{5}-\frac{1}{7}+\dots$$

Observação:

Se a função a ser considerada for periódica, de período 2π em um intervalo $[t,t+2\pi]$, então os coeficientes são calculados da mesma maneira, com os limites de integração entre t e $t+2\pi$.

6.5 PRINCÍPIO DA INDUÇÃO FINITA

O princípio da indução finita (PIF) é um método de demonstração de proposições que variam no conjunto dos números naturais ou em subconjuntos do conjunto dos números naturais. Consiste em verificar a proposição para o primeiro número válido, depois supor que vale para um determinado natural k, em seguida demonstrar que vale para o próximo natural, $k+1$. Seguindo esses passos, o princípio da indução finita afirma que vale para todo natural, a partir do natural primeiramente demostrado.

Seja a um número inteiro positivo. Suponhamos que para cada inteiro $n \geq a$, a proposição $P(n)$ seja tal que:

a) $P(a)$ é verdadeira;

Se $k \geq a$ e $P(k)$ é verdadeira, então $P(k+1)$ é verdadeira.

Então a proposição $P(n)$ é verdadeira, para todo inteiro $n \geq a$.

Exemplos:

E 6.42 Mostre, usando o PIF, a igualdade, para todo inteiro $n \geq 1$:

$$1+2+\ldots+n=\frac{n(n+1)}{2}$$

Resolução:

Seguindo os passos do PIF, primeiro vamos verificar a igualdade para $n=1$:

$$1=\frac{1.(1+1)}{2}=1$$

Agora, supondo que vale para um certo $k \geq 1$:

$$1+2+\ldots+k=\frac{k(k+1)}{2}$$

Vamos verificar se vale para $n=k+1$. Usando a hipótese acima,

$$1+2+\ldots+k+(k+1)=\frac{k(k+1)}{2}+(k+1)$$

Reduzindo o segundo membro da igualdade ao mesmo denominador,

$$1+2+\ldots+k+(k+1)=\frac{k(k+1)}{2}+\frac{2(k+1)}{2}$$

Colocando o termo comum, $(k+1)$, em evidência,

$$1+2+\ldots+k+(k+1)=\frac{(k+1)(k+2)}{2}$$

Note que, se substituirmos na igualdade que queremos demonstrar, n por $k+1$, a igualdade com $k+1$ está demonstrada.

Logo, pelo PIF, a igualdade vale para todo inteiro $n \geq 1$.

6.6 ROTEIRO DE ESTUDOS COM EXERCÍCIOS RESOLVIDOS E EXERCÍCIOS PROPOSTOS

R 6.1 Estudar a convergência da sequência a seguir:

$$\left\{\frac{1}{2^n}\right\}$$

Resolução:

Vamos associar ao termo geral desta sequência, a uma função real, $f(x)=\dfrac{1}{2^x}$ e estudar seu comportamento quando $x \to \infty$:

$$\lim_{x\to\infty}\frac{1}{2^x}=0$$

Como o limite existe e é finito, a sequência associada converge para 0.

P 6.2 Estudar a convergência das seguintes sequências:

a) $\left\{\dfrac{n^2}{n+1}\right\}$

b) $\left\{5^n\right\}$

c) $\left\{\sqrt{\dfrac{2n+5}{n+1}}\right\}$

d) $\left\{\dfrac{2n^2+3n+5}{n^2+1}\right\}$

R 6.3 Estudar a convergência da sequência:

$$\left\{\left(1-\frac{2}{n}\right)^n\right\}$$

Resolução:

Vamos associar ao termo geral desta sequência a função real $f(x)=\left(1-\dfrac{2}{x}\right)^x$, e estudar seu comportamento quando $x \to \infty$:

$$\lim_{x\to\infty}\left(1-\frac{2}{x}\right)^x$$

Observe que, fazendo uma mudança de variável, podemos aplicar o limite fundamental, $\lim\limits_{x \to \pm\infty}\left(1+\dfrac{1}{x}\right)^{x} = e$. Então, vamos fazer $\dfrac{1}{t} = -\dfrac{2}{x}$. Neste caso, $x = -2t$, logo,

$$\lim_{x \to \infty}\left(1-\frac{2}{x}\right)^{x} = \lim_{t \to -\infty}\left(1+\frac{1}{t}\right)^{-2t} = \left[\lim_{t \to -\infty}\left(1+\frac{1}{t}\right)^{t}\right]^{-2} = e^{-2}$$

Como o limite existe e é finito, a sequência associada converge para e^{-2}.

P 6.4 Estudar a convergência das seguintes sequências:

a) $\left\{\left(1+\dfrac{3}{n}\right)^{2n}\right\}$

b) $\left\{\left(1-\dfrac{1}{4n}\right)^{n/3}\right\}$

R 6.5 Estudar a convergência da sequência:

$$\left\{\sqrt{n+1}-\sqrt{n-1}\right\}$$

Resolução:

Vamos associar ao termo geral da sequência a função real, $f(x) = \sqrt{x+1}-\sqrt{x-1}$, e estudar seu comportamento quando $x \to \infty$:

$$\lim_{x \to \infty}\left(\sqrt{x+1}-\sqrt{x-1}\right)$$

Como esse limite é indeterminado, $\infty - \infty$, devemos multiplicar e dividir o limite pelo conjugado, ou seja, $\sqrt{x+1}+\sqrt{x-1}$:

$$\lim_{x \to \infty}\left(\sqrt{x+1}-\sqrt{x-1}\right) \times \frac{\left(\sqrt{x+1}+\sqrt{x-1}\right)}{\left(\sqrt{x+1}+\sqrt{x-1}\right)} = \lim_{x \to \infty}\frac{\left(\sqrt{x+1}\right)^{2}-\left(\sqrt{x-1}\right)^{2}}{\left(\sqrt{x+1}+\sqrt{x-1}\right)}$$

$$= \lim_{x \to \infty}\frac{(x+1)-(x-1)}{\left(\sqrt{x+1}+\sqrt{x-1}\right)} = \lim_{x \to \infty}\frac{2}{\left(\sqrt{x+1}+\sqrt{x-1}\right)} = 0$$

Como o limite existe e é finito, a sequência associada converge para 0.

P 6.6 Estudar a convergência das seguintes sequências:

a) $\left\{\sqrt{2n+3}-\sqrt{2n-3}\right\}$

b) $\left\{\sqrt{n^2+2}-\sqrt{n^2-2}\right\}$

R 6.7 Estudar a convergência da sequência:

$$\left\{n^{1/n}\right\}$$

Resolução:

Vamos associar ao termo geral desta sequência a função real, $f(x)=x^{1/x}$, e estudar seu comportamento quando $x\to\infty$:

$$\lim_{x\to\infty} x^{1/x}$$

Observamos que é um limite indeterminado ∞^0. Então, vamos chamar este limite de L e aplicar logaritmo na base e em ambos os lados da igualdade:

$$\lim_{x\to\infty} x^{1/x} = L \to \ln\lim_{x\to\infty} x^{1/x} = \ln L$$

Aplicando as propriedades de logaritmo,

$$\ln\lim_{x\to\infty} x^{1/x} = \lim_{x\to\infty}\ln x^{1/x} = \lim_{x\to\infty}\frac{1}{x}\cdot \ln x = \lim_{x\to\infty}\frac{\ln x}{x} = \ln L$$

que, agora, é um limite indeterminado, mas da forma $\frac{\infty}{\infty}$, ou seja, podemos aplicar a regra de L'Hospital,

$$\ln\lim_{x\to\infty} x^{1/x} = \lim_{x\to\infty}\frac{\ln x}{x} \overline{\overline{LH}} \lim_{x\to\infty}\frac{1/x}{1} = 0 \to \ln L = 0 \to L = e^0 = 1$$

Como o limite existe e é finito, a sequência associada converge para 1.

R 6.8 Verificar se a sequência é monótona:

$$\left\{3+\frac{1}{n}\right\}$$

Resolução:

Vamos associar ao termo geral desta sequência a função real, $f(x) = 3 + \frac{1}{x}$, e estudar o sinal da primeira derivada:

$$f'(x) = -\frac{1}{x^2} < 0, \text{ para todo } x \geq 1$$

Logo, a sequência é decrescente, portanto, monótona.

P 6.9 Verificar a monotonicidade das sequências:

a) $\left\{\frac{1}{n^2}\right\}$

b) $\left\{\frac{2n+1}{n+2}\right\}$

c) $\left\{\frac{\ln n}{n}\right\}$

d) $\left\{n^3\right\}$

e) $\left\{n^{1/2}\right\}$

R 6.10 Calcular a soma da série geométrica:

$$\sum_{n=4}^{\infty}\left(\frac{1}{2}\right)^n$$

Resolução:

Note que os primeiros termos da série geométrica são: $\frac{1}{2^4} + \frac{1}{2^5} + \frac{1}{2^6} + \ldots$, ou seja, a razão é $q = \frac{1}{2}$. Logo, a série é convergente e a soma é dada por:

$$s = \lim_{n\to\infty} s_n = \frac{a}{1-q} = \frac{1/16}{1-1/2} = \frac{1/16}{1/2} = \frac{1}{8}$$

Resposta: A série converge e sua soma é $1/8$.

P 6.11 Calcular a soma das seguintes séries geométricas:

a) $\sum_{n=1}^{\infty} 4^{-n}$

b) $\sum_{n=2}^{\infty} 4\left(\frac{10}{11}\right)^n$

P 6.12 Calcular a soma das seguintes séries telescópicas:

a) $\sum_{n=1}^{\infty} \frac{1}{n(n+2)}$

b) $\sum_{n=2}^{\infty} \frac{1}{(n-1)(n+1)}$

R 6.13 Usar série geométrica para expressar a dízima periódica como fração:

$$0,232323\ldots$$

Resolução:

Vamos escrever a dízima como uma série geométrica:

$$0,232323\ldots = 0,23 + 0,0023 + 0,000023 + \ldots = \sum_{n=1}^{\infty} 23\left(\frac{1}{100}\right)^n$$

Neste caso, o primeiro termo é $a = \frac{23}{100}$, e a razão, $q = \frac{1}{100}$. Logo, a série é convergente e a soma é dada por:

$$0,333\ldots = \frac{a}{1-q} = \frac{23/100}{1 - 1/100} = \frac{23/100}{99/100} = \frac{23}{99}$$

Resposta: $0,\overline{23} = \frac{23}{99}$.

P 6.14 Usar série geométrica para expressar as dízimas periódicas como frações:

a) 1,222...

b) 0,444...

c) 3,2111...

d) 1,121212...

R 6.15 Determinar, usando as propriedades de série, se a série a seguir converge ou diverge:

$$\sum_{n=1}^{\infty}\left(\frac{5}{2^{n-1}}+\frac{1}{3^{n-1}}\right)$$

Resolução:

Observe que temos a soma de duas séries geométricas de razão 1⁄2 e 1⁄3, respectivamente. Portanto, as duas são convergentes, logo a soma é convergente e converge para:

$$S=\frac{5}{1-\frac{1}{2}}+\frac{1}{1-\frac{1}{3}}=\frac{5}{\frac{1}{2}}+\frac{1}{\frac{2}{3}}=\frac{10}{1}+\frac{3}{2}=\frac{20+3}{2}=\frac{23}{2}$$

Resposta: A série converge para $\frac{23}{2}$.

P 6.16 Determinar, usando as propriedades de séries, se as séries a seguir convergem ou divergem:

a) $\sum_{n=1}^{\infty}\left(\frac{1}{n}+\frac{1}{5^n}\right)$

b) $\sum_{n=1}^{\infty}\frac{4}{n}$

c) $\sum_{n=1}^{\infty}\left[\left(\frac{2}{3}\right)^n+\left(\frac{1}{4}\right)^n\right]$

d) $\sum_{n=1}^{\infty}\left(\frac{1}{n^2+5n+6}\right)$

e) $\sum_{n=1}^{\infty}\frac{3^n+5^n}{15^n}$

f) $\sum_{n=1}^{\infty}\frac{2n+1}{n+2}$

R 6.17 Usar o teste da comparação para verificar se a série $\sum_{n=1}^{\infty}\frac{4}{3^n+1}$ converge ou diverge.

Resolução:

Observe que,

$$3^n+1>3^n\rightarrow\frac{4}{3^n+1}<\frac{4}{3^n},\ \text{para}\ n\geq 1$$

Note que a série apresentada tem termo geral menor que o termo geral de uma série geométrica de razão $\frac{1}{3}<1$, portanto, convergente. Logo, a série é convergente.

P 6.18 Usando o teste da comparação, verificar se as séries a seguir convergem ou não:

a) $\sum_{n=1}^{\infty}\frac{1}{\sqrt{n}}$

b) $\sum_{n=1}^{\infty}\frac{1}{n.7^n}$

c) $\sum_{n=1}^{\infty}\frac{1}{n^3+5n^2+6n}$

R 6.19 Usar o teste da razão para mostrar que a série $\sum_{n=1}^{\infty}\frac{3^n}{n^2}$ converge.

Resolução:

Fazendo o limite indicado no teste,

$$\lim_{n\to\infty}\frac{a_{n+1}}{a_n}=\lim_{n\to\infty}\left(a_{n+1}\cdot\frac{1}{a_n}\right)=\lim_{n\to\infty}\left[\frac{3^{n+1}}{(n+1)^2}\cdot\frac{n^2}{3^n}\right]=$$

$$=\lim_{n\to\infty}\left[\frac{\cancel{3^n}\cdot 3}{(n+1)^2}\cdot\frac{n^2}{\cancel{3^n}}\right]=\lim_{n\to\infty}\frac{3n^2}{(n+1)^2}=3,\text{ como}$$

$3>1$, a série é divergente.

P 6.20 Usando o teste da razão, verificar se as séries a seguir convergem ou não:

a) $\sum_{n=1}^{\infty}\frac{3n+1}{2^n}$

b) $\sum_{n=1}^{\infty}\frac{n!}{e^n}$

c) $\sum_{n=1}^{\infty}\frac{1}{n.4^n}$

R 6.21 Aplicar o teste da raiz para mostrar que a série $\sum_{n=1}^{\infty}\frac{n^n}{3n}$ converge.

Resolução:

Aplicando o limite do teste,

$$\lim_{n\to\infty}\sqrt[n]{\frac{n^n}{3n}}=\lim_{n\to\infty}\frac{n}{\sqrt[n]{3}}\cdot\frac{1}{\sqrt[n]{n}}=\lim_{n\to\infty}\frac{n}{\sqrt[n]{3}}\cdot\lim_{n\to\infty}\frac{1}{\sqrt[n]{n}}=\infty\cdot 1=\infty>1$$

como $\infty>1$, a série é divergente.

P 6.22 Usando o teste da raiz, verificar se as séries a seguir convergem ou não:

a) $\sum_{n=1}^{\infty}\frac{n}{2^n}$

b) $\sum_{n=1}^{\infty}\left(\frac{n}{2n+1}\right)^n$

c) $\sum_{n=1}^{\infty}\left(\frac{3n+1}{n+8}\right)^n$

R 6.23 Usando o teste da integral, mostrar que a série $\sum_{n=1}^{\infty}\frac{1}{\sqrt{2n+1}}$ converge.

Resolução:

Vamos primeiro resolver a integral

$$\int_1^n \frac{1}{\sqrt{2x+1}}dx$$

Devemos resolver esta integral por substituição de variável,

$$t = 2x+1 \rightarrow dt = 2dx \rightarrow dx = \frac{dt}{2}$$

$$\int_1^n \frac{1}{\sqrt{2x+1}}dx = \int_{t_1}^{t_2} t^{-1/2}\frac{dt}{2} = \frac{1}{2}\left[\frac{t^{1/2}}{1/2}\right]_{t_1}^{t_2} = \left[\sqrt{2x+1}\right]_1^n = \sqrt{2n+1}-\sqrt{3}$$

Agora,

$$L = \lim_{n\to\infty}\int_1^n \frac{1}{\sqrt{2x+1}}dx = \lim_{n\to\infty}\left(\sqrt{2n+1}-\sqrt{3}\right) = \infty$$

Como o limite é infinito, a série diverge.

P 6.24 Usando o teste da integral, verificar se as séries a seguir convergem ou não:

a) $\sum_{n=1}^{\infty}\frac{1}{3n^2-1}$

b) $\sum_{n=2}^{\infty}\frac{1}{n.\ln n}$

c) $\sum_{n=1}^{\infty}\frac{2n}{3n^2-5}$

d) $\sum_{n=2}^{\infty}\frac{\ln n}{n}$

R 6.25 Estudar a convergência da série alternada $\sum_{n=1}^{\infty}\frac{(-1)^n}{2n+1}$.

Resolução:

Primeiro, vamos verificar se a série de termos positivos $\sum_{n=1}^{\infty}\frac{1}{2n+1}$ converge ou não. Usando o teste da integral,

$$L = \lim_{n\to\infty}\int_1^n \frac{1}{2x+1}dx = \lim_{n\to\infty}\left(\frac{1}{2}\ln(2n+1)-\frac{1}{2}\ln 3\right) = \ln\infty = \infty.$$

Logo, a série de termos positivos diverge. Vamos, então, aplicar o Critério de Leibniz:

$$a_n = \frac{1}{2n+1} \to a_{n+1} = \frac{1}{2(n+1)+1} = \frac{1}{2n+2+1} = \frac{1}{2n+3}$$

Observe que, para $n \geq 1$, $2n+3 > 2n+1$, logo,

$$\frac{1}{2n+1} > \frac{1}{2n+3} \to a_n > a_{n+1}$$

E, também,

$$\lim_{n\to\infty} a_n = \lim_{n\to\infty} \frac{1}{3n-1} = 0$$

Logo, satisfaz o Critério de Leibniz, portanto, a série alternada converge condicionalmente.

P 6.26 Estudar a convergência das séries alternadas a seguir:

a) $\sum_{n=1}^{\infty} \frac{(-1)^n}{(2n-1)^3}$

b) $\sum_{n=3}^{\infty} \frac{(-1)^n}{\ln(\ln n)}$

c) $\sum_{n=1}^{\infty} \frac{(-1)^n}{(n^2+1)}$

d) $\sum_{n=1}^{\infty} \frac{(-1)^n . n}{3n^2-5}$

R 6.27 Encontrar o intervalo de convergência da série de potências $\sum_{k=1}^{\infty} \frac{x^k}{k!}$.

Resolução:

Neste caso, $x_0 = 0$. Pelo teste da razão, temos:

$$\lim_{n\to\infty} \left| \frac{a_{n+1}}{a_n} \right| = \lim_{n\leftarrow\infty} \left| \frac{x^{n+1}.n!}{(n+1)!.x^n} \right| = \lim_{n\leftarrow\infty} \left| \frac{x^{n+1}.\cancel{n!}}{(n+1).\cancel{n!}.x^n} \right| = |x| \lim_{n\leftarrow\infty} \frac{1}{n+1} = |x|.0 = 0.$$

A série converge absolutamente para todo $x \in \mathbb{R}$. Logo, a série é absolutamente convergente e o intervalo de convergência da série de potências apresentada aqui é $\mathbb{R}$.

Resposta: $I = \mathbb{R}$.

P 6.28 Encontrar o intervalo de convergência de cada uma das séries a seguir:

a) $\sum_{k=1}^{\infty} \frac{(x-2)^k}{k}$

b) $\sum_{k=1}^{\infty} \frac{(x-3)^k}{k^2}$

c) $\sum_{k=1}^{\infty} \frac{(x+1)^k}{\sqrt{k}}$

R 6.29 Determinar a série de MacLaurin da função $f(x) = e^{2x}$.

Resolução:

Primeiro, devemos encontrar uma fórmula para as derivadas da função. Como,

$$f'(x) = 2e^{2x} \rightarrow f^{(n)}(x) = 2^n e^{2x}, \text{ para todo } n \geq 1$$

Então,

$$a_n = \frac{f^{(n)}(0)}{n!} = \frac{2^n e^0}{n!} = \frac{2^n}{n!}$$

Logo, temos:

$$e^{2x} = \sum_{n=0}^{\infty} \frac{2^n x^n}{n!} = 1 + 2x + 2x^2 + \frac{4x^3}{3} + \frac{2x^4}{3} + \ldots$$

P 6.30 Obter o desenvolvimento da função em potências de $x - x_0$ e determinar o intervalo de convergência:

a) $f(x) = e^{-2x}, \quad x_0 = 0$

b) $f(x) = \text{sen}(3x), \quad x_0 = 0$

c) $f(x) = \ln(1+x), \quad x_0 = 0$

d) $f(x) = e^{x/2}, \quad x_0 = 2$

e) $f(x) = \ln x, \quad x_0 = 2$

R 6.31 Obter o desenvolvimento em série de potências $y = \sum_{n=0}^{\infty} c_n x^n$, satisfazendo:

a) $y = 2$ quando $x = 0$;

b) $y' = 0$ quando $x = 0$;

c) $y'' - y = 0$.

Resolução:

A série de potências tem os primeiros termos da seguinte maneira:

$$y = c_0 + c_1 x + c_2 x^2 + c_3 x^3 + \ldots$$

Substituindo a primeira condição, $y(0) = 2$:

$$2 = c_0 + c_1 \cdot 0 + c_2 \cdot 0^2 + c_3 \cdot 0^3 + \ldots \rightarrow c_0 = 2$$

Derivando a série,

$$y' = c_1 + 2c_2 x + 3c_3 x^2 + 4c_4 x^3 + \ldots$$

Usando a segunda condição, $y'(0) = 0$:

$$y' = c_1 + 2c_2 \cdot 0 + 3c_3 \cdot 0^2 + 4c_4 \cdot 0^3 + \ldots = 0 \rightarrow c_1 = 0$$

Então, temos,

$$y = 2 + c_2 x^2 + c_3 x^3 + c_4 x^4 + \ldots$$

Derivando mais uma vez,

$$y'' = 2c_2 + 2 \cdot 3c_3 x + 3 \cdot 4c_4 x^2 + 4 \cdot 5c_5 x^3 + \ldots$$

Pela terceira condição, $y'' = y$, temos:

$$y'' = 2c_2 + 2 \cdot 3c_3 x + 3 \cdot 4c_4 x^2 + 4 \cdot 5c_5 x^3 + \ldots = y = 2 + c_2 x^2 + c_3 x^3 + c_4 x^4 + \ldots$$

Ou seja,

$$2c_2 = 2 \rightarrow c_2 = 1$$

$$2.3c_3 = 0 \rightarrow c_3 = 0$$

$$3.4c_4 = c_2 = 1 \rightarrow c_4 = \frac{1}{3.4}$$

$$4.5c_5 = c_3 = 0 \rightarrow c_5 = 0$$

Ou, ainda,

$$c_n = \begin{cases} 0, \text{ se } n = 2k+1 \\ \dfrac{1}{(n-1)n}, \text{ se } n = 2k \end{cases}, k > 0$$

Logo, $y = 2 + \sum_{k=1}^{\infty} \frac{x^{2k}}{(2k-1)(2k)}$

P 6.32 Obter os seis primeiros termos da série de potências $y = \sum_{n=0}^{\infty} c_n x^n$, satisfazendo:

a) $y = 2$ quando $x = 0$;

b) $y' = 1$ quando $x = 0$;

c) $y'' + 2y' = 0$.

P 6.33 Seja $f(x) = e^x$. Determinar $P_5(x)$ e $R_5(x)$ em $c = 0$. Aproximar o número e com três casas decimais, usando $P_5(1)$.

P 6.34 Seja $f(x) = \cos x$. Determinar $P_2(x)$ e $R_2(x)$ em $c = \pi/3$. Aproximar cos 61° com 5 casas decimais, usando $P_2(61\pi/180)$.

R 6.35 Dada $f(x) = x$, definida no intervalo $[-\pi, \pi]$, periódica, de período 2π, esboçar o gráfico da função e escrever a expansão em série de Fourier.

Resolução:

Observa-se pelo gráfico que a função é ímpar. Logo, $a_0 = 0$, $a_n = 0$ e

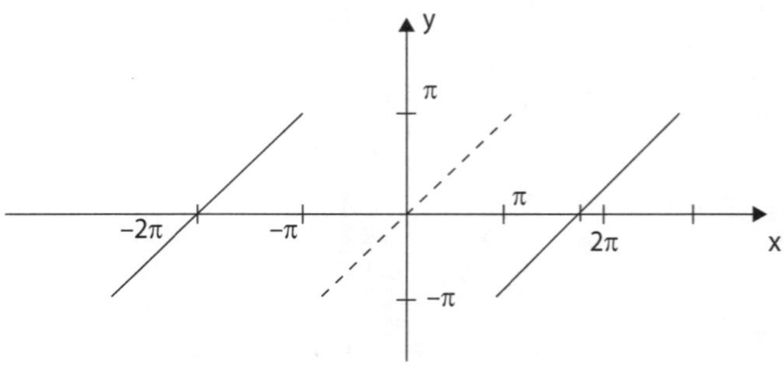

$$b_n = \frac{2}{\pi}\int_0^{\pi} f(x)\operatorname{sen}(nx)dx = \frac{2}{\pi}\int_0^{\pi} x\operatorname{sen}(nx)dx$$

Essa integral se resolve pelo método de integração por partes,

$$u = x \quad \rightarrow \quad du = dx$$

$$dv = \operatorname{sen}(nx)dx \quad \rightarrow \quad v = -\frac{\cos(nx)}{n}$$

$$\int_0^\pi x.\text{sen}(nx)dx = -x.\frac{\cos(nx)}{n}\Bigg|_0^\pi + \int_0^\pi \frac{\cos(nx)}{n}dx = -\pi.\frac{\cos(n\pi)}{n} + \frac{\text{sen}(nx)}{n^2}\Bigg|_0^\pi$$

$$= -\pi.\frac{(-1)^n}{n} + 0 = -\frac{(-1)^n}{n}\pi$$

Logo,

$$b_n = \frac{2}{\pi}\left(\frac{(-1)^{n+1}}{n}\pi\right) = \frac{2(-1)^{n+1}}{n}$$

Então,

$$f(x) = \sum_{n=1}^{\infty}\left(\frac{2(-1)^{n+1}}{n}\text{sen}(nx)\right)$$

P 6.36 Esboçar o gráfico da função $f(x)$ definida no intervalo $[-\pi,\pi]$, periódica, de período 2π e expandir em série de Fourier.

a) $f(x) = x^2$; em $[-\pi,\pi]$.

b) $f(x) = \begin{cases} x+\pi, \ se -\pi \le x < 0 \\ -x+\pi, se \ 0 \le x < \pi \end{cases}$

c) $f(x) = x^3$; em $[-\pi,\pi]$.

d) $f(x) = \begin{cases} 0, -\pi \le x < 0 \\ \text{sen}x, \ 0 \le x \le \pi \end{cases}$

e) $f(x) = \pi + x$; em $[-\pi,\pi]$.

P 6.37 Usando a expansão em série de Fourier da função o $f(x) = x^2$; em $[-\pi,\pi]$, mostre que

$$\frac{\pi^2}{12} = \sum_{n=1}^{\infty}\frac{(-1)^{n-1}}{n^2}$$

P 6.38 Usando a expansão em série de Fourier da função o $f(x) = x$; em $[-\pi, \pi]$, mostre que

$$\frac{\pi}{\sqrt{8}} = 1 + \frac{1}{3} - \frac{1}{5} - \frac{1}{7} + \ldots$$

R 6.39 Usando o PIF, verificar se vale a desigualdade para todo inteiro $n \geq 4$:

$$n! > 2^n$$

Resolução:

Seguindo os passos do PIF, primeiro vamos verificar a igualdade para $n = 4$:

$$4! = 4.3.2.1 = 24 \qquad \text{e} \qquad 2^4 = 16 \quad \rightarrow \quad 4! > 2^4$$

Agora, supondo que vale para um certo $k \geq 4$:

$$k! > 2^k$$

Vamos verificar se vale para $n = k + 1$. Usando a hipótese acima,

$$(k+1)! = (k+1).k! > (k+1).2^k$$

Observando que $k \geq 4$, então $k + 1 \geq 5 > 2$. Substituindo o segundo membro da desigualdade,

$$(k+1)! = (k+1).k! > (k+1).2^k > 2.2^k$$

Ou seja,

$$(k+1)! > 2^{k+1}$$

Note que, se substituirmos na igualdade que queremos demonstrar, n por $k+1$, a igualdade com $k+1$ está demonstrada. Logo, pelo PIF, a desigualdade vale para todo inteiro $n \geq 4$.

P 6.40 Usando o PIF, verificar se vale a igualdade para todo inteiro $n \geq 1$:

$$2 + 6 + 10 + \ldots + (4n - 2) = 2.n^2$$

P 6.41 Usando o PIF, verificar se vale a igualdade para todo inteiro $n \geq 1$:

$$1 + 5 + 9 + \ldots + (4n - 3) = n(2n - 1)$$

P 6.42 Usando o PIF, verificar se vale a igualdade para todo inteiro $n \geq 1$:

$$1+3+6+\ldots+\frac{n(n+1)}{2}=\frac{n(n+1)(n+2)}{6}$$

P 6.43 Usando o PIF, verificar se vale a igualdade para todo inteiro $n \geq 1$:

$$1^2+2^2+3^2+\ldots+n^2=\frac{n(n+1)(2n+1)}{6}$$

P 6.44 Usando o PIF, verificar se vale a desigualdade para todo inteiro $n \geq 3$:

$$n^2 \geq 2n+3$$

P 6.45 Usando o PIF, verificar se vale a desigualdade para todo inteiro $n \geq 2$:

$$n^2 > n+1$$

P 6.46 Usando o PIF, verificar se vale a desigualdade para todo inteiro $n \geq 1$:

$$n^2 > 5n+10$$

RESPOSTAS DOS EXERCÍCIOS PROPOSTOS

P 6.2

a) diverge
b) diverge
c) converge para $\sqrt{2}$
d) converge para 2

P 6.4

a) converge para e^6
b) converge para $e^{-4/3}$

P 6.6

a) converge para 0
b) converge para 0

P 6.9

a) monótona decrescente
b) monótona crescente
c) Não é monótona, pois a derivada muda de sinal em $x=e$.
d) monótona crescente
e) monótona crescente

P 6.11

a) $s = 3/4$

b) $s = 400/11$

P 6.12

a) $s = 3/4$

b) $s = 3/4$

P 6.14

a) 11/9

b) 4/9

c) 289/90

d) 111/99

P 6.16

a) A série diverge, pois é soma de uma divergente com uma convergente.

b) A série diverge, pois é múltiplo de uma série harmônica.

c) A série converge e $s = 4/3$.

d) A série converge e $s = 1/3$.

e) A série converge e $s = 3/4$.

f) A série diverge, pois $\lim_{n \to \infty} a_n = 2 \neq 0$.

P 6.18

a) diverge

b) converge

c) converge

P 6.20

a) converge

b) converge

c) converge

P 6.22

a) converge

b) converge

c) diverge

P 6.24

a) converge

b) diverge

c) diverge

d) diverge

P 6.26

a) converge absolutamente

b) converge condicionalmente

c) converge absolutamente

d) converge condicionalmente

P 6.28

a) $I = [1,3[$

b) $I = [2,4]$

c) $I = [-2,0[$

P 6.30

a) $f(x) = \sum_{n=0}^{\infty} \frac{(-1)^n 2^n}{n!} x^n$

b) $f(x) = \sum_{n=0}^{\infty} \frac{(-1)^n 3^{2n+1}}{(2n+1)!} x^{2n+1}$

c) $f(x) = \sum_{n=0}^{\infty} \frac{(-1)^{n+1}}{n} x^n$

d) $f(x) = \sum_{n=0}^{\infty} \frac{e}{2^n n!} (x-2)^n$

e) $f(x) = \sum_{n=0}^{\infty} \frac{(-1)^n}{n.2^n} (x-2)^n$

P 6.32 $y = 2 - \frac{x}{4} + \frac{x^2}{2} - \frac{x^3}{6} + \frac{x^4}{6} - \frac{x^5}{15} + \ldots$

P 6.33 $P_5(x) = 1 + x + \frac{x^2}{2} + \frac{x^3}{6} + \frac{x^4}{24} + \frac{x^5}{120}$

e $R_5(x) = \frac{e^z}{720} x^6$, $z \in]1,x[$ $e \cong P_5(1) = 1 + 1 + \frac{1}{2} + \frac{1}{6} + \frac{1}{24} + \frac{1}{120} \cong 2{,}717$.

P 6.34 $P_2(x) = \frac{1}{2} - \frac{\sqrt{3}}{2}(x - \frac{\pi}{3}) - \frac{1}{2}(x - \frac{\pi}{3})^2$

$$\text{e } R_2(x) = \frac{\text{sen } z}{6}.(x - \frac{\pi}{3})^3,\ z \in]1, x[.$$

$$\cos 61° \cong \frac{1}{2} - \frac{\sqrt{3}}{2}\left(\frac{\pi}{180}\right) - \frac{1}{2}\left(\frac{\pi}{180}\right)^2 \cong 0{,}48473$$

P 6.36

a) $f(x) = \frac{\pi^2}{3} + 4\sum_{n=1}^{\infty} \frac{(-1)^n}{n^2} \cos(nx)$

b) $f(x) = \frac{\pi}{2} + \frac{2}{\pi}\sum_{n=1}^{\infty}\left[\frac{(-1)^{n+1}+1}{n^2}\right]\cos(nx)$

c) $f(x) = \sum_{n=1}^{\infty} 2(-1)^n \left(\frac{6}{n^3} - \frac{\pi^2}{n}\right)\text{sen}(nx)$

d) $f(x) = \frac{1}{\pi} + \frac{1}{2}\text{sen}x + \sum_{n=2}^{\infty}\left[\frac{(-1)^n+1}{1-n^2}\right]\cos(nx)$

e) $f(x) = \pi - 2\sum_{n=1}^{\infty} \frac{(-1)^n}{n}\text{sen}(nx)$

APÊNDICE 1

FORMULÁRIO DE DERIVADAS, INTEGRAIS E FORMULÁRIO DE APLICAÇÕES DE INTEGRAIS DEFINIDAS

Se C, α, a e m são constantes reais, $y = f(x)$, $u = u(x)$ e $v = v(x)$ são funções deriváveis, então:

1. $y = C \rightarrow y' = 0$
2. $y = u^{a}, a \in \mathbb{R} \rightarrow y' = a \cdot u^{a-1} \cdot u'$
3. $y = \sqrt{u} \rightarrow y' = \dfrac{u'}{2\sqrt{u}} = \dfrac{u'\sqrt{u}}{2u}, (u > 0)$
4. $y = \sqrt[m]{u} \rightarrow \dfrac{u'}{m\sqrt[m]{u^{m-1}}} = \dfrac{u'\sqrt[m]{u}}{m \cdot u}, (m \text{ inteiro})$
5. $y = a^{u} \rightarrow y' = a^{u} \ln a \cdot u', (0 < a \neq 1)$
6. $y = e^{u} \rightarrow y' = e^{u} u'$
7. $y = \log_{a} u \rightarrow y' = \dfrac{u'}{u \ln a} = \dfrac{u'}{u} \log_{a} \mathrm{e}, (u > 0, 0 < a \neq 1)$
8. $y = \ln u \rightarrow y' = \dfrac{u'}{u}, (u > 0)$
9. $y = u^{v} \rightarrow y' = v \cdot u^{v-1} \cdot u' + u^{v} \cdot \ln u \cdot v'$
10. $y = \cos u \rightarrow y' = -\text{sen}\, u \cdot u'$

11. $y = \text{sen}\, u \quad \rightarrow \quad y' = \cos u \cdot u'$

12. $y = \text{tg}\, u \quad \rightarrow \quad y' = \sec^2 u \cdot u'$

13. $y = \text{cotg}\, u \quad \rightarrow \quad y' = -\text{cossec}^2 u \cdot u'$

14. $y = \sec u \quad \rightarrow \quad y' = \sec u \cdot \text{tg}\, u \cdot u'$

15. $y = \text{cossec}\, u \quad \rightarrow \quad y' = -\text{cossec}\, u \cdot \text{cotg}\, u \cdot u'$

16. $y = \text{arc sen}\, u \quad \rightarrow \quad y' = \dfrac{u'}{\sqrt{1-u^2}}$

17. $y = \text{arc cos}\, u \quad \rightarrow \quad y' = -\dfrac{u'}{\sqrt{1-u^2}}$

18. $y = \text{arc tg}\, u \quad \rightarrow \quad y' = \dfrac{u'}{1+u^2}$

19. $y = \text{arc cotg}\, u \quad \rightarrow \quad y' = -\dfrac{u'}{1+u^2}$

20. $y = \text{arc sec}\, u \quad \rightarrow \quad y' = \dfrac{u'}{u\sqrt{u^2-1}}$

21. $y = \text{arc cossec}\, u \quad \rightarrow \quad y' = -\dfrac{u'}{u\sqrt{u^2-1}}$

FUNÇÕES HIPERBÓLICAS

22. $y = \text{senh}\, u \quad \rightarrow \quad y' = \cosh u \cdot u'$

23. $y = \cosh u \quad \rightarrow \quad y' = \text{senh}\, u \cdot u'$

24. $y = \text{tgh}\, u \quad \rightarrow \quad y' = \text{sech}^2 u \cdot u'$

25. $y = \text{cotgh}\, u \quad \rightarrow \quad y' = -\text{cossech}^2 u \cdot u'$

26. $y = \text{sech}\, u \quad \rightarrow \quad y' = -\text{sech}\, u \cdot \text{tgh}\, u \cdot u'$

27. $y = \text{cossech}\, u \quad \rightarrow \quad y' = -\text{cossech}\, u \cdot \text{cotgh}\, u \cdot u'$

28. $y = \text{arg senh}\, u \quad \rightarrow \quad y' = \dfrac{u'}{\sqrt{u^2+1}}$

29. $y = \text{arg cosh}\, u \quad \rightarrow \quad y' = \dfrac{u'}{\sqrt{u^2-1}},\ u > 1$

30. $y = \arg \operatorname{tgh} u \quad \rightarrow \quad y' = \dfrac{u'}{1-u^2}, |u| < 1$

31. $y = \arg \operatorname{cotgh} u \quad \rightarrow \quad y' = \dfrac{u'}{1-u^2}, |u| > 1$

32. $y = \arg \operatorname{sech} u \quad \rightarrow \quad y' = \dfrac{-u'}{u\sqrt{1-u^2}}, 0 < u < 1$

33. $y = \arg \operatorname{cossech} u \quad \rightarrow \quad y' = \dfrac{-u'}{|u|\sqrt{1-u^2}}, u \neq 0$

FORMULÁRIO DE INTEGRAIS

1. $\int du = u + C$

2. $\int \dfrac{du}{u} = \ln|u| + C$

3. $\int u^{\alpha} du = \dfrac{u^{\alpha+1}}{\alpha+1} + C, \alpha \neq -1$

4. $\int a^u du = \dfrac{a^u}{\ln a} + C$

5. $\int e^u du = e^u + C$

6. $\int \operatorname{sen} u \, du = -\cos u + C$

7. $\int \cos u \, du = \operatorname{sen} u + C$

8. $\int \operatorname{tg} u \, du = \ln|\sec u| + C = -\ln|\cos u| + C$

9. $\int \operatorname{cotg} u \, du = \ln|\operatorname{sen} u| + C$

10. $\int \operatorname{cossec} u \, du = \ln|\operatorname{cossec} u - \operatorname{cotg} u| + C$

11. $\int \sec u \, du = \ln|\sec u + \operatorname{tg} u| + C$

12. $\int \sec^2 u \, du = \operatorname{tg} u + C$

13. $\int \operatorname{cossec}^2 u \, du = -\operatorname{cotg} u + C$

14. $\int \sec u \cdot \operatorname{tg} u \, du = \sec u + C$

15. $\int \operatorname{cossec} u \cdot \operatorname{cotg} u \, du = -\operatorname{cossec} u + C$

16. $\int \frac{du}{\sqrt{a^2 - u^a}} = \operatorname{arc\,sen} \frac{u}{a} + C$

17. $\int \frac{du}{a^2 + u^2} = \frac{1}{a} \operatorname{arc\,tg} \frac{u}{a} + C$

18. $\int \frac{du}{u\sqrt{u^2 - a^2}} = \frac{1}{a} \operatorname{arc\,sec} \left| \frac{u}{a} \right| + C$

19. $\int \operatorname{senh} u \, du = \cosh u + C$

20. $\int \cosh u \, du = \operatorname{senh} u + C$

21. $\int \operatorname{sech}^2 u \, du = \operatorname{tgh} u + C$

22. $\int \operatorname{cossech}^2 u \, du = -\operatorname{cotgh} u + C$

23. $\int \operatorname{sech} u \cdot \operatorname{tgh} u \, du = -\operatorname{sech} u + C$

24. $\int \operatorname{cossech} u \cdot \operatorname{cotgh} u \, du = -\operatorname{cossech} u + C$

25. $\int \frac{du}{\sqrt{u^2 \pm a^2}} = \ln \left| u + \sqrt{u^2 \pm a^2} \right| + C$

26. $\int \frac{du}{a^2 - u^2} = \frac{1}{2a} \ln \left| \frac{u + a}{u - a} \right| + C$

27. $\int \frac{du}{u\sqrt{a^2 \pm u^2}} = -\frac{1}{a} \ln \left| \frac{a + \sqrt{a^2 \pm u^2}}{u} \right| + C$

FORMULÁRIO DE APLICAÇÕES DE INTEGRAIS DEFINIDAS

Valor médio de uma função: $y_m = \frac{1}{b - a} \int_a^b f(x) \, dx$

Comprimento de arco: $l = \int_a^b \sqrt{1 + y'^2} \, dx = \int_{t1}^{t2} \sqrt{\dot{x}^2 + \dot{y}^2} \, dt$

Área da superfície de revolução:

$$A_L = 2\pi \int_a^b y\sqrt{1 + y'^2} \, dx = 2\pi \int_{t1}^{t2} y\sqrt{\dot{x}^2 + \dot{y}^2} \, dt$$

Volume do sólido de revolução:

$$V = \pi \int_a^b y^2 dx = \pi \int_{t1}^{t2} y^2 \dot{x} \, dt$$

Curvatura média: $K_m = \dfrac{\Delta\theta}{\Delta L}$

Curvatura no ponto P: $K = \dfrac{y''}{(1 - y'^2)^{\frac{3}{2}}}$

Raio de curvatura: $\dfrac{1}{|K|}$ ou $R = \dfrac{(1 + y'^2)^{\frac{3}{2}}}{y''}$

Cálculo da derivada da função na forma paramétrica:

$$\begin{cases} x = f(t) \Rightarrow \dfrac{dx}{dt} = f'(t) = \dot{x} \\ y = g(t) \Rightarrow \dfrac{dy}{dt} = g'(t) = \dot{y} \end{cases}$$

1ª derivada: $y' = \dfrac{dy}{dx} = \dfrac{dy}{dt}\dfrac{dt}{dx} = \dfrac{\frac{dy}{dt}}{\frac{dx}{dt}} = \dfrac{\dot{y}}{\dot{x}}$

2ª derivada: $y'' = \dfrac{d^2y}{dx^2} = \dfrac{d}{dx}\left(\dfrac{dy}{dx}\right) = \dfrac{d}{dt}\left(\dfrac{dy}{dx}\right)\dfrac{dt}{dx} = \dfrac{\ddot{y}\dot{x} - \dot{y}\ddot{x}}{\dot{x}^3}$

Curvatura na forma paramétrica: $K = \dfrac{\ddot{y}\dot{x} - \dot{y}\ddot{x}}{(\dot{x}^2 + \dot{y}^2)^{\frac{3}{2}}}$

Raio de curvatura: $R = \left|\dfrac{1}{K}\right| = \dfrac{(\dot{x}^2 + \dot{y}^2)^{\frac{3}{2}}}{\ddot{y}\dot{x} - \dot{y}\ddot{x}}$

COORDENADAS POLARES

$$\begin{cases} x = r \cdot \cos\theta \\ y = r \cdot \operatorname{sen}\theta \end{cases}$$

CÁLCULO DA ÁREA EM COORDENADAS POLARES

Área do setor circular $\rightarrow A = \dfrac{1}{2}r^2\theta$

$$A = \frac{1}{2}\int_{\theta 1}^{\theta 2} p^2 d\theta$$

COMPRIMENTO DO ARCO NA FORMA POLAR

$$\left.\begin{array}{l} L = \int_{t1}^{t2} \sqrt{\dot{x}^2 + \dot{y}^2}\, dt \\ x = r \cdot \cos\theta \\ y = r \cdot \operatorname{sen}\theta \end{array}\right\} L = \int_{\theta_1}^{\theta_2} \sqrt{r^2 + \dot{r}^2}\, d\theta$$

ALFABETO GREGO

Maiúsculas	Minúsculas	Seu significado	Nome
Α	α	a	Alfa
Β	β	b	Beta
Γ	γ	g	Gama
Δ	δ	d	Delta
Ε	ε	e	Épsilon
Ζ	ζ	z	Zeta
Η	η	ê	Eta
Θ	θ	t	Téta
Ι	ι	j	Iota
Κ	κ	ka	Capa
Λ	λ	l	Lambda
Μ	μ	m	Mü
Ν	ν	n	Nü
Ξ	ξ	x	Csi
0	ο	0	Omicron
Π	π	p	Pi
Ρ	ρ	r	Rô
Σ	σ	s	Sigma
Τ	τ	t	Tau
Υ	υ	u	Upsilon
Φ	ϕ	f	Fi
Χ	χ	qu	Chi
Ψ	ψ	ps	Psi
Ω	ω	ô	Omega

APÊNDICE 2

FÓRMULAS PARA RESOLUÇÃO DE EXERCÍCIOS E PROBLEMAS

PROPRIEDADES OPERATÓRIAS

Capítulo 1 – Funções reais de várias variáveis reais – conceitos e limites

a) Limites para função de duas variáveis

$\lim\limits_{(x,y)\to(x_0,y_0)} f(x,y) = L \qquad \lim\limits_{(x,y)\to(x_0,y_0)} g(x,y) = M$

b) Limites para função de três variáveis

$\lim\limits_{(x,y,z)\to(x_0,y_0,z_0)} f(x,y,z) = L$

c) Continuidade de funções de mais de uma variável

1) $f(A)$ existe

2) $\lim\limits_{P\to A} f(P)$ existe

3) $\lim\limits_{P\to A} f(P) = f(A)$

d) Propriedades operatórias dos limites

1) $\lim\limits_{(x,y)\to(x_0,y_0)} [f(x,y) + g(x,y)] = L + M$

2) $\lim\limits_{(x,y)\to(x_0,y_0)}\left[f(x,y)-g(x,y)\right]=L-M$

3) $\lim\limits_{(x,y)\to(x_0,y_0)} f(x,y)\cdot g(x,y)=L\cdot M$

4) $\lim\limits_{(x,y)\to(x_0,y_0)} kf(x,y)=kL \quad k\in\mathbb{R}$

5) $\lim\limits_{(x,y)\to(x_0,y_0)}\dfrac{f(x,y)}{g(x,y)}=\dfrac{L}{M} \quad M\neq 0$

6) Se $m, n\in\mathbb{Z}$, então $\lim[f(x,y)]^{\frac{m}{n}}=L^{\frac{m}{n}}\in\mathbb{R}$

Capítulo 2 – Derivadas de funções de várias variáveis

Seja $z=f(x,y)$ uma função real de duas variáveis reais definidas em D e $(x_0,y_0)\in D$, então:

a) Derivada parcial com relação a x

$$f_x(x,y)=\frac{\partial f}{\partial x}(x,y)=\frac{\partial z}{\partial x}(x,y)=z_x(x,y)=\text{tg}\alpha$$

b) Derivada parcial com relação a y

$$f_y(x,y)=\frac{\partial f}{\partial y}(x,y)=\frac{\partial z}{\partial y}(x,y)=z_y(x,y)=\text{tg}\beta$$

Se $w=f(x,y,z)$, então:

$$f_x=\frac{\partial f}{\partial x}(x,y,z)=\frac{\partial w}{\partial x}(x,y,z)=w_x(x,y,z)=\text{tg}\alpha$$

$$f_y=\frac{\partial f}{\partial y}(x,y,z)=\frac{\partial w}{\partial y}(x,y,z)=w_y(x,y,z)=\text{tg}\beta$$

$$f_z=\frac{\partial f}{\partial z}(x,y,z)=\frac{\partial w}{\partial z}(x,y,z)=w_z(x,y,z)=\text{tg}\gamma$$

Derivadas parciais de 2ª ordem de $z=f(x,y)$

$$f_{xx}=(f_x)_x=\frac{\partial}{\partial x}\left[\frac{\partial f}{\partial x}\right]=\frac{\partial^2 f}{\partial x^2}$$

$$f_{xy} = (f_x)_y = \frac{\partial}{\partial y}\left[\frac{\partial f}{\partial x}\right] = \frac{\partial^2 f}{\partial y \partial x}$$

$$f_{yx} = (f_y)_x = \frac{\partial}{\partial x}\left[\frac{\partial f}{\partial y}\right] = \frac{\partial^2 f}{\partial x \partial y}$$

$$f_{yy} = (f_y)_y = \frac{\partial}{\partial y}\left[\frac{\partial f}{\partial y}\right] = \frac{\partial^2 f}{\partial y^2}$$

Observação

Teorema de Clairaut-Schwarz

$$\frac{\partial^2 f}{\partial x \partial y}(x,y) = \frac{\partial^2 f}{\partial y \partial x}(x,y)$$

Derivada direcional

Seja $w = f(x,y,z)$ uma função em R^3. Seja uma função $f : D \subset R^2$ e as derivadas parciais em $(x_0, x_y) \in D$ e $\vec{u} = a\vec{i} + b\vec{j}$ vetor unitário paralelo à reta $r \subset$ no plano (x,y) e faz ângulo θ com eixo x, então $\vec{u} = \cos\theta\, i + \text{sen}\theta \vec{j}, |\vec{u}| = 1$, seja $\vec{v} // r$, então

$$\vec{u} = \frac{\vec{v}}{|\vec{v}|} = \frac{a}{\sqrt{a^2+b^2}}\vec{i} + \frac{b}{\sqrt{a^2+b^2}}\vec{j}$$

Fórmula

$$D_{\vec{u}} f(x_0,y_0) = \frac{\partial z}{\partial x}(x_0,y_0)\cos\theta\ \frac{\partial z}{\partial y}(x_0,y_0)\text{sen}\theta = \frac{\partial z}{\partial x}(x_0,y_0)\frac{a}{\sqrt{a^2+b^2}} + \frac{\partial z}{\partial y}(x_0,y_0)\frac{b}{\sqrt{a^2+b^2}}$$

Vetor gradiente para duas variáveis

$$\vec{\nabla} f_p = \text{grad} f_p = \left(f_x(x_0,y_0), f_y(x_0,y_0)\right) = f_x(x_0,y_0)\vec{i} + f_y(x_0,y_0)\vec{j}$$

Vetor gradiente para três variáveis

$$\vec{\nabla} f_p = \text{grad} f_p = \left(f_x(x_0,y_0,z_0), f_y(x_0,y_0,z_0), f_z(x_0,y_0,z_0)\right)$$

$$= f_x(x_0,y_0,z_0)\vec{i} + f_y(x_0,y_0,z_0)\vec{j} + f_z(x_0,y_0,z_0)\vec{k}$$

Definição da derivada direcional por meio do vetor gradiente

a) $D_{\vec{u}} f(x,y,z) = \vec{\nabla} f(x,y,z) \cdot \vec{u}$

b) Derivada direcional máxima

$$D\text{máx} = \left|\vec{\nabla} f(x_0,y_0,z_0)\right|$$

Propriedades operatórias envolvendo gradiente

P1) $\vec{\nabla}(f+g)=\vec{\nabla}f+\vec{\nabla}g$

P2) $\vec{\nabla}(f-g)=\vec{\nabla}f-\vec{\nabla}g$

P3) $\vec{\nabla}(k\cdot f)=k\cdot\vec{\nabla}f, k\in\mathbb{R}$

P4) $\vec{\nabla}(f\cdot g)=\vec{\nabla}f\cdot g+f\vec{\nabla}g$

P5) $\vec{\nabla}\left(\dfrac{f}{g}\right)=\dfrac{\vec{\nabla}f\cdot g-f\cdot\overrightarrow{\nabla}g}{g^2}$

Plano tangente

Dados uma função de duas variáveis $f(x,y), P(x_0,y_0)$, um ponto do domínio de f; f_x e f_y as derivadas parciais de f. A equação do plano tangente $z=f(x,y)$ passando pelo ponto $P(x_0,y_0)$ é dado por:

$$z-z_0=f_x(x_0,y_0)(x-x_0)+f_y(x_0,y_0)(y-y_0)$$

Obs.: a equação geral de um plano que contém $P(x_0,y_0)$ é

$$a(x-x_0)+b(y-y_0)+c(z-z_0)=0$$

$$\to z-z_0=\frac{-a}{c}(x-x_0)-\frac{b}{c}(y-y_0)$$

Máximos e mínimos de funções de duas variáveis

Teorema

Se $P(x_0,y_0,f(x_0,y_0))=$ ponto de máx., ponto de mín. então,
$f_x(x_0,y_0)=f_y(x_0,y_0)=0$
Classificação de pontos críticos: Seja $P(x_0,y_0,f(x_0,y_0))$ um ponto crítico e:

$$H(x_0,y_0)=\begin{vmatrix}\dfrac{\partial^2 f}{\partial x^2}(x_0,y_0) & \dfrac{\partial^2 f}{\partial y\partial x}(x_0,y_0)\\ \dfrac{\partial^2 f}{\partial y^2}(x_0,y_0) & \dfrac{\partial^2 f}{\partial y^2}(x_0,y_0)\end{vmatrix}$$

$A=\dfrac{\partial^2 f}{\partial x^2}(x_0,y_0)$ $\qquad$ $B=\dfrac{\partial^2 f}{\partial y^2}(x_0,y_0)$

$$C = \frac{\partial^2 f}{\partial x \partial y}(x_0, y_0) = \frac{\partial^2 f}{\partial y \partial x}(x_0, y_0)$$

$$D = H(x_0, y_0) = AB - C^2$$

1) Se $D > 0$ e $A > 0$, então $P(x_0, y_0, f(x_0, y_0))$ é um ponto de mínimo da função.

2) Se $D > 0$ e $A < 0$, então P é um ponto de máximo da função.

3) Se $D < 0$, então P é um ponto de sela.

4) Se $D = 0$, nada se pode afirmar.

Divergente de um campo vetorial

$\text{div} f = \frac{\partial f_1}{\partial x} + \frac{\partial f_2}{\partial y} + \frac{\partial f_3}{\partial z}$ ou $\text{div} f = \vec{\nabla} \cdot \vec{f}$, onde $\vec{\nabla} = \left(\frac{\partial}{\partial x}, \frac{\partial}{\partial y}, \frac{\partial}{\partial z} \right)$ é operador gradiente.

Vazão ou fluxo de um fluido ou gás

$$V = \vec{v} \cdot \text{s} \left(\text{cm}/\text{s} \right) \cdot \text{cm}^2 = \text{cm}^3/\text{s}$$

Mecânica dos fluidos

Equação de continuidade

$\text{div}\vec{u} + \frac{\partial p}{\partial t} = 0$ (1) onde $\vec{u} = p\vec{v}$ onde $p = p(x,y,z,t)$ a densidade do fluido e $\vec{v} = \vec{v}(x,y,z,t)$, o vetor velocidade onde t representa o tempo. De (1), temos $\frac{\partial p}{\partial t} = -\text{div}\vec{u}$

Rotacional de um campo vetorial

$$\text{rot}\vec{f} = \begin{vmatrix} \vec{i} & \vec{j} & \vec{k} \\ \frac{\partial}{\partial x} & \frac{\partial}{\partial y} & \frac{\partial}{\partial z} \\ f_1 & f_2 & f_3 \end{vmatrix} = \left(\frac{\partial f_3}{\partial y} - \frac{\partial f_2}{\partial z} \right)\vec{i} + \left(\frac{\partial f_1}{\partial z} - \frac{\partial f_3}{\partial x} \right)\vec{j} + \left(\frac{\partial f_2}{\partial x} - \frac{\partial f_1}{\partial y} \right)\vec{k}$$

ou $\text{rot}\vec{f} = \vec{\nabla} \cdot \vec{f}$ onde $\vec{\nabla} = \left(\frac{\partial}{\partial x}, \frac{\partial}{\partial y}, \frac{\partial}{\partial z} \right)$ = op. gradiente

$\vec{f}$ = função vetorial

Propriedades do rotacional

1) $\text{rot}\left(\vec{f}+\vec{g}\right)=\text{rot}\vec{f}+\text{rot}\vec{g}$

2) $\text{rot}\left(h\cdot\vec{f}\right)=h\cdot\text{rot}\vec{f}+\vec{\nabla}h\vec{f}$

Teorema sobre campos conservativos

$$\text{rot}\left(\vec{\nabla}f\right)=\vec{0}$$

Capítulo 3 – Integrais duplas e triplas

Integral dupla

$$\lim_{n\to\infty}\sum_{i=1}^{n}f(x_i,y_i)\Delta_i=\iint_R f(x,y)dA$$

Cálculo das integrais duplas e integrais iteradas

Teorema de Fubini (1879-1943)

$$\iint_R f(x,y)dA=\int_a^b\left[\int_c^d f(x,y)dy\right]dx=\int_c^d\left[\int_a^b f(x,y)dx\right]dy$$

Propriedades operatórias de integral dupla

Para $R\subset\mathbb{R}^2$ e $C\in\mathbb{R}$, temos:

1) $\iint_R Cf(x,y)dA=C\iint_R f(x,y)dA$

2) $\iint_R\left[f(x,y)+g(x,y)\right]dA=\iint_R f(x,y)dA+\iint_R g(x,y)dA$

3) Se $f(x,y)\geq 0$ em R, então $\iint_R f(x,y)dA\geq 0$

4) Se $f(x,y)\geq g(x,y)$ em R, então $\iint_R f(x,y)dA\geq\iint_R g(x,y)dA$

5) Sendo R_1 e R_2 duas regiões contidas em R tais que $R=R_1\cup R_2$ e $R_1\cap R_2=\varnothing$, então $\iint_R f(x,y)dA=\iint_{R1}f(x,y)dA+\iint_{R2}f(x,y)dA$

Integral dupla em coordenadas polares

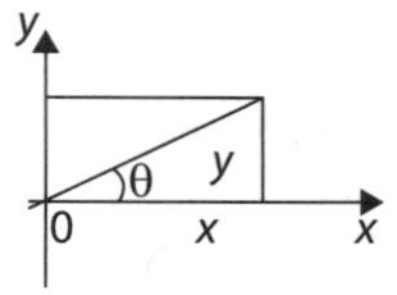

$$x = r\cos\theta$$
$$y = r\text{sen}\,\theta$$

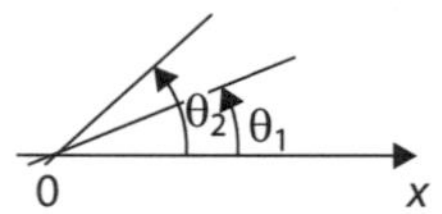

$$R = \{(r,\theta) \in R^2 \,/\, \theta_1 \le \theta \le \theta_2 \text{ e } g_1(\theta) \le r \le g_2(\theta)\}$$

$$\iint_R f(x,y)dA = \int_{\theta_1}^{\theta_2}\int_{g_1(\theta)}^{g_2(\theta)} f(r\cdot\cos\theta, r\cdot\text{sen}\,\theta)\,r\,dr\,d\theta$$

Integral tripla em regiões simples

$$T = \{(x,y,z) \in \mathbb{R}^3 \,/\, a \le x \le b;\ c \le y \le d;\ e \le z \le f\}$$

$$I = \iiint_T f(x,y,z)dV = \int_e^f\int_c^d\int_a^b f(x,y,z)\,dx\,dy\,dz$$

Integral tripla em coordenadas cilíndricas

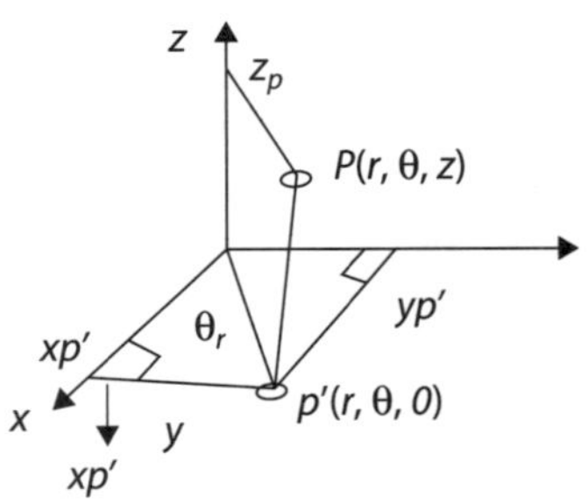

$$x = r\cos\theta$$
$$y = r\text{sen}\,\theta$$
$$z = z$$
$$x^2 + y^2 = r^2$$
$$\text{tg}\theta = \frac{y}{x}$$

$$I = \iiint_T f(x,y,z)dV = \int_{\theta_1}^{\theta_2}\int_{g_1(\theta)}^{g_2(\theta)}\int_{f_1(r,\theta)}^{f_2(r,\theta)} f(r\cos\theta,\ r\text{sen}\theta,\ z)\,r\,dz\,dr\,d\theta$$

Integral tripla em coordenadas esféricas

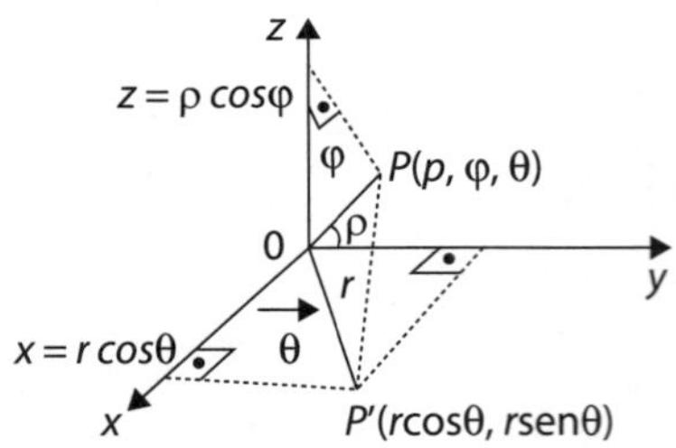

$x = r\cos\theta$

$y = r\text{sen}\,\theta$

$x^2 + y^2 = r^2$

$0 \leq \theta < 2\pi$

$r = \rho\text{sen}\varphi$

$z = \rho\cos\varphi$

$0 \leq \varphi \leq \pi$

(I) $r = \rho\text{sen}\,\varphi$

(II) $x = \rho\text{sen}\,\varphi\cos\theta$

(III) $y = \rho\text{sen}\,\varphi\text{sen}\,\theta$

(IV) $z = \rho\cos\varphi$

(V) $\rho = \sqrt{r^2 + \rho^2} = \sqrt{x^2 + y^2 + z^2} \rightarrow x^2 + y^2 + z^2 = \rho^2$

Diferencial de volume em coordenadas esféricas $dV = \rho^2\text{sen}\varphi d\rho d\varphi d\theta \quad \therefore$

$$I = \iiint_T f(x,y,z)dV = \int_{\theta_1}^{\theta_2}\int_{\varphi_1}^{\varphi_2}\int_{g_1(\varphi,\theta)}^{g_2(\varphi,\theta)} f(\rho\text{sen}\varphi\text{sen}\theta, \rho\cos\varphi)\rho^2\text{sen}\varphi d\rho d\varphi d\theta$$

Capítulo 4 – Integrais de linha e superfície

Curva parametrizada

$C: x = x(t)$

$y = y(t)$ para $t \in I \subset R$

$z = z(t)$

Forma vetorial

$C: r(t) = x(t)\vec{i} + y(t)\vec{j} + z(t)\vec{k}$ para $t \in I \subset R$

Parametrização de algumas curvas segmento de reta

Dados $A(x_0, y_0, z_0)$ e $B(x_1, y_1, z_1)$, segmento de AB parametrizado.

$\vec{r}(t) = (1-t)A + tB$, para $0 \leq t \leq 1$

Se $t = 0$ e $t = 1$, tem

$C: x = (1-t)x_0 + tx_1$

$y = y(1-t)y_0 + ty_1$ para $0 \leq t \leq 1$

$z = z(1-t)z_0 + z_1$

Circunferência no $\mathbb{R}^2$

Centro (x_0, y_0), raio $= r$

$(x - x_0)^2 + (y - y_0)^2 = r^2$

$C: x = x_0 + r\cos t$, $0 \leq t \leq 2\pi$

$y = y_0 + r\text{sen}t$

$\rightarrow x - x_0 = r\cos t,\ y - y_0 = r\text{sen}t$

$$\therefore (r\cos t)^2 + (r\text{sen}t)^2 = r^2$$

Elipse no $\mathbb{R}^2$

Centro (x_0, y_0), equação reduzida

$$\frac{(x - x_0)^2}{a^2} + \frac{(y - y_0)^2}{b^2} = 1$$

$C: x = x_0 + a\cos t$

$y = y_0 + b\text{sen}t$

$0 \leq t \leq 2\pi$

Integral de linha

Curva lisa $C: \vec{r}(t) = x(t)\vec{i} + y(t)\vec{j} + z(t)\vec{k}$, $[a;b]$

Derivada $\vec{r}'(t) = x'(t)\vec{i} + y'(t)\vec{j} + z'(t)\vec{k}$, contínua

$f: D \subset \mathbb{R}^3 \rightarrow \mathbb{R},\ C \subset D$

$$\int_c f(x,y,z)ds = \int_a^b (x(t), y(t), z(t))\sqrt{(x'(t))^2 + (y'(t))^2 + (z'(t))^2}\,dt$$

Observações

1) $\int f(x,y)ds = \int_a^b f(x(t), y(t))\sqrt{(x'(t))^2 + (y'(t))^2}\,dt$

2) C: segmento de reta

$$x(t) = x$$

$$y(t) = x,\ x \in [a;b]$$

$$\int f(x,y)ds = \int_a^b f(x,0)\sqrt{(1)^2 + (0)^2}dx = \int_a^b f(x,0)dx$$

Integrais de linha em campos vetoriais

$$\int_c \vec{f} \cdot d\vec{r} = \int_a^b \vec{f}\left(x(t),y(t),z(t)\right) \cdot \left(x'(t),y'(t),z'(t)\right)dt$$

Se $\vec{f}(x,y,z) = f_1(x,y,z)\vec{i} + f_2(x,y,z)\vec{j} + f_3(x,y,z)\vec{k}$ e $dx = x'(t)dt$, $dy = y'(t)dt$, $dz = z'(t)dt$, então

$$\int_c \vec{f} \cdot d\vec{r} = \int \left(f_1(x,y,z)dx + f_2(x,y,z)dy + f_3(x,y,z)dz\right)$$

Integrais de linha sobre campos conservativos

Teorema fundamental para integral de linha

$\vec{f}: D \subset \mathbb{R}^3 \to \mathbb{R}^3$, campo vetorial conservativo

$\exists u: D \to \mathbb{R}$, função de três variáveis, diferenciável em D tal que $\vec{\nabla} u = \vec{f}$, então

$$\int_c \vec{f} d\vec{r} = u(B) - u(A)$$

C é o caminho em D do ponto A até B

Teorema de Green

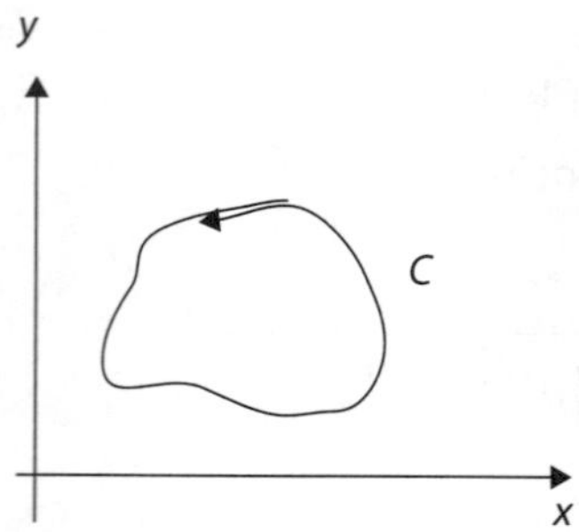

$\vec{f}$: campo vetorial contínuo com derivadas contínuas em D, então

$$\oint_c f_1 dx + f_2 dy = \left(\frac{\partial f_2}{\partial x} - \frac{\partial f_1}{\partial y}\right)dA$$

Área de uma região plana usando integral de linha

$$A = \frac{1}{2}\oint_c (xdy - ydx)$$

Capítulo 5 – Introdução à teoria das equações diferenciais

Notações de derivadas

1) Leibniz (1646-1716)

$$\frac{dy}{dx};\frac{d^2y}{dx^2};\ldots;\frac{d^ny}{dx^n}$$

2) Lagrange (1736-1813)

$$y';y'';y''';\ldots;y^{(n)}$$

3) Newton (1642-1727) – notação de ponto

$$\dot{y};\ddot{y};\dddot{y};\ldots;y^{(n)}$$

4) Notação em subscrito

$$\frac{\partial u}{\partial x}=u_x x;\frac{\partial^2 u}{\partial x^2}=u_{xx}xx;\ldots$$

Classificação quanto ao tipo

1) Equação diferencial ordinária (EDO): função incógnita e função de **apenas uma variável** dependente.

$$\text{Ex.: } \frac{dy}{dx};y';y'';\ldots;x^2dx+ydy$$

2) Equação diferencial parcial (EDP): função incógnita e função **de mais de uma variável** dependente.

$$\text{Ex.: } \frac{\partial z}{\partial x}=z+x\frac{\partial z}{\partial y}$$

Classificação quanto à ordem

É a ordem da maior derivada

Ex.:

a) $\frac{\partial z}{\partial x}=z+x\frac{\partial z}{\partial y}$ → 1ª ordem

b) $y''-3y'+5y=0$ → 2ª ordem

c) $y'''+4y''+5y=e^x$ → 3ª ordem

Classificação quanto ao grau

É o grau da derivada de maior ordem.

Ex.:

a) $(y')^3 + 3(y'')^2 + y = 0$

$$\downarrow$$

2º grau (maior derivada y'')

b) $\dfrac{d^4y}{dx^4} + 5(\dfrac{d^3y}{dx^3})^2 = \dfrac{dy}{dx} + 1$

$$\downarrow$$

1º grau (maior derivada $\dfrac{d^4y}{dx^4}$)

Equações diferenciais exatas

$$P(x,y)dx + Q(x,y)dy = 0 \rightarrow f(x,y) = C$$

$df = P(x,y)dx = Q(x,y)dy \rightarrow \dfrac{\partial f}{\partial x} = P(x,y)$ e $\dfrac{\partial f}{\partial y} = Q(x,y)$, pelo teorema de Clauraut

$$\frac{\partial^2 f}{\partial x \partial y} = \frac{\partial P}{\partial y} = \frac{\partial Q}{\partial x} = \frac{\partial^2 f}{\partial y \partial x} \rightarrow \frac{\partial P}{\partial y} = \frac{\partial Q}{\partial x}$$

$$\frac{\partial f}{\partial x} = P(x,y)$$

$$\frac{\partial f}{\partial y} = Q(x,y)$$

Equações diferenciais lineares

$$\alpha_n(x)y^{(n)} + \alpha_{n-1}(x)y^{(n-1)} + \ldots + \alpha_2(x)y'' + \alpha_1(x)y' + \alpha_0(x)y = g(x)$$

Equações diferenciais de 1ª ordem

$$\alpha_1(x)y' + \alpha_0(x)y = g(x), \quad \alpha_1(x) \neq 0$$

$$\downarrow$$

$$y' + P(x)y = Q(x), P(x) = \frac{\alpha_0(x)}{\alpha_1(x)}, Q(x), \frac{g(x)}{\alpha_1(x)}$$

Homogênea: $y' + P(x)y = 0 \rightarrow y' = -P(x)y$

$$\frac{\partial y}{\partial x} = -P(x)y \rightarrow dy = -P(x)dx$$

$$\frac{dy}{y} = -P(x)dx \rightarrow \int \frac{dy}{y} = -\int P(x)dx$$

$$\ln|y| = -\int P(x)dx \rightarrow y = e^{-\int P(x)dx}$$

Equações diferenciais lineares de ordem superior com coeficientes constantes homogêneos

$$\alpha_n(x)y^{(n)} + \alpha_{n-1}(x)y^{(n-1)} + \ldots + \alpha_2(x)y'' + \alpha_1(x)y' + Q_0(x)y = g(x)$$

$$n \geq 2$$

Estudamos o caso $\alpha_i(x) = \alpha_i \in \mathbb{R}$

$$\alpha_n y^{(n)} + \alpha_{n-1} y^{(n-1)} + \ldots + \alpha_2 y'' + \alpha_1 y' + \alpha_2 y = g(x)$$

Para $g(x) = 0$, temos:

$$\alpha_n y^{(n)} + \alpha_{n-1} y^{(n-1)} + \ldots + \alpha_n y'' + \alpha_i y' + \alpha_0 y = 0$$

Teorema: dado uma equação diferencial linear de ordem *n* homogênea, existem *n* soluções

$$y(x) = C_1 y_1(x) + C_2 y_2(x) + \ldots + C_n y_n(x)$$

$$\alpha_n, r^n + \alpha_n, r^{n-1} + \ldots + \alpha_2 r^2 + \alpha_1 r + \alpha_0 = 0$$

$\rightarrow$ equação da equação diferencial

solução $y = C_1 e^{r_1 t} + C_2 e^{r_2 t} + \ldots + C_n e^{r_n t}$

Se $n = 2 \rightarrow \alpha_2 y'' + \alpha_1 y' + \alpha_0 y = 0$

1º caso: $\Delta > 0 \rightarrow y = C_1 e^{r_1 x} + C_2 e^{r_2 x}$

2º caso: $\Delta < 0 \rightarrow y = e^{\alpha x}(k_1 \cos bx + k_2 \operatorname{sen} bx)$

3º caso: $\Delta = 0 \rightarrow y = C_1 e^{rx} + C_2 x e^{rx}$

Equações diferenciais lineares de ordem superior com coeficientes constantes não homogêneos

$$\alpha_n y^{(n)} + \alpha_{n-1} y^{(n-1)} + \ldots + \alpha_2 y'' + \alpha_1 y' + \alpha_0 y = g(x)$$

$$n \leq 2 \text{ e } g(x) \neq 0$$

Solução:

y_H = solução de equação diferencial linear homogênea associada

y_P = solução de $g(x)$

1º caso: $g(x) = C$ onde C = constante $\in \mathbb{R}$

- $y_P = A$, se $r = 0$ não for raiz de polinômio característico da equação diferencial homogênea associada;
- $y_P = Ax$, se $r = 0$ for raiz simples;
- $y_P = Ax^k$, se $r = 0$ for raiz de multiplicidade k

2º caso: $g(x) = \alpha_n x^n + \alpha_{n-1} x^{n-1} + \ldots + \alpha_2 x^2 + \alpha_1 x + \alpha_0$

- $y_P = A_n x^n + A_{n-1} x^{n-1} + \ldots + A_2 x^2 + A_1 x + A_0$ se $r = 0$ não for raiz de polinômio característico da equação diferencial homogênea associada;
- $y_P = \left(A_n x^n + A_{n-1} x^{n-1} + \ldots + A_1 x + A_0\right) x$ se $r = 0$ for raiz simples;
- $y_P = \left(A_n x^n + A_{n-1} x^{n-1} + \ldots + A_n x^k\right) x^k$ se $r = 0$ for raiz de multiplicidade k.

3º caso: $g(x) = Ce^{ax}$

- $y_P = Ae^{ax}$ se $r = a$ não for raiz de polinômio característico da equação diferencial homogênea associada;
- $y_P = Axe^{ax}$ se $r = a$ for raiz simples;
- $y_P = Ax^k e^{ax}$ se $r = 0$ for raiz de multiplicidade k.

4º caso: $g(x) = C.\cos(bx)$ ou $g(x) = C.\text{sen}(bx)$

- $y_P = A\cos(bx) + \text{sen}(bx)$ se $r = a \pm bi$ não for raiz de polinômio característico da equação diferencial homogênea associada;
- $y_P = \left(A\cos(bx) + B\text{sen}(bx)\right) x$ se $r = a \pm bi$ for raiz simples;
- $y_P = \left(A\cos(bx) + B\text{sen}(bx)\right) x^k$ se $r = a \pm bi$ for raiz de multiplicidade k.

Equação diferencial de Bernoulli

$y' + P(x)y = Q(x)y^n, n \neq 0$ e $n \neq 1$

$\downarrow$

$: y$

$\downarrow$

$y^{-n}y' + P(x)y^{1-n} = Q(x)$, substituir $z = y^{1-n} \rightarrow z = (1-n)y^{-n}y' \rightarrow y^{-n}y' = \dfrac{z'}{1-n}$

$\dfrac{z'}{1-n} + P(x)z = Q(x) \qquad x(1-n)$

$z' + (1-n)P(x)z = (1-n)Q(x)$, resolvemos z e a resposta substituir por y^{1-n}

REFERÊNCIAS BIBLIOGRÁFICAS

1. ANTON, H. *Cálculo, um novo horizonte.* Tradução de Cyro de Carvalho Patarra, Márcia Tamanaha. 6. ed. Porto Alegre: Bookman, 2000. v. 2.
2. ÁVILA, G. S. S. *Cálculo 3*: funções de várias variáveis. 4. ed. Rio de Janeiro; São Paulo: Livros Técnicos e Científicos, 1987.
3. AYRES JÚNIOR, F. *Equações diferenciais.* Tradução de José Rodrigues de Carvalho. São Paulo: McGraw-Hill, 1973.
4. BARBONI, A.; PAULETTE, W. *Cálculo e análise*: cálculo diferencial e integral a duas variáveis com equações diferenciais. Rio de Janeiro: LTC, 2009.
5. BOULOS, P.; ABUD, Z. I. *Cálculo diferencial e integral.* São Paulo: Makron Books, 2000. v. 2.
6. BOYCE, W. E.; DI PRIMA, R. C. *Equações diferenciais elementares e problemas de valores de contorno*. Tradução de Horácio Macedo. 5. ed. Rio de Janeiro: Guanabara Koogan, 1994.
7. BOYER, C. B. *História da Matemática*. Tradução de Elza F. Gomide. São Paulo: Blucher, 1974.
8. EVES, H. *Introdução à história da Matemática*. Tradução de Higino H. Domingues. Campinas: Editora da Unicamp, 1995.
9. FINNEY, R. L.; WEIR, M. D.; GIORDANO, F. R. *Cálculo de George B. Thomas Jr.* Tradução de Claudio Hirofume Asano. São Paulo: Addison Wesley, 2003. v. 2.
10. GONÇALVES, M. B.; FLEMMING, D. M. *Cálculo B*: funções de várias variáveis, integrais duplas e integrais triplas. São Paulo: Makron Books, 2000.
11. GONÇALVES, M. B.; FLEMMING, D. M. *Cálculo C*: funções vetoriais integrais curvilíneas, integrais de superfície. 3. ed. São Paulo: Makron Books, 2000.

12. GUIDORIZZI, H. L. *Um curso de cálculo*. 3. ed. Rio de Janeiro: LTC, 1998. v. 3.

13. GUIDORIZZI, H. L. *Um curso de cálculo*. Rio de Janeiro: LTC, 1988. v. 4.

14. HASSAN, S. *Cálculo*: funções de várias variáveis. 2. ed. São Paulo: Atual, 1986.

15. IFRAH, G. *Os números*: a história de uma grande invenção. São Paulo: Globo, 2005.

16. LEITHOLD, L. *O cálculo com geometria analítica*. Tradução de Antonio Paques. São Paulo: Harper & Row, 1977. v. 2.

17. MATOS, M. P. *Séries e equações diferenciais*. São Paulo: Prentice Hall, 2002.

18. MAURER, W. A. *Equações diferenciais*. São Paulo: Blucher, 1975.

19. MUNEM, M. A.; FOULIS, D. J. *Cálculo*. Tradução de André Lima Cordeiro et al. Rio de Janeiro, 1982. v. 2.

20. SIMMONS, G. F. *Cálculo com geometria analítica*. Tradução de Seiji Hariki. São Paulo: McGraw-Hill, 1987. v. 2.

21. STEWART, J. *Cálculo*. São Paulo: Cengage Learning, 2013. v. 2.

22. SWOKOWSKI, E. W. *Cálculo com geometria analítica*. Tradução de Alfredo Alves de Faria. 2. ed. São Paulo: Makron Books, 1994. v. 2.

23. THOMAS, G. B.; WEIR, M. D.; HASS, J. *Cálculo*. 12. ed. São Paulo: Pearson, 2012. v. 2.

24. THOMAS JÚNIOR, G.; FINNEY, R. L. *Cálculo diferencial e integral*. Tradução de Alberto Flávio Alves de Aguiar, José Euny Moreira Rodrigues. Rio de Janeiro: Livros Técnicos e Científicos, 1983. v. 3.

25. THOMAS JÚNIOR, G.; FINNEY, R. L. *Cálculo diferencial e integral*. Tradução de Alberto Flávio Alves de Aguiar, José Euny Moreira Rodrigues. Rio de Janeiro: Livros Técnicos e Científicos, 1983. v. 4.

26. YAMASHIRO, S.; SOUZA, S. A. O. *Matemática com aplicações tecnológicas*: Matemática básica. São Paulo: Blucher, 2014. v. 1.

27. YAMASHIRO, S.; SOUZA, S. A. O. *Matemática com aplicações tecnológicas*: Cálculo I. São Paulo: Blucher, 2015. v. 2.

28. YAMAZATO, S. *Exercícios de cálculo II*. Apostila 49. São Paulo: Fatec, 1994.

29. ZILL, D. G. *Equações diferenciais com aplicações em modelagem*. Tradução de Cyro de Carvalho Patarra. São Paulo: Cengage Learning, 2009.

GRÁFICA PAYM
Tel. [11] 4392-3344
paym@graficapaym.com.br